基于计算思维的高等院校公共基础课系列教材

大学物理学

主　编　谭志光　　孙利平

副主编　王胜杰　　刘　亮

参　编　莫云飞　　郭有能　　王丽丽　　彭胡萍

　　　　周　远　　曾　可　　解　琳　　李正大

　　　　佘彦武　　邹莹畅

主　审　苏　钢

西安电子科技大学出版社

内 容 简 介

本书是教育部首批"新工科"研究与实践项目"面向新经济的地方高校电子信息类工科专业改造升级路径探索与实践"和湖南省教改重点项目"新工科背景下基于计算思维的应用型本科院校大学物理改革与探索"的研究成果。相较于传统教材,本书融入了基于计算机编程的计算思维、数据分析等新技术,强调计算以及解决方案,旨在将新工科背景、信息化时代下的计算机技术应用到解决物理问题的实践中来,有利于读者深入理解物理量的定义和物理规律的内在联系。

全书共 17 章,其中第 1~5 章为力学部分,分别介绍了质点运动学、质点动力学、刚体力学基础、机械振动、机械波;第 6~8 章为热学部分,分别介绍了分子动理论、热力学、固体和液体;第 9~11 章为电磁学部分,分别介绍了静电场、恒磁场、电磁感应;第 12~14 章为光学部分,分别介绍了光的干涉、光的衍射、光的偏振;第 15~16 章为狭义相对论简介和量子力学简介;第 17 章为计算物理基础,主要供读者查阅。

本书根据教育部理工科类大学物理课程教学基本要求而编写,可作为普通高校理工科公共基础课"大学物理"的教材,也可供相关领域的读者参考。

图书在版编目(CIP)数据

大学物理学/谭志光,孙利平主编. —西安:西安电子科技大学出版社,2022.8(2022.8 重印)
ISBN 978 - 7 - 5606 - 6516 - 0

Ⅰ. ①大… Ⅱ. ①谭… ②孙… Ⅲ. ①物理学-高等学校—教材
Ⅳ. ①O4

中国版本图书馆 CIP 数据核字(2022)第 098406 号

策　　划　刘小莉　杨丕勇
责任编辑　曹 攀　刘小莉
出版发行　西安电子科技大学出版社(西安市太白南路 2 号)
电　　话　(029)88202421　88201467　　　邮　编　710071
网　　址　www. xduph. com　　　　　　电子邮箱　xdupfxb001@163. com
经　　销　新华书店
印刷单位　陕西天意印务有限责任公司
版　　次　2022 年 8 月第 1 版　2022 年 8 月第 2 次印刷
开　　本　787 毫米×1092 毫米　1/16　印张　17.75
字　　数　420 千字
印　　数　1001~4000 册
定　　价　52.00 元
ISBN 978 - 7 - 5606 - 6516 - 0/O

XDUP 6818001 - 2

＊ ＊ ＊ 如有印装问题可调换 ＊ ＊ ＊

前　言

应用型本科院校的改革与发展，叠加新高考制度的推进，使得不同院校不同专业的大学物理教学的重点有所改变，在强调物理学作为一门基础学科的同时，朝着有利于专业教学的方向发展，更加着重于理论知识与技术、技能的结合。例如，关于运动规律的知识，较少有教材去强调这些运动规律是如何获得的；在对待大量实验数据的处理方法上，传统的逐差平均、坐标描点的方法已显得过于简单，需要借助计算工具，引入计算思维。物理与计算机的融合是大学物理教学改革与时俱进的目标之一。本书就是朝着这个目标进行的初步尝试。结构上，本书遵循的仍然是大学物理的力学、热学、电磁学、光学和近代物理的知识框架，内容上，本书的编写主要突出了以下几点：

（1）知识的综合应用。如质点、刚体的动量定理和动能定理，均综合为力和力矩的时间累积效应。

（2）强调计算思维。物理学是一门严谨的基于实验的科学，每一个物理定律均有强大的实验数据支撑。计算思维建立了从实验数据抽象出物理规律的新方法，也突出强调了现代信息技术应用于科学研究的新实践，还可与专业学习进行有机结合。

（3）面向应用型院校专业的特点，增加了"固体和液体"一章作为选学内容，适当减少了薛定谔方程的应用等数学知识较难的部分。

（4）根据知识的衔接性，重新编排了各章节的顺序。本书整体上看各章节是环环相扣的，考虑到不同专业教学课时的不同，无法安排在教学计划内实施的内容一定要安排学生自学。

（5）本书习题将以习题册形式出版。

本书由长沙学院项目组负责组织编写，谭志光、孙利平主编。郭有能审校力学部分（第1～5章），彭胡萍审校热学部分（第6～8章），莫云飞、王丽丽审校电磁学部分（第9～11章）。周远、刘亮审校光学部分（第12～14章），曾可审校现代物理部分（第15～16章），王胜杰审校计算物理基础（第17章），其他许多老师都在编排、问题设计、校稿中给予诸多帮助和建议，电子信息与电气工程学院朱培栋院长多次指导书中有关计算物理的内容，全书最后由苏钢教授审定。本书编写过程中也参考了大量优秀教材，吸取了其中许多精华内容，并受到许多启发，编写组在此对所有提供帮助的人一并表示感谢。

经历过，才知道难。编写一本适合教学需求的教材是一件非常艰难的工作，本书编写历时多年才有今天的成果，实属不易。编者深知，要使本书成为一本优秀的教材仍需不断探索、创新、总结。

由于编者水平有限、经验不足，书中难免有不妥之处，恳请读者批评指正，以利再版时改进。

编　者

2022 年 3 月

目　　录

绪　　论

一、什么是物理学

　　物理学是研究物质基本结构以及运动基本规律的一门科学。研究物质的基本结构是要探索这个世界由什么组成以及如何组成的问题；研究物质运动的基本规律是要探索各个物体是如何运动以及如何改变物体运动状态的问题。这"两个基本"突出强调了物理学的基础作用。人类在这"两个基本"研究上的每次重要突破都大大地推进了生产力的发展，并带来了三次大的工业革命。当今人类对物质结构的认识已经深入质子内部，并向夸克层次挺进。科学家已就世界的构成问题提出了统一模型假设（见表0-1和表0-2）。根据粒子自旋量子数的不同，将所有基本粒子分为两类：自旋为半整数的费米子和自旋为整数的玻色子。费米子是构成所有物质的材料，而玻色子是在费米子间传递相互作用的媒介子。

表 0-1　物质构成模型

粒子	味名			带电量/$|e|$
夸克	u	c	t	$+\dfrac{2}{3}$
	d	s	b	$-\dfrac{1}{3}$
轻子	e	μ	τ	-1
	ν_e	ν_μ	ν_τ	0

表 0-2　相互作用模型

相互作用	强度	媒介
强力	1	G
电磁	10^{-2}	γ
弱力	10^{-5}	$W^{\pm}, Z^0$
引力	10^{-39}	g

二、物质的层次

　　物理学对客观世界的描述，已由可与人体大小可比的范围（称为宏观世界）向两个方向发展：一是向小的方面——原子内部（称为微观世界）；二是向大的方面——天体、宇宙（称为宇观世界）。

　　人类是通过碰撞开始认识物质的深层结构的。20世纪人类对物质微观结构的认识发生了三次大的飞跃，1911年卢瑟福的α粒子散射实验，建立了原子的核式结构模型，并发展成为一门专门研究原子结构的科学——原子物理学；1932年，查德威克指出之前博特、贝克、居里夫妇等人所做的α粒子轰击铍核时发射出的穿透力很强的射线就是卢瑟福曾经预言过的中子，从而说明原子核内既有带电的质子也有不带电的中子（质子和中子统称为核子，并发展成专门研究原子核性质的科学——核物理学）；20世纪60年代，SLAC（Stanford Linear Accelerator Center，斯坦福直线加速器中心）上的高能轻子对核子的深度非弹性散射，发现了核子内部的部分子结构，由此建立了一门新的科学——粒子物理学，有时也叫作高能物理学。现在我们知道这些部分子结构就是夸克。但夸克内部还有没有结构？客观地讲，物质世界是无限可分的，夸克内部肯定还有结构。但目前我们首先要认识清楚的是夸克这一层次的物理。就大小而言，核子半径可估计为 10^{-15} m 的数量级或更小。原子核的大小为 10^{-14} m 的数量级，原子的大小比原子核大得多，其半径约为 10^{-10} m。化学、物理化学、生物化学、生物物理的主要研究对象是分子或巨型分子，其尺度范围为 $10^{-9} \sim 10^{-7}$ m。

有专门研究地球结构与性质的地质学与地球物理学，因为地球的半径大约为 6400 km，为 10^7 m 的数量级。再抬头观察天空，太阳是离我们最近的恒星，距离约为一亿五千万千米，即 1.5×10^{11} m。天文距离的单位是 l. y.(light year)，它等于光在真空中走一年的距离，已知光速是每秒 30 万千米，即

$$1 \text{ l. y.} = 3.0 \times 10^8 \times 365 \times 86\ 400 \approx 9.46 \times 10^{15} \text{ m}$$

离太阳最近的恒星也在 4 l. y. 以上，太阳近邻的其他一些恒星之间的距离大约为 10 l. y.，这使恒星直径与间距之比约为 10^{-7} 或 10^{-8}。

一个星系包含有 $10^6 \sim 10^{11}$ 个恒星。我们所在的银河系是大星系之一，它的直径约为 10^{21} m(10^5 l. y.)。平均来说，星系与星系之间的距离约为它们本身直径的 100 倍。

天文探测表明，星系在空间中的分布是均匀的，按理论估计，宇宙可以用一个半径为 10^{26} m(10^{10} l. y.)的球来表示，星系一般显示出离我们而去，其速率与离我们的距离成正比。在 10^{10} l. y. 处，其退行速率将达到真空中的光速，这可能对可以探知的宇宙的广延程度设置了一个天然极限。

三、物理与科技

物理学是研究物质运动最一般规律和物质基本结构的学科。作为自然科学的带头学科，物理学研究大至宇宙，小至基本粒子等一切物质最基本的运动形式和规律。一切自然现象都不会与物理学的定律相违背，因此，物理学是其他自然科学及一切现代科技的基础。

社会上习惯于把科学和技术联系在一起，统称为"科技"，实际上二者既有密切联系，又有重要区别。科学解决理论问题，技术解决实际问题。科学要解决的问题，是发现自然界中确凿的事实和现象之间的关系，并建立理论把这些事实和关系联系起来；技术的任务则是把科学的成果应用到实际问题中去。科学主要是和未知的领域打交道，其进展，尤其是重大的突破，是难以预料的；技术是在相对成熟的领域内工作，可以作比较准确的规划。

历史上，物理学和技术的关系有两种模式。以解决动力机械为主导的第一次工业革命，热机的发明和使用提供了第一种模式。这种模式是技术向物理提出了问题，促使物理发展理论，反过来再提高技术，即技术→物理→技术。17 世纪末发明了巴本锅和蒸汽泵；18 世纪末技术工人瓦特给蒸汽机增添了冷凝器，发明了活塞阀、飞轮、离心节速器等，完善了蒸汽机，使之真正成为动力。其后，蒸汽机被广泛应用于纺织、轮船、火车；那时的热机效率只有 5%～8%。1824 年工程师卡诺提出著名的卡诺定理，为提高热机效率提供了理论依据。20 世纪蒸汽效率达到 15%，内燃机效率达到 40%，燃气涡轮机效率达到 50%。19 世纪中叶科学家迈耶、亥姆霍兹、焦耳确立了能量守恒定律，物理学家开尔文、克劳修斯建立了热力学第一、二定律。

电气化的进程提供了第二种模式。从 1785 年建立库仑定律，中间经过伏特、奥斯特、安培等人的努力，直到 1831 年法拉第发现电磁感应定律，基本上是物理上的探索，较少有

应用上的研究。此后半个多世纪，各种交流发电机、直流发电机、电动机和电报机的研究应运而生，蓬勃地发展起来。1862 年麦克斯韦电磁理论的建立和 1888 年赫兹的电磁波实验，导致了马可尼和波波夫无线电的发明。当然，电气化反过来又大大促进了物理学的发展。这种模式是物理→技术→物理。

四、当代物理学理论体系

物理学的研究范围如此之广，可以说它是一切自然科学的基础。它的重要性不仅在于其提供了基本的、理论性的框架，而且在其基础上还可建立其他自然科学（如生物物理）；从应用的观点看，它几乎为所有领域提供了可用的理论、实验手段和研究方法，如地质学家使用基于重力的、声学的和核物理的方法和仪器等。

目前，物理学较成熟的重大理论有五种：力学（有时也称经典力学）、热力学、电磁学、狭义相对论、量子力学。这五种理论之间是密切相关的，每一个现象都可用其中一种或几种理论来说明，如原子的性能要用量子力学、狭义相对论和电磁学等的规律来说明。

上述五大理论均有其适应的范围，比如，对高速运动的物体，经典力学必须代之以狭义相对论，在原子内部，狭义相对论也还不够，必须代之以量子力学。当然，对于低速、宏观物体的运动的描述，经典力学仍然有高度的准确性。

第1章　质点运动学

1.1　运动学概述

运动简单来讲就是一个物体相对于另一个物体的位置改变，测得不同时刻物体的位置就可以完整地了解物体的运动规律。例如：以物体出发点为坐标原点，出发时刻为计时起点，得到某物体的位置变化数据如表1-1。

表1-1　某物体运动的位置变化数据

t/s	x/m	y/m	z/m
0.00	0.00	0.00	0.00
0.50	0.25	2.99	0.00
1.00	1.00	6.08	0.00
1.50	2.26	8.85	0.00
2.00	4.03	11.82	0.00
2.50	6.22	14.80	0.00
3.00	8.95	17.92	0.00
3.50	12.49	21.28	0.00
4.00	15.70	24.29	0.00
4.50	20.56	26.52	0.00
5.00	25.41	29.88	0.00
5.50	30.61	33.04	0.00
6.00	35.42	35.88	0.00
6.50	41.85	39.24	0.00
7.00	48.68	42.22	0.00
7.50	56.65	44.43	0.00
8.00	63.07	47.87	0.00
8.50	72.89	50.01	0.00
9.00	79.73	55.05	0.00
9.50	90.81	56.24	0.00
10.00	99.98	59.05	0.00

为了研究物体的运动规律，从表1-1记录的数据中，我们很容易知道，在测量间隔的

误差范围内(0.5 s)：

　　(1) 物体 z 轴位置没有变化，说明物体限制在 xy 平面内运动；

　　(2) 物体运动的轨迹可描绘如图 1-1 所示。

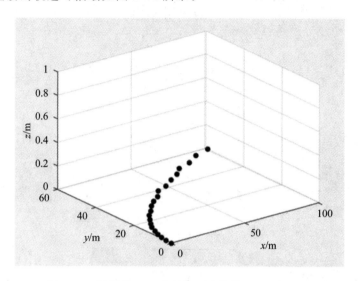

图 1-1　根据表 1-1 的数据画出物体运动的轨迹图

　　此外，根据物体当前的运动状态，我们还可以为后续的运动情况提供预期的位置、速度等。这是物理学研究的主要内容之一——研究物体运动的基本规律。

1.1.1　质点的位置描述

　　当物体的形状和大小对运动的描述影响不大时，常把物体看作一个没有大小却有质量的点——质点。为了定量地描述质点的运动规律，需要定义一些物理概念。

1. 参考系

　　要想了解物体的运动，必须首先明确以什么物体为标准来确定物体的位置，一个完全孤立的、与外界无关的物体，它的自身位置是无法说明的。所以，要描述一个物体的位置和运动情况，就应该首先选定其他物体作为标准，并假定它是静止的。被选作标准的物体叫作参照物，相互之间没有相对运动的一系列物体就构成了参考系。同一物体相对于不同的参考系通常具有不同的运动状况，这叫作运动描述的相对性。因此，在说明物体的运动时，必须指出所取的参考系。参考系如何选择，原则上是任意的。然而，选择适当的参考系，对研究运动的方便与否有很大的关系。研究地面上物体的运动，通常都选地面或在地面上静止的物体作为参考系。在今后的讨论中，凡是没有具体指明参考系的，均指相对于地面的运动。

2. 坐标系

　　参考系选定后，为了能定量地描述物体的位置和运动，经常需要在参考系上建立一个适当的坐标系，把坐标系的原点和轴线固定在参考系上。坐标系也可以有不同的选择，要以问题的性质和研究的方便来决定。最常用的是等间隔标度的直角坐标系，在以后的讨论中，如无特殊说明，均选用直角坐标系。坐标系实质上就是参考系的几何抽象。物体各时刻

的空间位置,既可以用一组坐标值(x,y,z)表示,也可以用一个从坐标原点指向该位置的
矢量来表示。如图1-2所示,P点的位置可用自坐标原点O至P点所引的矢量r来表示,
矢量r叫作该点的位置矢量(或位矢、径矢),它的大小为该点到原点的距离,方向由O指向P。

$$r = x\boldsymbol{i} + y\boldsymbol{j} + z\boldsymbol{k} \tag{1.1}$$

$$r = |\boldsymbol{r}| = \sqrt{x^2 + y^2 + z^2} \tag{1.2}$$

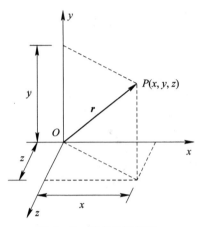

图1-2　质点位置描述

3. 轨迹和运动方程

质点运动中的每一时刻均有一确定的位置矢量与之对应。质点位置矢量随时间的变化关系

$$\boldsymbol{r} = \boldsymbol{r}(t)$$

叫作质点的运动学方程。已知质点的运动学方程,则可以掌握它的全部运动状况。它在直
角坐标系中的正交分解形式为

$$\boldsymbol{r} = \boldsymbol{r}(t) = x(t)\boldsymbol{i} + y(t)\boldsymbol{j} + z(t)\boldsymbol{k} \tag{1.3}$$

显然,如果知道了$x(t)$,$y(t)$,$z(t)$,也就知道了$\boldsymbol{r}(t)$,它们是等价的。因此我们称标
量函数

$$x = x(t),\ y = y(t),\ z = z(t)$$

为质点运动学方程的标量形式。质点运动时描出的曲线称为质点运动的轨迹,如图1-3所示。

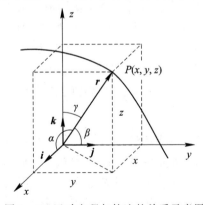

图1-3　运动方程与轨迹的关系示意图

　　我们可以通过测量得到质点各个不同时刻的位置数据，分别讨论质点在 x 方向和 y 方向的运动，寻找质点运动的规律，确定其运动学方程。比如根据表 1-1，我们可以借助计算机辅助工具进行数据拟合，如图 1-4 所示，得到 x 方向的运动方程

$$x = \frac{1}{2} \times 2t^2 \tag{1.4}$$

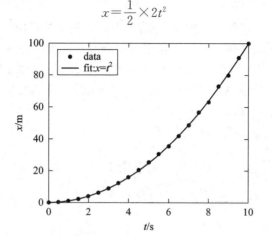

图 1-4　通过数据拟合得到质点运动方程

　　现在引入位移矢量，以描述质点在一定时间间隔内位置的变动(displacement)。

　　如图 1-5 所示，设质点在 t 时刻运动到 A 点，其位置矢量用 $\boldsymbol{r}(t)$ 表示，经过 Δt 时间后，质点运动到 B 点，其位置矢量表示为 $\boldsymbol{r}(t+\Delta t)$。自质点初位置 A 指向末位置 B 的矢量称作质点在 Δt 时间内的位移，记作 $\Delta \boldsymbol{r}$。显然

$$\Delta \boldsymbol{r} = \boldsymbol{r}(t+\Delta t) - \boldsymbol{r}(t)$$

即位移定义为位置矢量的增量。

　　位移刻画出质点在一段时间内位置变动的总效果，但就一般情况而言，并不表示质点在其轨迹上所经路径的长度。正如图 1-5 所示，位移的大小与实际路径的长度并不相等，即 $|\overrightarrow{AB}| \neq \overgroup{AB}$。一个有趣的例子是：运动员在 400 m 跑道上跑了两圈，但他在这段时间内的位移大小却是零！于是我们引入路程来描述质点沿轨迹的运动，在一段时间内，质点在其轨迹上经过的路径的总长度叫作路程。路程是正的标量。一般来说，在同一时间间隔内，路程和位移的大小并不相等。想一想，相等的情况呢？

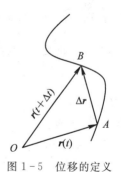

图 1-5　位移的定义

1.1.2　运动状态的描述

　　质点运动状态反映了质点的位置变化情况，位置变化快还是慢，有多快，定量描述需要先来介绍速度有关概念。

1. 平均速度

　　质点的位移与所经历的时间之比为这段时间内的平均速度，即

$$\overline{\boldsymbol{v}} = \frac{\Delta \boldsymbol{r}}{\Delta t}$$

2. 平均速率

质点在 Δt 时间内运动的路程所经历的时间之比为这段时间内的平均速率，即

$$\overline{v}=\frac{\Delta s}{\Delta t}$$

平均速度是矢量，其方向与位移 Δr 的方向相同，平均速率是代数量(或称为伪矢量)。

上述平均值只能对物体运动的快慢作粗略的描述，它反映的是在某一段时间内运动的平均快慢，而不能反映物体在某一瞬时的快慢程度，要精确地描述物体的运动状态，我们必须知道物体在运动过程中每一时刻(或经过某一位置)的情况。在上述平均量的定义中，时间间隔 Δt 取得越短，平均量就越能精细地反映运动情况。

3. 速度、速率

如图 1-6 所示，当 $\Delta t \to 0$ 时，$\frac{\Delta r}{\Delta t}$ 的极限值反映了质点在 t 时刻的真实运动情况，叫作质点在 t 时刻的瞬时速度，简称速度，单位是 m/s。

$$v=\lim_{\Delta t \to 0}\frac{\Delta r}{\Delta t}=\frac{\mathrm{d}r}{\mathrm{d}t}$$

可见，平均速度、平均速率的瞬时值分别等于：位置函数、路程函数对时间的变化率或一阶导数。这些概念都建立在"比的极限"概念的基础上，值得注意的是，速度既有大小又有方向，速度的方向沿轨迹(或位置矢量矢端曲线)在质点所在处的切线并指向质点前进的方向；其大小

$$v=\lim_{\Delta t \to 0}\frac{|\Delta r|}{\Delta t}=\left|\frac{\mathrm{d}r}{\mathrm{d}t}\right|$$

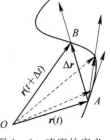

图 1-6　速度的定义

反映了质点在该瞬时运动的快慢，称为瞬时速率，简称速率。

易错提示：速度的大小等于速率，但平均速率并不是平均速度的大小，平均速度和平均速率为两种不同的定义。

1.1.3　典型应用举例

例 1.1.1　已知质点的运动学方程为 $r=(4t^2+2)i+(3t-4)k$，求 $t=3$ s 时的位置、速度以及前 3 s 内的位移。

分析　已知质点的运动学方程，我们就可以知道质点运动的全貌：任一时刻的位置、速度、一段时间内的位移等。

解　$t=3$ s 时的位置：

$$r=(4\times3^2+2)i+(3\times3-4)k=38i+5k$$

速度：

$$v=\frac{\mathrm{d}r}{\mathrm{d}t}\bigg|_{t=3}=(8ti+3k)|_{t=3}=24i+3k$$

前 3 s 内的位移：

$$\Delta r=r(3)-r(0)=36i+9k$$

例 1.1.2　刘先生第一次坐高铁回老家，他想通过列车车厢指示牌上的速率估算一下两个车站的距离，得到这段路内的速率关系如图 1-7 所示，请你帮他估算一下这两个车站间的距离。

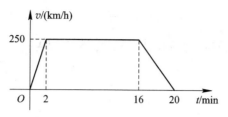

图 1 - 7 速率随时间变化关系图

分析 已知质点的速率情况，我们就可以通过积分来了解质点运动的位置信息。

解 从图 1 - 7 中可求得各时间段内的速率：

$$v=\begin{cases} \dfrac{250}{60\times 2}t & 0<t\leqslant 2 \\[2mm] \dfrac{250}{60} & 2<t\leqslant 16 \\[2mm] -\dfrac{250}{60\times 4}t+\dfrac{1250}{60} & 16<t\leqslant 20 \end{cases}$$

此处速度化成了 km/min。再由 $v=\dfrac{\mathrm{d}s}{\mathrm{d}t}$ 可得

$$\mathrm{d}s = v\mathrm{d}t$$

$$s = \int_0^t v\mathrm{d}t = \int_0^2 \frac{250}{2\times 60}t\mathrm{d}t + \int_2^{16} \frac{250}{60}\mathrm{d}t + \int_{16}^{20}\left(\frac{1250}{60}-\frac{250}{60\times 4}t\right)\mathrm{d}t = 70.8 \text{ km}$$

本例还有更加简便的解法：根据速率随时间变化关系图线的物理意义，曲线与时间轴所围图形的"面积"即为该段时间内的总路程：

$$s = \frac{(14+20)\times \dfrac{250}{60}}{2} = 70.8 \text{ km}$$

1.1.4 运动状态的改变

速度是描述物体位置变动快慢的物理量。物体的运动状态由其速度唯一描述。任何导致速度大小或方向改变的情形都意味着运动状态的改变。

1. 加速度

质点运动时，多数情况下，速度的大小和方向都可能变化，为了描述质点瞬时速度的变化情况，我们引入加速度的概念。

设质点在 t 时刻的速度为 $v(t)$，经 Δt 后速度变为 $v(t+\Delta t)$，速度增量 $\Delta \boldsymbol{v} = \boldsymbol{v}(t+\Delta t) - \boldsymbol{v}(t)$ 与发生这一增量所用时间 Δt 之比称为这段时间内的平均加速度，即

$$\overline{\boldsymbol{a}} = \frac{\Delta \boldsymbol{v}}{\Delta t} \tag{1.5}$$

平均加速度只表示在 Δt 时间内速度变化的平均快慢程度。为了精确地描述某一时刻(或某一位置)速度变化情况，令 Δt 趋于零，若平均加速度 $\dfrac{\Delta \boldsymbol{v}}{\Delta t}$ 趋近于某一确定的极限，则定义在 t 时刻附近时间间隔 Δt 内平均加速度当 Δt 趋于零时的极限为 t 时刻的瞬时加速度，简称**加速度**，有

$$a = \lim_{\Delta t \to 0} \frac{\Delta \boldsymbol{v}}{\Delta t} = \frac{\mathrm{d}\boldsymbol{v}}{\mathrm{d}t} \qquad (1.6)$$

即质点的瞬时加速度等于速度矢量对时间的变化率或一阶导数。又因为

$$\boldsymbol{v} = \lim_{\Delta t \to 0} \frac{\Delta \boldsymbol{r}}{\Delta t} = \frac{\mathrm{d}\boldsymbol{r}}{\mathrm{d}t} \qquad (1.7)$$

所以

$$a = \frac{\mathrm{d}^2 \boldsymbol{r}}{\mathrm{d}t^2} \qquad (1.8)$$

即瞬时加速度等于位置矢量对时间的二阶导数。

2. 符号约定

$\Delta \boldsymbol{r}$ 是指两个位置矢量之差,即 $\Delta \boldsymbol{r} = \boldsymbol{r}_t - \boldsymbol{r}_0$。而 $\Delta r = r_t - r_0$ 是两个位置矢量大小之差。因 $r = |\boldsymbol{r}|$,$v = |\boldsymbol{v}|$ 分别表示质点位置矢量的大小和速度的大小。如图 1-8 所示,显然,一般情况下,$\Delta r \neq |\Delta \boldsymbol{r}|$,$\Delta v \neq |\Delta \boldsymbol{v}|$。

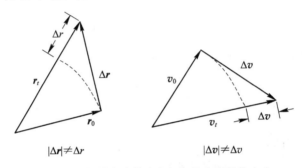

$$|\Delta \boldsymbol{r}| \neq \Delta r \qquad\qquad |\Delta \boldsymbol{v}| \neq \Delta v$$

图 1-8　矢量大小的改变与矢量改变量的大小

加速度的方向是质点速度增量的极限方向,其单位是 $\mathrm{m/s^2}$。加速度的方向不一定是速度的方向 即不一定是质点运动的方向。**运动是加速还是减速,取决于速度和加速度两矢量方向的夹角 θ:当 $0° \leqslant \theta < 90°$,速度大小会增加,加速度;当 $90° < \theta \leqslant 180°$ 时,速度大小变小,即减速。**对于直线运动也可以这样来判断:若 v 和 a 同向,则运动是加速的;若 v 和 a 反向,则运动是减速的。若加速度的方向与速度方向不在同一直线上,则质点将做曲线运动。

例 1.1.3　2020 年 12 月 1 日 23 时 11 分,中国嫦娥五号探测器成功着陆月球。探测器能够在自动导航系统的控制下行走,且每隔 10 s 向地球发射一次信号。探测器上还装着两个相同的减速器(其中一个是备用的),这种减速器可提供最大为 2 $\mathrm{m/s^2}$ 的加速度。某次探测器的自动导航系统出现故障,从而使探测器只能匀速前进而不再能自动避开障碍物。此时地球上的科学家必须对探测器进行人工遥控操作。表 1-2 为控制中心的显示屏数据。

表 1-2　地面控制中心显示屏数据

收到信号时间	与前方障碍物的距离/m	发射信号时间	给减速器设定的加速度/(m/s²)
9:10:20	52	9:10:33	
9:10:30	32		
9:10:40	17		

已知月地距离大约为 3×10^5 m，请你对数据进行分析，判断减速器是否执行了减速命令，加速度为多大。

解 取障碍物处为坐标原点，探测器向坐标原点运动，由前两次收到的信号可知：探测器匀速运动的速度为

$$v_1 = \frac{32 - 52}{10} = -2 \text{ m/s}$$

地月之间电磁波传播需要时间

$$t_0 = \frac{s_{月地}}{c} = 1 \text{ s}$$

控制中心第二次收到信号是探测器在 9:10:29 发出的，此时探测器所在位置为 $x_1 = 32$ m。再由表 1-2 中数据可知，从发射信号到探测器收到信号并执行命令的时刻为 9:10:34，此时探测器离障碍物的距离为 $32 - 5 \times 2 = 22$ m。设控制中心发出的加速度大小为 a，控制中心第 3 次收到的信号是探测器在 9:10:39 发出的，此时探测器应进行了 5 s 的减速运动

$$22 - 2 \times 5 + \frac{1}{2} a \times 5^2 = 17 \Rightarrow a = 0.4 \text{ m/s}^2$$

从第 3 次收到的信号可知探测器位置符合减速控制要求，且 $a = 0.4 \text{ m/s}^2$。

1.2 　 常见运动形式

1.2.1 　 自然坐标

质点被限制在一个平面内的运动叫作平面运动。一般来说，质点平面运动需用两个独立的标量函数描述，在平面直角坐标系中是 $x(t)$ 和 $y(t)$。但若质点轨迹 $y = y(x)$ 已知，则 x、y 间只有一个是独立的，仅用一个标量函数就能确切描述质点运动，这时，可选用"自然坐标"作为时间的函数描写质点运动。

如图 1-9 所示，r 为位置矢量，沿质点轨迹建立一弯曲的"坐标轴"，选择轨迹上一点 O' 为"原点"，并用由原点 O' 至质点位置的弧长 s 作为质点的位置坐标，坐标增加的方向是人为规定的，若轨迹限于平面内，弧长 s 叫作自然坐标，自然坐标 s 不同于一般仅说明长度的弧长。根据原点与正方向的规定，s 可正可负，利用自然坐标，质点运动学方程可写作

$$s = s(t)$$

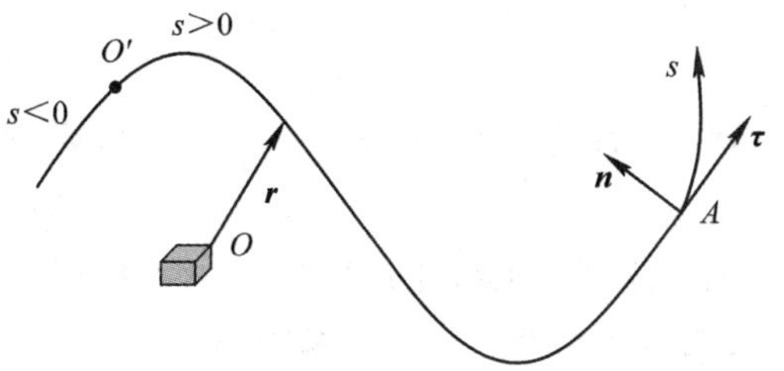

图 1-9 自然坐标示意图

使用自然坐标时也可对矢量进行正交分解。如质点在 A 处，可以此处取一单位矢量沿

曲线切线且指向自然坐标系 s 增加的方向,叫作切向单位矢量,记作 $\boldsymbol{\tau}$,矢量沿此方向的投影称为切向分量。另取一单位矢量与切向垂直,且指向曲线的凹侧,称为法向单位矢量,记作 $\boldsymbol{n}$,矢量沿此方向的投影称为法向分量。

1.2.2　切向加速度和法向加速度

先讨论如何用自然坐标表示速度,根据定义 $\boldsymbol{v}=\lim\limits_{\Delta t \to 0}\dfrac{\Delta \boldsymbol{r}}{\Delta t}$,$\Delta t \to 0$ 时,$\Delta \boldsymbol{r}$ 的方向趋向于位移起点处的切线,其大小趋于对应弧长 $|\Delta s|$。因此

$$\boldsymbol{v}=\lim_{\Delta t \to 0}\frac{\Delta \boldsymbol{r}}{\Delta t}=\lim_{\Delta t \to 0}\frac{\Delta s}{\Delta t}\boldsymbol{\tau}=\frac{\mathrm{d}s}{\mathrm{d}t}\boldsymbol{\tau}$$

令 $v_{\tau}=\dfrac{\mathrm{d}s}{\mathrm{d}t}$,则 $\boldsymbol{v}=v_{\tau}\boldsymbol{\tau}$。$v_{\tau}$ 为速度在切向单位矢量方向的投影,不同于速率 v,v_{τ} 的正负反映了运动方向。因为 $\mathrm{d}t>0$,从而 $\mathrm{d}s$ 与 v_{τ} 符号相同,又 s 增加的方向与 $\boldsymbol{\tau}$ 方向一致,所以 $v_{\tau}>0$ 时,质点沿 $\boldsymbol{\tau}$ 方向运动;$v_{\tau}<0$ 时,质点逆 $\boldsymbol{\tau}$ 方向运动。质点任何时刻的速度总沿轨迹切线,速度 $\boldsymbol{v}$ 只有切向投影 v_{τ},不在速度法向分量,因此有 $|v_{\tau}|=v$。

根据加速度的定义

$$\boldsymbol{a}=\frac{\mathrm{d}\boldsymbol{v}}{\mathrm{d}t}=\frac{\mathrm{d}}{\mathrm{d}t}[v(t)\boldsymbol{\tau}]=\frac{\mathrm{d}v(t)}{\mathrm{d}t}\boldsymbol{\tau}+v(t)\frac{\mathrm{d}\boldsymbol{\tau}}{\mathrm{d}t} \tag{1.9}$$

式(1.9)右边的第一项,反映了速度大小的变化,称为切向加速度,记为 $\boldsymbol{a}_{\tau}$;第二项反映了速度方向的变化,称为法向加速度,记为 $\boldsymbol{a}_n$。其方向指向该时刻的曲率中心。因此

$$\boldsymbol{a}=a_{\tau}\boldsymbol{\tau}+a_n\boldsymbol{n}=\boldsymbol{a}_{\tau}+\boldsymbol{a}_n \tag{1.10}$$

我们可以通过切向加速度和法向加速度的情况来分析讨论质点的一般平面运动。

1.2.3　匀速直线运动

匀速直线运动,由于速度不变,即速度的大小和方向均不变化,因而切向和法向加速度以及总的加速度均为零。设质点在时刻 t_0 的坐标为 x_0,在任意时刻 t 的坐标为 x,则它在任意一段时间间隔 $\Delta t=t-t_0$ 内的位移为 $\Delta x=(x-x_0)\boldsymbol{i}$。由于匀速直线运动的瞬时速度和平均速度没有区别,因而质点的速度可根据平均速度的定义来表示,即

$$v=\frac{x-x_0}{t-t_0}$$

或

$$x=x_0+v(t-t_0)$$

如果坐标原点取在 x_0 处,时刻 t_0 即为计时起点($t_0=0$),则上式可写成

$$x=vt$$

质点的位置坐标随时间变化的规律(即运动学方程),除了可用如上的数学关系式来表示外,还可用图线来反映匀速直线运动的特点和运动学方程。

如图 1-10 所示,左边图线叫作速率-时间图线(简称 v-t 图线),右边图线叫作位移-时间图线(简称 x-t 图线)。二图均取 $t_0=0$,从 v-t 图线可见:v 不随时间改变,即 $v=v_0$ 是常量;图线下画有斜线的面积,在数值上等于 0 至 t 时间内质点的位移大小。从 x-t 图线

可见：截距 x_0 表示 $t=0$ 时质点的位置坐标；Δx 表示在 0 至 t 时间间隔内质点的位移在 x 轴上的投影；直线的斜率 $\tan\alpha = \dfrac{\Delta x}{\Delta t}$ 表示质点的速率，斜率越大，表示运动速率越大。

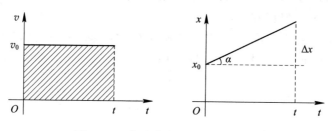

图 1-10　匀速直线运动的图线描述

1.2.4　匀变速直线运动

加速度保持不变的直线运动叫作匀变速直线运动。它的特点是**在任意相等的时间内，质点的速度增量相等**。设质点在 t_0 时刻，位于 x_0 处，初速度为 v_0，在 t 时刻运动至 x 处，速度变为 v。经过的时间间隔 $\Delta t = t - t_0$。由于匀变速运动的瞬时加速度的大小和平均加速度的大小没有区别，因此根据平均加速度的定义有

$$a = \bar{a} = \frac{v - v_0}{t - t_0}$$

或

$$v = v_0 + a(t - t_0)$$

如果取初始时刻 $t_0 = 0$，则上式可写成

$$v = v_0 + at$$

因为 v 与 t 成线性关系，在 t 时间内的平均速率为

$$\bar{v} = \frac{1}{2}(v_0 + v)$$

所以质点在 t 秒内的位移大小为

$$x = x_0 + \bar{v}t = x_0 + v_0 t + \frac{1}{2}at^2$$

还有一个很有用的速度平方公式

$$v^2 - v_0^2 = 2a(x - x_0)$$

当不考虑空气阻力时，地面附近的物体由于重力作用从静止开始自由下落的运动，叫作自由落体运动。在同一地理位置，不同质量的所有物体在地球表面附近自由下落时都有大小相等，方向沿重力方向的加速度，这个加速度叫作重力加速度，通常用符号 g 表示。它的大小可由实验测定。国际上规定标准重力加速度 g 的值为 $9.80665\ \mathrm{m/s^2}$。在一般计算中可取 $9.8\ \mathrm{m/s^2}$，它随地理位置的变化稍有不同。在竖直上抛运动中，若不计阻力，上升过程中抛体做匀减速运动，加速度的大小也是 g。为讨论和计算的方便，上述两种情况下，坐标原点都取开始运动处，方向则是，自由落体运动取向下，竖直上抛运动取向上。

例 1.2.1　离地面 36 m 高处，以 10 m/s 的初速度竖直上抛一小球，空气阻力不计，以

开始抛出时作为计时起点，求：

(1) $t=3.0$ s 时小球的位置和速度；

(2) 小球所能到达的最高点的位置和达到最高点所需的时间；

(3) 小球落地时的速度和时间。

解　无论小球在上升或下降过程中，加速度始终保持不变，为重力加速度，方向向下。当取抛出点为原点，向上为坐标正方向时，加速度 $a=-g=-9.8$ m/s^2。故有：

$$v=v_0+at=v_0-gt$$

$$x=v_0 t+\frac{1}{2}at^2=v_0 t-\frac{1}{2}gt^2$$

(1) $t=3.0$ s 时，有

$$v_1=10-9.8\times3=-19.4 \text{ m/s}$$

$$x_1=10\times3-\frac{1}{2}\times9.8\times3^2=-14.1 \text{ m}$$

速度的负号表示运动方向向下，小球处于下落过程中。位移的负号表示小球已经处于抛出点以下，离地面的高度为 $36.0-14.1=21.9$ m。

(2) 小球达到最高点时，速度为零，设小球从抛出达到最高点所需的时间为 t_2，则

$$0=v_0-gt_2,\quad t_2=\frac{10}{9.8}\approx1.0 \text{ s}$$

最高点的位置

$$x_2=v_0 t-\frac{1}{2}gt^2=10\times1.0-\frac{1}{2}\times9.8\times1.0^2=5.1 \text{ m}$$

(3) 小球落地点的位置坐标为 $x_3=-36$ m，所以有

$$-36=10t_3-\frac{1}{2}\times9.8t_3^2$$

解得

$$t_3=3.9 \text{ s},\quad t_3'=-1.9 \text{ s（舍去）}$$

小球从抛出到落地所需的时间为 3.9 s。落地时的速度为

$$v_3=v_0-gt_3=10-9.8\times3.9=-28.2 \text{ m/s}$$

负号表示方向向下。

1.2.5　匀速圆周运动

质点沿固定圆轨道的运动叫作圆周运动，它是比较简单也是比较重要的一种曲线运动，例如砂轮转动时，轮上各点(除中心轴线上的点外)均在做半径不同的圆周运动。研究圆周运动有重要的意义。当质点沿任意曲线运动时，运动轨迹的每一小段均可看作圆的一部分，见图 1-11。因而任意曲线运动均可看成一系列半径不同的圆周运动组合而成。所以圆周运动是讨论一般曲线运动的基础。

设一质点沿半径为 R 的圆轨道做匀速率运动，速率为 v，在经过时间 Δt 后由 A 点运动到邻近的 B 点，质点在 A 点的速度为 $\boldsymbol{v}_A$，方向沿 A 点的切线方向，在 B 点的速度为 $\boldsymbol{v}_B$，方向沿 B 点的切线方向，而 $v_A=v_B=v$。$\boldsymbol{v}_A$ 和 $\boldsymbol{v}_B$ 分别叫作质点在 A 点和 B 点的线速度。在 Δt

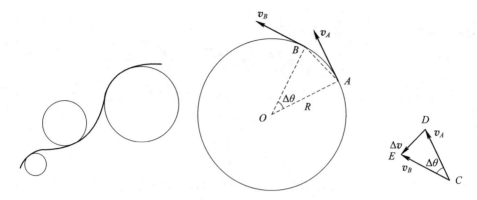

图 1-11 圆周运动是轴线运动的基础

时间内，质点的速度增量为 $\Delta \boldsymbol{v} = \boldsymbol{v}_B - \boldsymbol{v}_A$。根据加速度的定义，质点过 A 点时的加速度为

$$\boldsymbol{a} = \lim_{\Delta t \to 0} \frac{\boldsymbol{v}_B - \boldsymbol{v}_A}{\Delta t} = \lim_{\Delta t \to 0} \frac{\Delta \boldsymbol{v}}{\Delta t}$$

首先来确定 $\boldsymbol{a}$ 的大小。将矢量 $\boldsymbol{v}_A$ 和 $\boldsymbol{v}_B$ 平移到 C 点，连接 $\boldsymbol{v}_A$ 和 $\boldsymbol{v}_B$ 的终端，所得从 D 到 E 的矢量就是 $\Delta \boldsymbol{v}$，如图 1-11 所示。由于运动的速率不变，因此由 $\boldsymbol{v}_A$、$\boldsymbol{v}_B$ 和 $\Delta \boldsymbol{v}$ 组成一个等腰三角形 $\triangle DCE$。从图中可以看出 $\triangle AOB$ 也是一个等腰三角形。又因为 $\boldsymbol{v}_A$ 和 $\boldsymbol{v}_B$ 的夹角 $\angle DCE$ 等于弦 AB 所对的圆心角 $\angle AOB$，于是这两个三角形相似，有

$$\frac{|\Delta \boldsymbol{v}|}{AB} = \frac{v}{R}$$

用 Δt 去除上式的两边，可得

$$\frac{|\Delta \boldsymbol{v}|}{\Delta t} = \frac{v}{R} \cdot \frac{AB}{\Delta t}$$

当 Δt 趋于零时，B 点趋近于 A 点，弦 AB 的长度趋近于弧长 $\overset{\frown}{AB}$，所以加速度 $\boldsymbol{a}$ 的大小为

$$a = \lim_{\Delta t \to 0} \frac{\Delta \boldsymbol{v}}{\Delta t} = \lim_{\Delta t \to 0} \frac{v}{R} \cdot \frac{\overset{\frown}{AB}}{\Delta t} = \frac{r}{R} \lim_{\Delta t \to 0} \frac{\Delta s}{\Delta t} = \frac{v^2}{R}$$

可见，a 与速率 v 的平方成正比，与圆半径 R 成反比。

再来看 $\boldsymbol{a}$ 的方向。$\boldsymbol{a}$ 的方向就是 $\Delta \boldsymbol{v}$ 的极限方向。当 B 点趋近于 A 点时，$\boldsymbol{v}_B$ 的方向趋近于 $\boldsymbol{v}_A$ 的方向，$\Delta \boldsymbol{v}$ 的方向趋近于 $\boldsymbol{v}_A$ 的垂直方向，即沿半径方向指向圆心。所以质点通过 A 点的加速度 $\boldsymbol{a}$ 的方向垂直于该时刻的速度 $\boldsymbol{v}$ 的方向，沿着半径指向圆心，这是我们称这个加速度为**法向加速度**或**向心加速度**的原因。

1.2.6 变速圆周运动

1. 变速圆周运动的加速度

在研究变速圆周运动时，我们常把加速度 $\boldsymbol{a}$ 沿切线方向和法线方向分解：沿切线方向的加速度分量反映速度大小的变化，它的方向与速度方向在同一直线上，称为切向加速度，用 a_τ 表示；沿法线方向的加速度分量反映速度方向的变化，它的方向与速度方向垂直而指向圆心，称为法向加速度（即向心加速度），用 a_n 表示。因而总加速度可以写成

$$a = a_\tau + a_n$$

如果我们把速度的增量 Δv 也沿切向和法向分解的话有

$$a = \lim_{\Delta t \to 0} \frac{\Delta v}{\Delta t} = \lim_{\Delta t \to 0} \frac{\Delta v_\tau}{\Delta t} + \lim_{\Delta t \to 0} \frac{\Delta v_n}{\Delta t}$$

式中，第二项代表引起速度发生变化的法向加速度，前面已经计算过，它的大小等于 $\dfrac{v^2}{R}$，方向指出圆心，即

$$a_n = \lim_{\Delta t \to 0} \frac{|\Delta v_n|}{\Delta t} = \frac{v^2}{R}$$

至于第一项，当 $\Delta t \to 0$ 时，v_A 与 v_B 趋于一致，Δv_τ 的方向就是 v_A 的方向，它的数值为

$$a_\tau = \lim_{\Delta t \to 0} \frac{\Delta v_\tau}{\Delta t} = \lim_{\Delta t \to 0} \frac{\Delta v}{\Delta t} = \frac{\mathrm{d}v}{\mathrm{d}t}$$

式中 Δv 是速率的改变量。由此可见，切向加速度 a_τ 的数值等于速度大小的变化率。当 $a_\tau > 0$ 时，表示速率随时间增加；当 $a_\tau < 0$ 时，表示速率随时间减小。

由于 a_τ 与 a_n 两个分加速度相互垂直，因此总加速度 a 的大小为

$$a = \sqrt{a_\tau^2 + a_n^2}$$

讨论：分析 $a_n = 0$ 或 $a_\tau = 0$ 的情况。

2. 圆周运动的角量描述

由于圆周运动通常与转过的角度有关，因此在极坐标中描述更为方便。如果以圆心为极点，并引任一射线为极轴，那么质点位置对极点的矢径 r 与极轴的夹角 θ 就叫作质点的角位置，用 $\mathrm{d}\theta$ 表示位矢在 $\mathrm{d}t$ 时间内转过的角位移。角位移既有大小也有方向，其方向规定为：用右手四指表示质点的旋转方向，与四指垂直的大拇指则表示角位移的方向，即角位移的方向是按照右手螺旋法则规定的，如图 1-12 右部所示。质点做圆周运动时，其角位移只有两种可能的方向，因此，也可以在标量前冠以正、负号来表示角位移的方向。因此，以后的表述中，我们常省略角位移、角速度的矢量符号。

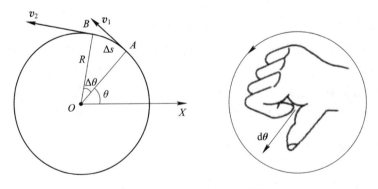

图 1-12　圆周运动的角量描述

如图 1-12 所示，我们可以引进角速度和角加速度，即

$$\omega = \lim_{\Delta t \to 0} \frac{\Delta \theta}{\Delta t} = \frac{\mathrm{d}\theta}{\mathrm{d}t} \tag{1.11}$$

$$\alpha = \lim_{\Delta t \to 0} \frac{\Delta \omega}{\Delta t} = \frac{\mathrm{d}\omega}{\mathrm{d}t} = \frac{\mathrm{d}^2 \theta}{\mathrm{d}t^2} \tag{1.12}$$

当质点做圆周运动时，R 为常数，只有角位置是时间 t 的函数，这样就可以像讨论直线运动一样用一维坐标的方法来描述质点的运动。例如，在匀角加速圆周运动中有

$$\omega = \omega_0 + \alpha t$$

$$\theta = \theta_0 + \omega_0 t + \frac{1}{2} \alpha t \tag{1.13}$$

$$\omega^2 - \omega_0^2 = 2\alpha(\theta - \theta_0) \tag{1.14}$$

不难证明，在圆周运动中，线量和角量之间存在如下关系

$$\mathrm{d}s = R\mathrm{d}\theta$$

$$v = \frac{\mathrm{d}s}{\mathrm{d}t} = R\,\frac{\mathrm{d}\theta}{\mathrm{d}t} = R\omega$$

$$a_\tau = \frac{\mathrm{d}v}{\mathrm{d}t} = R\,\frac{\mathrm{d}\omega}{\mathrm{d}t} = R\alpha \tag{1.15}$$

$$a_n = \frac{v^2}{R} = R\omega^2$$

角速度的方向就是角位移矢量的方向。按照矢量的矢积法则，角速度与线速度之间的关系为

$$\boldsymbol{v} = \boldsymbol{\omega} \times \boldsymbol{r} \tag{1.16}$$

1.2.7 抛体运动

向空中任意方向以一定的初速度抛出一物体，如果不计空气阻力的影响，物体将在重力作用下，沿一抛物线运动而落向地面，这种在竖直平面内因抛射而引起的运动称为抛射体运动或抛体运动。例如：投掷铅球，飞机投弹。这些运动中，加速度大小和方向均保持不变，因而可称为匀变速曲线运动。

设一物体以初速度 $\boldsymbol{v}_0$ 在竖直平面内从地面斜向抛出，$\boldsymbol{v}_0$ 与水平夹角为 θ（称为抛射角或发射角）。在其运动平面上建立一个平面直角坐标系 xOy，坐标原点 O 为抛出点，x 轴沿水平方向，如图 $1-13$ 所示。

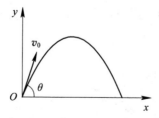

图 $1-13$ 抛体运动规律

抛体运动可分解为沿水平方向 x 轴的匀速直线运动和沿竖直方向 y 轴的竖直上抛运动。

以物体抛出时刻为计时起点，初速度的水平分量和竖直分量分别为 $v_{0x} = v_0 \cos\theta$ 和 $v_{0y} = v_0 \sin\theta$，故任意时刻的抛体的位置坐标为

$$x = v_{0x}t = v_0 \cos\theta \cdot t$$

$$y = v_{0y}t - \frac{1}{2}gt^2 = v_0 \sin\theta \cdot t - \frac{1}{2}gt^2$$

飞行时间内任意时刻的速度分量为

$$v_x = v_{0x} = v_0 \ \sin\theta$$

$$v_y = v_{0y} - gt = v_0 \sin\theta - gt$$

抛体轨迹方程为

$$y = x\tan\theta - \frac{g}{2v_0^2\cos^2\theta}x^2$$

可见其轨道为一抛物线。

尚有三个表征抛体运动的物理量：

(1) **飞行时间**：抛体自地面抛出到落回地面所用的时间。由 $y = v_0\sin\theta \cdot T - \frac{1}{2}gT^2$ 得到

$$T = \frac{2v_0\sin\theta}{g}$$

(2) **射程**：从地面上的起抛点到落地点的水平距离。射程就是 $t = T$ 时的 x 值

$$X = v_0\cos\theta \cdot T = \frac{2v_0^2\sin\theta\cos\theta}{g} = \frac{v_0^2}{g}\sin2\theta$$

(3) **射高**：抛体所能达到的最大高度。在最高点时物体速度的 y 分量为零，即 $v_y = 0 = v_0\sin\theta - gt$，可求得到达最高点的时间

$$t = \frac{v_0\sin\theta}{g}$$

则

$$H = v_0\sin\theta\frac{v_0\sin\theta}{g} - \frac{1}{2}g\left(\frac{v_0\sin\theta}{g}\right)^2 = \frac{v_0^2}{2g}\sin^2\theta$$

有空气阻力的情况下，实际轨道不是一条标准的抛物线，如图 1-14 所示，它的升弧长而平，降弧短而弯，两弧不对称。运动物体所受空气阻力跟它本身的形状、大小、空气的密度及运动速率等因素有关，其中运动速率的影响更为显著。当速率很低时，阻力与速率的一次方成正比；速率增大时，在低于 200 ms^{-1} 范围内，阻力与速率的平方成正比；在 400～600 ms^{-1} 范围内，阻力与速率的三次方成正比；在更大速率时，阻力将与速率的更高次方成正比。

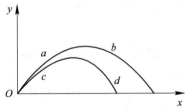

a：升弧；b：理想轨道；
c：降弧；d：实际轨道

图 1-14　实际抛体运动

例 1.2.2 一人在 O 处以抛射角 θ 向小山坡上某目标 A 投掷一个手榴弹,如图 1-15 所示。已知从 O 看 A 的仰角为 φ,O 到 A 的水平距离为 l,如果不计空气阻力,问手榴弹的出手速率多大才能击中目标?

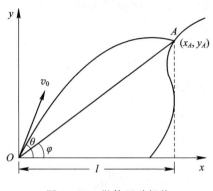

图 1-15 抛体运动规律

解 建立坐标如图 1-15 所示。设手榴弹出手时刻($t=0$)的速率为 v_0,在时刻 t 时,手榴弹的位置为

$$x=v_0\cos\theta t,\quad y=v_0\sin\theta t-\frac{1}{2}gt^2$$

目标点的位置为

$$x=x_A=l=v_0\cos\theta t$$

$$y=y_A=l\tan\varphi=v_0\sin\theta t-\frac{1}{2}gt^2$$

由以上二式得

$$2v_0^2\cos\theta(\sin\theta\cos\varphi-\cos\theta\sin\varphi)=gl\cos\varphi$$

$$v_0=\sqrt{\frac{gl\cos\varphi}{2\cos\theta\sin(\theta-\varphi)}}$$

1.3 运 动 学 问 题

1.3.1 运动学中两类基本问题

运动学所讨论的问题可以分成两大类:一类问题是已知质点的运动学方程 $r=r(t)$,求质点的速度 v 或加速度 a,这类问题多与求导数运算相联系;另一类问题从数学上讲是前一类问题的逆运算,是已知质点的速度 $v(t)$ 或加速度 $a(t)$,求质点的运动学方程,多与积分运算有关。可用图 1-16 表示。

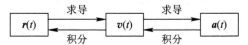

图 1-16 质点运动学两类常见的基本问题

下面我们先以质点做一般变速直线运动为例，说明如何从质点的速度 $v(t)$ 求得该质点在一段时间 Δt 内位移的大小。

如图 1-17 所示，把质点运动的这段时间 $(t-t_0)$ 等分成许多 $(n$ 段$)$ 很小的小段，相应的时间间隔很小。这样，在每一小段时间间隔内可把质点的速度近似地看作不变，它的运动近似地看作匀速直线运动。

$$x - x_0 = \Delta x_1 + \Delta x_2 + \cdots + \Delta x_n = \sum_{i=1}^{n} v_i \Delta t$$

数值上等于 n 个小矩形面积的总和。

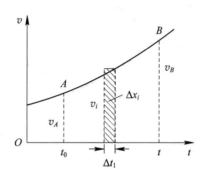

图 1-17　速度函数的积分

若把质点运动的这段时间等分成无限多个小段，且令每小段的时间间隔趋向于零，即 $n \to \infty$，$\Delta t \to 0$，则

$$x - x_0 = \lim_{n \to \infty} \sum_{i=1}^{n} v_i \Delta t = \int_{t_0}^{t} v \mathrm{d}t$$

数值上等于由曲线 $v(t)$ 所围曲边梯形的面积。

可见，质点做变速直线运动时，在某段时间内的位移等于该时间区间内速度对时间的定积分。同样，如果我们知道某段时间内的质点加速度随时间的变化关系 $a(t)$，通过求该段时间内加速度对时间的定积分，我们就能得到任意时刻的速度。

例 1.3.1 已知质点沿 x 轴做直线运动的加速度为 $a = -A\omega^2 \cos(\omega t + \pi)$，且已知 $t=0$ 时，$x=-A$，$v=0$，求质点的运动学方程。

解　由 $a = \dfrac{\mathrm{d}v}{\mathrm{d}t} \Rightarrow \mathrm{d}v = a\mathrm{d}t \Rightarrow$

$$v = \int_0^t a\mathrm{d}t = \int_0^t [-A\omega^2 \cos(\omega t + \pi)]\mathrm{d}t$$

$$= -A\omega \int_0^t \cos(\omega t + \pi)\mathrm{d}(\omega t + \pi)$$

$$= -A\omega \sin(\omega t + \pi)\Big|_0^t$$

$$= -A\omega \sin(\omega t + \pi)$$

再由 $v = \dfrac{\mathrm{d}x}{\mathrm{d}t}$，$\mathrm{d}x = v\mathrm{d}t$，时间由 0 变到 t 时，x 由 $-A$ 变到 x，则

$$\int_{-A}^{x} \mathrm{d}x = \int_0^t [-A\omega \sin(\omega t + \pi)]\mathrm{d}t$$

$$x + A = -A \int_0^t \sin(\omega t + \pi) \mathrm{d}(\omega t + \pi)$$

$$= A\cos(\omega t + \pi) \Big|_0^t$$

$$= A\cos(\omega t + \pi) + A$$

即

$$x = A\cos(\omega t + \pi)$$

例 1.3.2　已知如图 1-18 所示的 v-t 图线，请问质点做什么运动？加速度是多大？在 $0 \sim 4$ s 内的位移和路程各是多少？

解　v-t 图线所表示的是质点运动的速度随时间变化的函数关系；图线切线的斜率代表加速度；图线与 t 轴间曲边梯形的面积总和代表位移，这时 t 轴上部面积取正值，下部面积取负值。如果下部面积也取正值，则相应面积总和代表路程。

容易从 v-t 图上看出：

$0 \sim 1$ s 做匀速直线运动，速度大小为 10 m/s，加速度为 0；

$1 \sim 2$ s 做匀加速直线运动，初速度为 10 m/s，加速度为 20 m/s²；

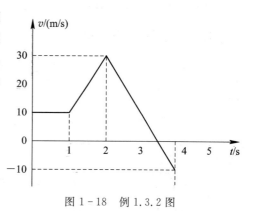

图 1-18　例 1.3.2 图

$2 \sim 4$ s 做加速度为 -22.5 m/s² 的匀变速直线运动，$2 \sim 3$ s 内减速，$3 \sim 4$ s 内反向加速。

在 $0 \sim 4$ s 内的位移和路程分别为

$$x = 10 \times 1 + \frac{10 + 30}{2} \times (2 - 1) + \frac{30}{2} \times 1 - \frac{15}{2} \times 1 = 37.5 \text{ m}$$

$$s = 10 \times 1 + \frac{10 + 30}{2} \times (2 - 1) + \frac{30}{2} \times 1 + \frac{15}{2} \times 1 = 52.5 \text{ m}$$

由已知的运动方程求速度、加速度，解这类问题的主要方法是求导。

例 1.3.3　已知某质点沿 x 轴方向做直线运动，其运动方程为 $x = At^2 + Bt + C$，求质点运动的速度、加速度。

解　直接由速度和加速度的定义，通过求导求出：

$$v = \frac{\mathrm{d}x}{\mathrm{d}t} = 2At + B$$

$$a = \frac{\mathrm{d}v}{\mathrm{d}t} = 2A$$

可见，对于时间 t 的二次式所描述的一维运动方程，就是简单的匀变速直线运动，且一次项系数即为质点的初速度，二次项系数的二倍为质点的加速度。

例 1.3.4　一质点沿半径为 1 m 的圆周运动，它通过的弧长 s 按 $s = t + 2t^2$ 的规律变化，问它在 2 s 末的速率、切向加速度、法向加速度各是多少？

解　由速率定义，有

$$v = \frac{\mathrm{d}s}{\mathrm{d}t} = 1 + 4t$$

将 $t=2$ 代入上式，得 2 s 末的速率为 9 m/s。其法向加速度为

$$a_n=\frac{v^2}{R}=81 \text{ m/s}^2$$

切向加速度

$$a_\tau=\frac{\mathrm{d}^2 s}{\mathrm{d}t^2}=4 \text{ m/s}^2$$

例 1.3.5　一艘正在沿直线行驶的快艇，在发动机关闭后，其加速度方向与速度方向相反，大小与速度的平方成正比，记比例系数为 k，关闭发动机后的瞬时速率为 v_0，试证明此后快艇速度与继续行驶距离 x 的关系为 $v=v_0\mathrm{e}^{-kx}$。

证明　由 $\dfrac{\mathrm{d}v}{\mathrm{d}t}=-kv^2$ 得

$$\frac{\mathrm{d}v}{\mathrm{d}t}=\frac{\mathrm{d}v}{\mathrm{d}x}\frac{\mathrm{d}x}{\mathrm{d}t}=x\frac{\mathrm{d}v}{\mathrm{d}x}=-kv^2$$

即

$$\frac{\mathrm{d}v}{v}=-k\mathrm{d}x \Rightarrow \int_{v_0}^{v}\frac{\mathrm{d}v}{v}=\int_{0}^{x}-k\mathrm{d}x$$

得

$$v=v_0\mathrm{e}^{-kx}$$

1.3.2　相对运动

我们已经知道，质点运动的描述总是相对于某一参考系而言的。选择不同的参考系就有不同的运动情况(举例)。下面我们就来研究同一物体相对于两个不同参考系的速度和这两参考系间的相对速度之间的关系。

如图 1-19 所示，设有两参考系 S 和 S'，在其上建立的平面坐标系分别为 Oxy 和 $O'x'y'$，为简单起见，假定相应坐标轴在运动中保持相互平行。这种情况下，S' 相对 S 的运动可用坐标原点 O' 对 O 的相对运动作代表。

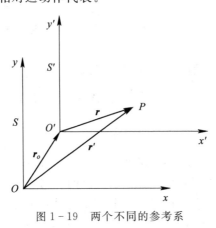

图 1-19　两个不同的参考系

设一质点在空间运动，当它位于 P 点时，相对于 O' 点的位置矢量为 $\boldsymbol{r}$，相对于 O 点的位置矢量为 $\boldsymbol{r}$，这时 O' 点相对于 O 点的位置矢量为 $\boldsymbol{r}_o$，三个位置矢量的关系是

$$r = r_o + r'$$

将上式两边对时间 t 求一阶导数，得

$$\frac{\mathrm{d}r}{\mathrm{d}t} = \frac{\mathrm{d}r_o}{\mathrm{d}t} + \frac{\mathrm{d}r'}{\mathrm{d}t}$$

根据速度的定义可得

$$v = v_o + v'$$

记忆方法：如图 1-20 所示，$v_{绝对}$ 表示研究对象相对于静止参考系的运动速度，$v_{牵连}$ 运动参考系相对于静止参考系的速度，$v_{相对}$ 表示研究对象相对于运动参考系的速度，有

$$v_{绝对} = v_{相对} + v_{牵连}$$

也可以通过下标的循环轮动记忆：

$$v_{车对地} = v_{车对风} + v_{风对地}$$

矢量求和时各分矢量必须首尾相接。

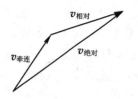

图 1-20　相对运动的速度关系

加速度也具有同样的关系。

例 1.3.6　已知水流速度为 $v_1 = 1$ m/s，船与水的相对速度大小为 $v_2 = 2$ m/s，求在下述情况下船相对于河岸的速度 v_3：

（1）船顺水而行；

（2）船逆水而行；

（3）船与流水成 $90°$ 角航行。

解　根据题意画出各速度关系如图 1-21 所示。

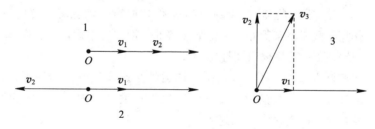

图 1-21　例 1.3.6 图

按照速度合成规则：

$$v_{船对岸} = v_{船对水} + v_{水对岸}$$

（1）$v_3 = v_2 + v_1 = 2 + 1 = 3$ m/s；

（2）$v_3 = -v_2 + v_1 = -2 + 1 = -1$ m/s；

（3）$v_3 = \sqrt{v_1^2 + v_2^2} = \sqrt{5}$ m/s。

第 2 章　质 点 动 力 学

前面我们已经讨论了物体的运动规律，特别讨论了几种特殊的运动：匀速直线运动、匀变速直线运动、匀速圆周运动、抛体运动等，它们只涉及运动规律，所以叫作质点运动学。但是物体为什么会做这样的运动？这就要研究物体的运动和所受力的关系，这叫作动力学。所以接下来我们来讨论这样的问题。

2.1　牛顿运动定律

我们知道，物质世界是普遍联系的，任何物体都不可能孤立地存在，总是和周围其他的物体存在联系，存在着作用。但是一个物体如果它受到的外力互相抵消，或者说它受到的合力为零，它是否静止？一个运动的物体是否一定受到了力的作用（合力不为零）？

2.1.1　牛顿三定律

如何改变质点的运动状态？

牛顿第一定律指出：任何物体都将保持静止或匀速直线运动状态，直到外力迫使它改变这种状态为止。也就是说，物体有一种固有的、保持原有运动状态不变的特性——惯性。如果没有外力的作用，物体原来静止，它将继续静止，物体原来运动，它将继续以原速度运动下去。基于此，牛顿第一定律也叫惯性定律。

牛顿第一定律实际上还指出了，力是使物体运动状态发生改变的原因。物体运动状态的改变意味着有加速度，也就是说力是使物体产生加速度的原因。但是力和加速度之间的定量关系如何，多大的力产生多大的加速度？

牛顿第二定律指出：在力的作用下，质点获得的加速度大小与力的大小成正比，与质点的质量成反比，加速度的方向与力的方向相同。用公式表示为

$$F = ma$$

在国际单位制中，质量的单位是 kg，力的单位是 N（牛顿）。牛顿第二定律只在惯性参考系中成立。从牛顿第二定律看出，质量越大，它的运动状态越难改变，所以说，质量是物体惯性大小的量度。严格说来，第二定律中的质量应称为惯性质量。

当质点同时受到几个力的作用时，它们产生的效果如何？大量实验事实总结得出以下原理（**力的独立作用原理**）：如果在一个质点上同时作用着几个力，则这几个力各自产生自己的动力学效果而不互相影响。如，

$$F_1 = ma_1,\ F_2 = ma_2,\ \cdots$$

质点获得的总的加速度是各力各自产生加速度的矢量和

$$a = a_1 + a_2 + \cdots + a_n$$

故

$$ma = ma_1 + ma_2 + \cdots + ma_n = F_1 + F_2 + \cdots + F_n = \sum F_i$$

可见,当 n 个力共同作用于质点的总效果等价于一个力 F,我们称 F 为这 n 个力的合力。因此我们既可以通过求出各个力各自产生的加速度,再求总的加速度的方法来计算物体运动状态的改变,也可以通过先求这几个力的合力,再求合力产生的加速度,一般我们采用后者。

牛顿第二定律说明了质点所受的力与质点获得的加速度之间的瞬时关系,力和加速度同时产生、同时变化、同时消失,而且始终方向一致。在具体坐标系中讨论时,常将合力向坐标轴分解,分力和分加速度方向是一致的,在各个分解的方向,牛顿第二定律也分别适用

$$\sum F_x = ma_x = m \frac{\mathrm{d}v_x}{\mathrm{d}t} = m \frac{\mathrm{d}^2 x}{\mathrm{d}t^2}$$

$$\sum F_y = ma_y = m \frac{\mathrm{d}v_y}{\mathrm{d}t} = m \frac{\mathrm{d}^2 y}{\mathrm{d}t^2}$$

在圆周运动中,可沿切线和法线方向分解

$$\sum F_\tau = ma_\tau = m \frac{\mathrm{d}v}{\mathrm{d}t}$$

$$\sum F_n = ma_n = m \frac{v^2}{R}$$

我们知道,力是物体间的相互作用。甲物体施力于乙物体的同时也受到来自乙物体的反作用力,二者关系如何?

牛顿第三定律指出:**两个质点间的作用力和反作用力大小相等,方向相反,作用在同一直线上。** 公式表示为

$$F = -F'$$

关于牛顿第三定律,以下三点值得注意:

(1) 作用力与反作用力同时产生,同时消失,没有先后区别;

(2) 作用力与反作用力必定是同性质的力;

(3) 作用力与反作用力是作用于两个物体上的,它们虽然大小相等,方向相反,但不是一对平衡力。

由于 $a = \dfrac{\mathrm{d}^2 r}{\mathrm{d}t^2}$,通过物体运动规律的分析我们可以寻找质点所受的合力 F。F 可以是质点位置矢量 r、速度 $v = \dfrac{\mathrm{d}r}{\mathrm{d}t}$ 和时间 t 的函数

$$m \frac{\mathrm{d}^2 r}{\mathrm{d}t^2} = F\left(r, \frac{\mathrm{d}r}{\mathrm{d}t}, t\right)$$

这是**质点运动的微分方程。**

2.1.2 力学中常见的力

在力学中常见的力有弹性力、摩擦力、流体阻力和重力等,任何力的产生,总是有施力

的一方和受力的一方，在做力的分析时，一定要找出施力物体和受力物体。口诀：**重力总是有，弹力看周围**。下面我们来讨论以下几种常见的力。

1. 弹性力

相互接触的物体互相产生挤压时，会引起物体发生形变。形变的物体企图恢复原状而产生的力叫弹性力，在力学中常见的弹性力有以下三种主要形式。

弹簧的弹力：弹簧因被拉长或被压缩而产生的旨在恢复到自由伸长状态的力。

胡克定律：弹簧弹性力的大小与形变时长度改变量成正比，方向总是指向平衡位置。如图 2-1 所示，用公式表示为

$$F = -kx$$

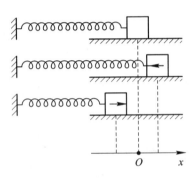

图 2-1　弹簧的弹力

绳索中的张力：施力于绳索的两端，绳子被拉长（虽然通常不显著），伸长了的绳子企图恢复原状而产生的力。假想在绳子内部任一位置处作一截面，把绳子分成两部分，它们之间互向对方施以拉力，我们把绳子内部假想截面两侧互施的拉力叫作绳子在这个横截面上的张力。如果我们在绳子上任意截取一段 CD，以之作为研究对象，设它的质量为 m，CD 两侧绳的张力分别为 F_C 和 F_D，根据牛顿第二定律，则有

$$F_D - F_C = ma$$

由上式可知，若 $m \neq 0$，$a \neq 0$，则 $F_D \neq F_C$；若 $m = 0$ 或 $a = 0$，则 $F_D = F_C$。这说明，**只有这段绳子的质量可忽略不计或沿绳子的方向无加速度时，绳子内各截面处张力的大小才处处相等**。当绳子质量很小可以忽略时，通常称之为轻绳。

2. 压力、支持力

把一个重物放在桌面上，由于重物压紧桌面，它们都会因相互挤压而产生微小形变，形变的物体和它的支持物都企图恢复原状而互相向对方施以作用力。通常我们把重物作用于支持面的弹性力叫作压力，而把支持面作用于重物的弹性力叫作支持力或弹力。它们的方向总是垂直于物体的接触面或接触点的公切面，指向受力物体。因此常称之为正压力。压力和支持力是一对作用力与反作用力。

3. 摩擦力

当相互接触的物体在外力的作用下具有相对运动或相对运动趋势时，物体之间产生的一种阻碍这种运动或运动趋势的力，叫作摩擦力。摩擦力有静摩擦力和动摩擦力之分。静

摩擦力的大小由外力的大小决定，且随外力大小的改变而改变，方向与相对滑动的趋势相反。随着外力增加，物体刚能滑动时，静摩擦力达到极限值——最大静摩擦力。

英国物理学家库仑经过大量的实验于 1781 年建立了关于最大静摩擦力的近似规律，称为摩擦定律：

（1）质量和底面光滑程度相同的物体，在同一种平面上的最大静摩擦力与接触面的大小无关。

（2）最大静摩擦力与接触面的材料、表面情况、温度和湿度等有关。

（3）最大静摩擦力与两个物体相互挤压时的正压力成正比，即

$$F_{fm} = \mu_0 F_N$$

其中 μ_0 为静摩擦系数。

当两个互相接触的物体作相对滑动时，它们的接触面在切向上都要产生一种阻碍物体相对运动的力，叫滑动摩擦力。摩擦定律也适应于滑动摩擦，只是静摩擦系数要代之以滑动摩擦系数 μ，即

$$F_f = \mu F_N$$

滑动摩擦系数通常要小于静摩擦系数。无论是摩擦力还是静摩擦力，都并不总是阻碍物体运动的，如站在加速运动的火车上的乘客，正是因为受到车厢地面与火车运动方向一致的静摩擦力，才确保乘客与火车一起运动。但可以说**摩擦力或静摩擦力总是阻碍相互接触物体间的相对运动或相对运动趋势的。**

在日常生活中摩擦力有弊也有利。汽车内部机件间的摩擦力越大就要因此消耗更多的能源，还会对机件造成磨损。所以要使用高品质的润滑剂。但从另一面看，我们离开了摩擦力又将寸步难行。汽车轮胎用久了，表面变得光滑，与地面的摩擦系数会变小，从而摩擦力变小，驱动轮就提供不了足够大的牵引力，刹车制动时，被动轮提供不了足够大的摩擦阻力，也影响行车安全。

4. 流体阻力

当物体在流体内运动时会受到流体的阻力，流体包括气体和液体。质点所受阻力与质点运动方向相反，当运动速率很小时阻力的大小与速率成正比，当运动速率一般或较大时阻力的大小与速率的平方成正比，即

$$\boldsymbol{F} = -\alpha\boldsymbol{v}$$

或

$$\boldsymbol{F} = -\beta v\boldsymbol{v}$$

要更精确地反映流体阻力性质，需使用较复杂的经验公式。

5. 万有引力

1）400 多年前天文观察对天体运行的描述

地心说，日心说。地心说（或称天动说），是古人认为地球是宇宙的中心，是静止不动的，而其他的星球都绕着地球而运动的一种学说。日心说是哥白尼 1514 年最早提出的，但没发表，其 1543 年临终发表的《天体运行论》是科学史上的一次革命。然而，由于教会镇压日心说，意大利哲学家布鲁诺就因为宣传日心说于 1600 年被教会处以极刑，当众烧死；伽

利略被终身软禁，于 1642 年含冤逝世。

1580 年起，丹麦天文学家第谷在乌伦尼堡观象台对行星运动作了 20 年精细的观测，积累了丰富的资料。他的助手德国人开普勒通过进一步的观测分析，首次对行星运动的规律作出了数学描述(见图 2-2)：

开普勒第一定律：太阳的行星沿各自的椭圆轨道运行，太阳位于这些椭圆的一个公共焦点上。

开普勒第二定律：对于太阳的一个行星来说，它对太阳的位矢在相等的时间内扫过相等的面积。

开普勒第三定律：太阳的各个行星运行的周期 T 的平方与其轨道的半长轴 a 的立方成正比，即

$$\frac{T^2}{a^3} = C \quad (一个与行星无关的常量)$$

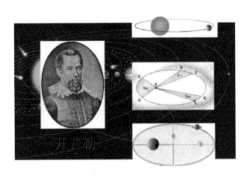

图 2-2　开普勒行星运动三大定律

2) 牛顿的思考

行星为什么会做这样的运动？在开普勒时代有些人对此的回答是小天使在后面拍打翅膀，推动着行星沿轨道飞行。牛顿在总结了伽利略、惠更斯等人的研究成果后，运用他的运动定律和微积分原理解决了这个问题。牛顿"苹果落地"的故事广泛流传。这个故事最先的记载出自牛顿的亲友对他晚年谈话的回忆。故事大意是说，1665—1666 年间因瘟疫流行，牛顿从剑桥退职回到家乡，当时他正在思考月球绕地球运行的问题。一日，他在花园中冥思重力的动力学问题时，看到苹果偶然落地，引起他的遐想：在我们能够攀登的最远距离上，在最高建筑物的顶上和最高山巅上，都未发现重力明显减弱，这个力必定延伸到比通常想象的远得多的地方。为什么不会高到月球上？如果是这样，月球的运动必定受到它的影响，或许月球就是因为这个原因才保持在它的轨道上的。首先，牛顿认为，适合于地面现象的物理规律同样适合于宇宙过程。

再来分析行星的运动。椭圆轨道说明太阳角动量的方向是不变的。等面积定律表明行星对太阳角动量的大小也是不变的。由质点角动量定理可知，行星对太阳的角动量保持守恒，表明行星所受的力对太阳的力矩为零，即行星所受的力的作用线通过太阳。

因此牛顿认为：**所有绕太阳运行的行星都受到太阳的引力**。关于引力的大小，如果我们把行星轨道简化为圆，就容易推出满意的结果

$$F = mr\omega^2 = mr\left(\frac{2\pi}{T}\right)^2 = \frac{4\pi^2 mr}{T^2}$$

再由开普勒三定律，$T^2 = Cr^3$，代入上式，得

$$F = \frac{4\pi^2}{C} \cdot \frac{m}{r^2}$$

这就证明了引力的大小与行星的质量成正比，与行星到太阳的距离的平方成反比。对于椭圆轨道的实际情况，运用数学分析也能严格推出上述结论。

根据牛顿第三定律，作用力与反作用力的性质是相同的，太阳吸引行星，行星也是吸引太阳的，这个力与行星质量成正比，也应正比于太阳质量，应有 $\frac{4\pi^2}{C} = Gm_s$。这样

$$F = G\frac{mm_s}{r^2}$$

牛顿迈出了最后一步：**宇宙里任何两个质点之间都有这样的引力，引力的大小与两个质点的质量成正比，与它们的距离的平方成反比，方向沿着两者的连线。称为万有引力定律。**

引力常量 G 的大小：$G = (6.6720 \pm 0.0041) \times 10^{-11}\, \text{N} \cdot \text{m}^2 \cdot \text{kg}^{-2}$。

3）地球的引力与物体的重力

地球吸引地面上的物体是物体受到重力的根本原因，但不能认为地球对地面上物体的引力就是物体所受的重力。如图 2-3 所示，引力产生了二个效果：一是随地球自转所需的向心力（与物体所处纬度有关），二是我们常说的重力。

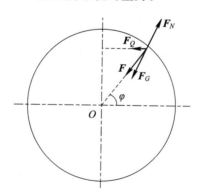

图 2-3 地球引力与物体的重力

$$F_G = \sqrt{F^2 + F_Q^2 - 2FF_Q\cos\varphi} \tag{2.1}$$

$$F_Q = mR\omega^2\cos\varphi \tag{2.2}$$

$$F = G\frac{mm_e}{R^2} \tag{2.3}$$

由于地球自转的角速度很小，物体随地球自转的向心加速度是很小的（赤道处最大也只有约 $0.034\ \text{m/s}^2$），于是有以下近似公式

$$F_G = F - mR\omega^2\cos^2\varphi$$

根据近代大地测量，重力加速度与纬度 φ 的关系有如下经验公式

$$g = 9.78030(1 + 0.0053025\sin^2\varphi + 0.000007\sin^2 2\varphi) \text{ m/s}^2$$

显然，重力加速度 g 还和物体离地面的高度 h 有关。

4）惯性质量与引力质量

万有引力定律中出现的质量，反映了物体吸引其他物体的能力，也反映了物体被感受其他物体吸引的能力。利用下式重新定义它们的引力质量

$$m = \sqrt{\frac{FR^2}{G}}$$

惯性质量和引力质量反映物体的不同属性，从两个互相独立的定律分别定义同一物体的两种质量，它们有什么联系呢？

$$g = \frac{F}{m} = G\frac{m_e}{R_e^2} \cdot \frac{m_g}{m_1}$$

可见物体的引力质量与惯性质量成正比。可认定同一物体的引力质量等于惯性质量。

2.1.3　牛顿运动定律的应用举例

例 2.1.1　如图 2-4 所示，水平面上放置一楔块，楔块的斜面是光滑的，斜面上放有一质量为 m 的物体 A，今以一水平力 F 推楔块，使物体随楔块前进，与楔块无相对运动。楔块质量为 m_0，楔角为 θ，楔块与水平桌面间的摩擦系数为 μ。这个水平力应当为多大？这时物体A对楔块的正压力有多大？

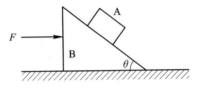

图 2-4　例 2.1.1 图

解　（1）确定楔块和物体为两个研究对象。

（2）分别做受力分析如图 2-5 所示。

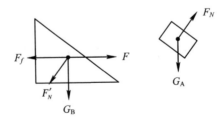

图 2-5　隔离法受力分析

（3）运动分析，物体与模块无相对运动的条件是两者具有相同的加速度。（这是关键！）

（4）以水平方向为 x 轴，竖直方向为 y 轴建立直角坐标，将力沿坐标方向分解。

（5）写出动力学方程：

$$F - F_f - F_N'\sin\theta = m_0 a_B$$

$$F_N \sin\theta = m a_A$$
$$F_N = F_N', \quad a_A = a_B, \quad F_N \cos\theta = mg$$
$$F_f = \mu(m_0 g + F_N \cos\theta)$$

求解以上方程组得

$$F = (\mu + \tan\theta)(m + m_0)g$$

$$F_N = \frac{mg}{\cos\theta}$$

注意：本题也可用整体思想求解。由于物体 A 与模块 B 之间没有相对运动，整体加速度满足

$$F - F_f = F - \mu(m + m_0)g = (m + m_0)a$$

物体 A 只受到重力和模块的支持力作用，且竖直方向受力平衡，水平方向的加速度与整体加速度相等，并满足

$$mg\tan\theta = ma$$

由以上二式同样可解得结果。

例 2.1.2 求图 2-6 中所示物体组的加速度和 A、B 绳中的张力(绳和滑轮的质量以及所有摩擦力均不计)。已知 $m_1 = 50$ kg，$m_2 = 25$ kg，$m_3 = 50$ kg。

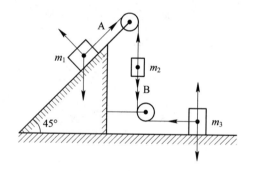

图 2-6 例 2.1.2 图

解 在原图上对 m_1，m_2，m_3 分别做受力分析。

列方程：

$$m_1 g\sin\theta - T_A = m_1 a$$
$$T_A - T_B - m_2 g = m_2 a$$
$$T_B = m_3 a$$

联立解出：

$$a = 0.08g, \quad T_A = 31.35g \text{ (N)}, \quad T_B = 4g \text{ (N)}$$

论论：(1) 加速度大小为何相同？

(2) A、B 绳中的张力为何不等？

例 2.1.3 一架轰炸机在俯冲后改为一竖直圆周轨道飞行，如图 2-7 所示，如果飞机的飞行速率为一恒值 $v = 178$ m/s，为了使飞机的加速度不超过 $7g$（g 为重力加速度）。

(1) 求此圆周轨道的最小半径。

（2）如果驾驶员的质量是 70 kg，在上述最小圆周轨道的最低点，他的视重是多少？

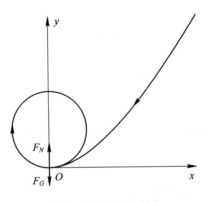

图 2 - 7　例 2.1.3 图

解　（1）根据圆周运动的向心加速度公式可知

$$a = a_n = \frac{v^2}{R} \leqslant 7g$$

故

$$R \geqslant \frac{v^2}{7g} = 461 \text{ m}$$

（2）驾驶员的视重数值上等于座位给他的支持力 F_N。

$$F_N - mg = ma_n = m\frac{v^2}{R}$$

$$F_N = m\frac{v^2}{R} + mg = m\left(\frac{v^2}{R} + g\right)$$

当 $\frac{v^2}{R} = 7g$ 时

$$F_N = 8mg = 8 \times 70 \times 9.8 = 5.5 \times 10^3 \text{ N}$$

例 2.1.4　设空气阻力与质点运动速率成正比，求在重力场中抛体的运动学方程。

解　如通常一样建立直角坐标系，抛出点为原点，水平方向为 x 轴，竖直向上为 y 轴正方向。任意时刻质点所受的力为二个，重力 $\boldsymbol{F}_c = m\boldsymbol{g}$ 和空气阻力 $\boldsymbol{F} = -b\boldsymbol{v}$。将质点运动学微分方程

$$m\frac{\mathrm{d}^2 \boldsymbol{r}}{\mathrm{d}t^2} = m\frac{\mathrm{d}\boldsymbol{v}}{\mathrm{d}t} = m\boldsymbol{g} - b\boldsymbol{v}$$

向 x，y 轴方向投影得

$$\begin{cases} m\dfrac{\mathrm{d}v_x}{\mathrm{d}t} = -bv_x \\[2mm] m\dfrac{\mathrm{d}v_y}{\mathrm{d}t} = -mg - bv_y \end{cases}$$

分离变量并积分

$$\begin{cases} \displaystyle\int \frac{\mathrm{d}v_x}{v_x} = -\frac{b}{m}\int \mathrm{d}t \\ \displaystyle\int \frac{\mathrm{d}v_y}{\dfrac{mg}{b}+v_y} = -\frac{b}{m}\int \mathrm{d}t \end{cases}$$

得

$$\begin{cases} \ln v_x = -\dfrac{b}{m}t + C_1 \\ \ln\left(\dfrac{mg}{b}+v_y\right) = -\dfrac{b}{m}t + C_2 \end{cases}$$

代入初始条件：$t=0$ 时，$\boldsymbol{v}_0 = v_{0x}\boldsymbol{i} + v_{0y}\boldsymbol{j}$ 得积分常数，$C_1 = \ln v_{0x}$，$C_2 = \ln\left(\dfrac{mg}{b}+v_{0y}\right)$，则

$$\begin{cases} v_x = v_{0x}\mathrm{e}^{-\frac{b}{m}t} = \dfrac{\mathrm{d}x}{\mathrm{d}t} \\ v_y = \left(\dfrac{mg}{b}+v_{0y}\right)\mathrm{e}^{-\frac{b}{m}t} - \dfrac{mg}{b} = \dfrac{\mathrm{d}y}{\mathrm{d}t} \end{cases}$$

再对以上二式分离变量并积分

$$\begin{cases} \displaystyle\int \mathrm{d}x = \int v_{0x}\mathrm{e}^{-\frac{b}{m}t}\mathrm{d}t \\ \displaystyle\int \mathrm{d}y = \int \left[\left(\dfrac{mg}{b}+v_{0y}\right)\mathrm{e}^{-\frac{b}{m}t} - \dfrac{mg}{b}\right]\mathrm{d}t \end{cases}$$

得

$$\begin{cases} x = -\dfrac{m}{b}v_{0x}\mathrm{e}^{-\frac{b}{m}t} + C_3 \\ y = -\dfrac{m}{b}\left(\dfrac{mg}{b}+v_{0y}\right)\mathrm{e}^{-\frac{b}{m}t} - \dfrac{mg}{b}t + C_4 \end{cases}$$

代入初始条件：$t=0$ 时，$x=y=0$ 得积分常数，$C_3 = \dfrac{m}{b}v_{0x}$，$C_4 = \dfrac{m}{b}\left(\dfrac{mg}{b}+v_{0y}\right)$，可知

$$\begin{cases} x = \dfrac{mv_{0x}}{b}(1-\mathrm{e}^{-\frac{b}{m}t}) \\ y = \dfrac{m}{b}\left(\dfrac{mg}{b}+v_{0y}\right)(1-\mathrm{e}^{-\frac{b}{m}t}) - \dfrac{mg}{b}t \end{cases}$$

讨论： $t\rightarrow\infty$，$v_x\rightarrow0$，$v_y\rightarrow-\dfrac{mg}{b}$，$x\rightarrow\dfrac{mv_{0x}}{b}$，$y\rightarrow-\infty$ 的情况。

例 2.1.5 如图 2-8 所示单摆，不可伸长的摆线长度为 l，一端悬于固定点 O，一端与摆锤相连，摆锤质量为 m，可视为质点，系统在过 O 点的竖直平面内运动，试求单摆在小摆角情况下的运动学方程和摆线内的张力。

解 沿切线和法线方向的动力学方程为

$$\begin{cases} m\dfrac{\mathrm{d}v}{\mathrm{d}t} = \sum F_\tau \\ m\dfrac{v^2}{R} = \sum F_n \end{cases}$$

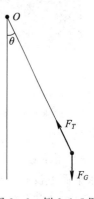

图 2-8 例 2.1.5 图

利用

$$R=l, \ \frac{\mathrm{d}v}{\mathrm{d}t}=l\alpha=l\frac{\mathrm{d}\omega}{\mathrm{d}t}=l\frac{\mathrm{d}^2\theta}{\mathrm{d}t^2}, \ \frac{v^2}{R}=l\omega^2=l\left(\frac{\mathrm{d}\theta}{\mathrm{d}t}\right)^2$$

得

$$\begin{cases} ml\dfrac{\mathrm{d}^2\theta}{\mathrm{d}t^2}=-mg\sin\theta \\ ml\left(\dfrac{\mathrm{d}\theta}{\mathrm{d}t}\right)^2=F_T-mg\cos\theta \end{cases}$$

由第一式得

$$\frac{\mathrm{d}^2\theta}{\mathrm{d}t^2}+\frac{g}{l}\sin\theta=0$$

小摆角 $\theta\ll1$, $\sin\theta\approx\theta$, 令 $\omega_0^2=\dfrac{g}{l}$, 上式化为

$$\frac{\mathrm{d}^2\theta}{\mathrm{d}t^2}+\omega_0^2\theta=0$$

这是一个非常典型而重要的微分方程,其解的一般形式为

$$\theta=A\cos(\omega_0 t+\phi)$$

利用 $\dfrac{\mathrm{d}\theta}{\mathrm{d}t}=-A\omega_0\sin(\omega_0 t+\phi)$ 可以求出绳的张力

$$F_T=mg+mlA^2\omega_0^2\sin^2(\omega_0 t+\phi)=mg[1+A^2\sin^2(\omega_0 t+\phi)]$$

2.1.4 非惯性系中的惯性力

　　牛顿第一定律严格成立的参考系称为惯性系。牛顿第三定律在所有参考系中均成立。牛顿第二定律只适用于惯性系。如图 2-9 所示,在非惯性系中,我们不能直接运用牛顿第二定律,但是只要引入一个适当的"虚拟力",则在非惯性系中仍可使牛顿第二定律**形式**上成立。这个"虚拟力"就是惯性力。

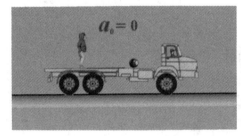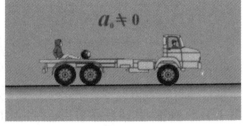

图 2-9　惯性系与非惯性系

1. 加速平动参考系中的惯性力

　　相对某一惯性系作加速平动的参考系,叫作平动加速参考系,它是一个非惯性系。如图 2-9 所示右侧小车,因为相对地面有不为零的加速度,是一非惯性系。质量为 m 的小球在水平面上没有受到外力作用却沿光滑车厢面向后滑动。车上的观察者无法用牛顿定律来解释这个事实。但如果我们引入一个非相互作用力

$$F_i = -ma_0$$

即惯性力，那么小球运动形式上仍然满足牛顿第二定律。这种在平动加速参考系引入的惯性力，叫作平移惯性力。物体所受平移惯性力的大小等于物体的质量 m 乘参考系加速度 a_0 的大小，方向与 a_0 的方向相反。

2. 转动参考系中的惯性离心力

考察车辆转弯时车上乘客的倾斜情况，在这样的转动参考系内，牛顿定律也不成立。如图 2-10 所示，在一个圆盘开一沿半径的槽，槽内用一轻弹簧拴一小球，圆盘以角速度 ω 做匀速转动。弹簧被拉伸后相对圆盘静止。

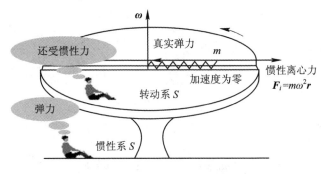

图 2-10　惯性离心力

地面上的观察者认为，小球受到指向轴心的弹簧拉力作用，所以随圆盘一起做圆周运动，符合牛顿定律。

圆盘上的观察者认为：小球受到弹簧的拉力作用却仍然处于静止状态，不符合牛顿定律。他知道圆盘是非惯性系，若仍要用牛顿定律来解释这一现象，就必须引入一个惯性力——惯性离心力

$$F_i = -ma_0 = m\omega^2 R$$

这是物体在转盘上静止的情况，当二者有相对运动时，情况较为复杂，除了惯性离心力外还有一种叫科里奥利力的惯性力。

2.2　力在时间上的积累

爱因斯坦语："西方科学的发展是以两个伟大成就为基础的，那就是希腊哲学家在欧几里得几何中发明的形式逻辑体系，以及在文艺复兴时期发现的通过系统的形式可能找出因果关系"。其告诉我们两个物理学的基本特征：

（1）物理学是实验科学；

（2）物理学在建立理论和研究问题时注重严谨的逻辑推理。

第一个特征在中学物理中就已较为熟悉。第二个特征是我们大学课程中要特别强调的。下面几节我们就要向大家展示一下物理学中的逻辑推理，也展示一下物理学的理论体系是如何构成的。我们知道，力对改变物体的运动状态的对应关系是瞬时的。但力作用在物体上的过程却是一个有确定时间和空间的。常见的两个问题是：力在物体上作用了多久？

力的作用伴随物体运动了多远？这涉及力的累积效应问题。

2.2.1　冲量

定义力在时间上的累积量 $\int \boldsymbol{F}\mathrm{d}t$ 叫作力的冲量 $\boldsymbol{I}$

$$\boldsymbol{I} = \int_{t_1}^{t_2} \boldsymbol{F}\mathrm{d}t$$

冲量是矢量，在恒力作用的情况下，冲量的方向与恒力的方向相同，在变力情况下，其方向由积分的结果最终确定。

2.2.2　动量定理

1. 质点的动量定理

由牛顿第二定律

$$m\boldsymbol{a} = m\frac{\mathrm{d}\boldsymbol{v}}{\mathrm{d}t} = \boldsymbol{F}$$

得

$$\frac{\mathrm{d}}{\mathrm{d}t}(m\boldsymbol{v}) = \boldsymbol{F} \quad 或 \quad \mathrm{d}(m\boldsymbol{v}) = \boldsymbol{F}\mathrm{d}t$$

上式即为质点的动量定理。定义质点的动量 $\boldsymbol{p} = m\boldsymbol{v}$，定义 $\boldsymbol{F}\mathrm{d}t$ 为 $\mathrm{d}t$ 时间内力 $\boldsymbol{F}$ 对质点的元冲量，用 $\mathrm{d}\boldsymbol{I}$ 表示。质点的动量定理可表述为

$$\frac{\mathrm{d}\boldsymbol{p}}{\mathrm{d}t} = \boldsymbol{F} \quad 或 \quad \mathrm{d}\boldsymbol{p} = \mathrm{d}\boldsymbol{I}$$

$\boldsymbol{F}$ 为质点所受合力，分力情况下

$$\mathrm{d}\boldsymbol{I} = \boldsymbol{F}\mathrm{d}t = \boldsymbol{F}_1\mathrm{d}t + \boldsymbol{F}_2\mathrm{d}t + \cdots + \boldsymbol{F}_n\mathrm{d}t = \mathrm{d}\boldsymbol{I}_1 + \mathrm{d}\boldsymbol{I}_2 + \cdots + \mathrm{d}\boldsymbol{I}_n$$

动量定理的积分形式

$$\int_{p_1}^{p_2} \mathrm{d}\boldsymbol{p} = \int_{t_1}^{t_2} \boldsymbol{F}\mathrm{d}t = \int_{t_1}^{t_2} \mathrm{d}\boldsymbol{I}$$

即

$$\boldsymbol{p}_2 - \boldsymbol{p}_1 = \int_{t_1}^{t_2} \boldsymbol{F}\mathrm{d}t = \boldsymbol{I}$$

冲量和动量具有相同的量纲 $\dim[I] = \dim[p] = \mathrm{LMT}^{-1}$。**在有限过程中合力的冲量等于质点动量的增量。**

当 $\boldsymbol{F} = \boldsymbol{F}(t)$ 为变力时，用元过程法

$$\boldsymbol{I} = \lim_{\substack{n \to \infty \\ \Delta t \to 0}} \sum_{i=1}^{n} \boldsymbol{F}_i \Delta t = \int_{t_1}^{t_2} \boldsymbol{F}\mathrm{d}t$$

平均力

$$\overline{\boldsymbol{F}} = \frac{\displaystyle\int_{t_1}^{t_2} \boldsymbol{F}\mathrm{d}t}{t_2 - t_1}$$

例 2.2.1　飞机以 $300\ \mathrm{m/s}$ 的速度飞行，撞到一只质量为 $2.0\ \mathrm{kg}$ 的鸟，鸟的长度为 $0.3\ \mathrm{m}$。

假定鸟撞上飞机后随同飞机一起运动，试估算它们相撞时的冲力的平均值。

解　这是两个物体相碰撞的问题，可以通过计算鸟的动量变化由动量定理确定鸟所受的冲量，再通过计算相撞的时间求出平均冲力。

以地面作为参考系，沿飞机运动方向取坐标轴，把鸟看作质点，由动量定理，得到

$$mv - mv_0 = \overline{F}(t - t_0)$$

已知 $m = 2.0$ kg，$v = 300$ m/s，碰撞前，鸟在飞机运动方向的速度分量 v_0 可以看作零，假定碰撞所经历的时间等于飞机前进 0.3 m（鸟的长度）的时间，即

$$t - t_0 = \frac{0.30}{300} \text{ s} = 1.0 \times 10^{-3} \text{ s}$$

将以上数据代入可得

$$\overline{F} = \frac{2.0 \times 300}{1.0 \times 10^{-3}} \text{ N} = 6.0 \times 10^5 \text{ N}$$

平均冲力约为 600 t 物质的重力！可见与鸟相撞，飞机也存在被破坏的风险。

例 2.2.2　气体对容器的压强是由大量分子碰撞器壁形成的。从分子运动论的角度研究气体的压强，首先要分析单个分子碰撞器壁的冲量，设一个分子的质量为 m，以速率 v 沿着与器壁的法线成 θ 角的方向与器壁相撞，然后反射的轨迹在入射线和法线所决定的平面里，并与法线成 θ，反射的速率也是 v，求一个分子对器壁的冲量。

解　这是通过计算动量变化来求冲量的问题，但分子在碰撞前后的速度不共线，故属于二维问题。把分子看成质点，在分子运动的平面里作 Oxy 坐标系如图 2-11 所示，使 x 轴沿器壁的法线方向。

由动量定理可得

$$I_x = mv\cos\theta - (-mv\cos\theta) = 2mv\cos\theta$$
$$I_y = -mv\sin\theta - (-mv\sin\theta) = 0$$

可见器壁对分子的冲量，其方向沿法线指向器内，其大小为 $2mv\cos\theta$，由牛顿第三定律，分子对器壁的冲量大小也为 $2mv\cos\theta$，其方向垂直指向器壁。

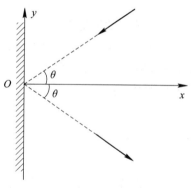

图 2-11　分子与器壁碰撞

例 2.2.3　一质量均匀分布的柔软细绳铅直地悬挂着，绳的下端刚好触到水平桌面上，如果把绳的上端放开，绳将落在桌面上。试证明：在绳下落的过程中，任意时刻作用于桌面的压力，等于已落到桌面上的绳重量的三倍。

证明　取如图 2-12 所示的坐标，设 t 时刻已有 x 长的柔绳落至桌面，随后的 dt 时间内将有质量为 $\rho dx = Mdx/L$ 的柔绳以 dx/dt 的速率碰到桌面而停止，它的动量变化率为

$$\frac{dp}{dt} = \frac{-\rho dx \dfrac{dx}{dt}}{dt}$$

根据动量定理，桌面对柔绳的冲力为

$$F' = \frac{dp}{dt} = \frac{-\rho dx \dfrac{dx}{dt}}{dt} = -\rho v^2$$

柔绳对桌面的冲力 $F = -F'$，即

$$F = \rho v^2 = \frac{M}{L} v^2$$

而 $v^2 = 2gx$，所以

$$F = \frac{2Mgx}{L}$$

而已落到桌面上的绳的重量为 $mg = Mgx/L$，所以

$$F_{总} = F + mg = \frac{2Mgx}{L} = \frac{Mgx}{L} = 3mg$$

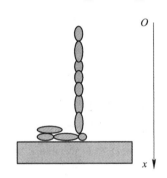

图 2 - 12　例 2.2.3 图

2. 质点的动量守恒定律

由质点的动量定理很容易得知：**若在某一过程中，质点所受合力恒为零，即 $F \equiv 0$，则在该过程中质点的动量守恒，即 $p = C$(常矢量)。**

质点的动量定理和动量守恒定律都有沿空间任一固定方向的分量形式。如果 x 方向受力为零，则 x 方向动量守恒；如果 y 方向受力为零，则 y 方向动量守恒，l 方向受力为零，则 l 方向动量守恒。即若 $F_l = 0$，则

$$P_l = C \tag{2.4}$$

3. 质点系的动量定理及动量守恒定律

有时我们所讨论的问题中涉及多个物体，我们把由多个彼此间有相互作用的质点构成的力学体系称为**质点系**。由于各质点间有相互作用，所以每一质点的运动都可能与其他质点的位置和运动有关。当选定 n 个质点构成质点系后，就有了质点系的内部和外部之分。作为我们研究对象的质点系所受的力就可以分为内力和外力。为此，我们称质点系内质点间的相互作用称为内力，质点系外的物体对质点系内质点的作用为外力。

对质点系内第 i 个质点，由质点的动量定理，有

$$\frac{\mathrm{d}}{\mathrm{d}t} \boldsymbol{p}_i = \boldsymbol{F}_i = \boldsymbol{f}_i^{(e)} + \boldsymbol{F}_i^{(i)}$$

对 n 个质点求和，则

$$\sum \frac{\mathrm{d}}{\mathrm{d}t} \boldsymbol{p}_i = \frac{\mathrm{d}}{\mathrm{d}t} \sum \boldsymbol{p}_i = \sum \boldsymbol{F}_i^{(e)} + \sum \boldsymbol{F}_i^{(i)}$$

由于内力总是成对出现，故 $\sum \boldsymbol{F}_i^{(i)}$ 中有 $\boldsymbol{F}_{ij}$ 则必有 $\boldsymbol{F}_{ji}$，由牛顿第三定律可知 $\boldsymbol{F}_{ij} = -\boldsymbol{F}_{ji}$，故

$\sum \boldsymbol{F}_i^{(i)} = 0$。所以

$$\frac{\mathrm{d}}{\mathrm{d}t}\sum \boldsymbol{p}_i = \frac{\mathrm{d}}{\mathrm{d}t}\boldsymbol{p} = \sum \boldsymbol{F}_i^{(e)} = \boldsymbol{F}^{(e)}$$

上式即为质点系的动量定理，它指出质点系动量的时间变化率等于所有外力的矢量和，与内力无关。

积分式：

$$\int_{p_0}^{p}\mathrm{d}\boldsymbol{p} = \int_{t_0}^{t}\boldsymbol{F}^{(e)}\,\mathrm{d}t = \boldsymbol{I}$$

分量式：

$$\frac{\mathrm{d}}{\mathrm{d}t}p_x = \frac{\mathrm{d}}{\mathrm{d}t}\sum p_{ix} = \frac{\mathrm{d}}{\mathrm{d}t}\sum m_i v_{ix} = \sum F_{ix}^{(e)} = F_x^{(e)}$$

守恒定律：

$$\text{若 } \boldsymbol{F}^{(e)} \equiv 0,\text{则}\quad \boldsymbol{p} = \sum m_i \boldsymbol{v}_i = C\,(\text{常量})$$

例 2.2.4　设火箭起飞时的质量为 m_0，火箭喷射速率为 u，一级火箭燃料燃完时的质量为 m_s，求该时刻的火箭速率 v_s。

解　设在时刻 t，火箭的质量为 m，速率为 v。在从 t 到 $t+\mathrm{d}t$ 的时间里，火箭喷出质量为 $\mathrm{d}m$ 的气体。喷射气体相对火箭的速率为 u，火箭速率的增量为 $\mathrm{d}v$，在 $t+\mathrm{d}t$ 时刻，火箭的质量为 $m-\mathrm{d}q$，速率是 $v+\mathrm{d}v$，喷出气体相对于地面参考系的速率是 $v+\mathrm{d}v-u$。由动量守恒定律得

$$mv = (m-\mathrm{d}q)(v+\mathrm{d}v) + (v+\mathrm{d}v-u)\mathrm{d}q$$

由于 $\mathrm{d}m = -\mathrm{d}q$，火箭质量的增量为负，得到

$$\mathrm{d}v = -\frac{\mathrm{d}m}{m}u$$

积分

$$\int_0^{v_s}\mathrm{d}v = u\int_{m_0}^{m_s}\frac{\mathrm{d}m}{m}$$

$$v_s = u\ln\frac{m_0}{m_s}$$

4. 质心运动定理

质心运动定理是质点系动量定理的另一种表述方式，实质是相同的。由于牛顿力学中质点动力学的成就，人们有一种把质点系动量定理"质点化"的想法。

$$\frac{\mathrm{d}}{\mathrm{d}t}(m_1\boldsymbol{v}_1 + m_2\boldsymbol{v}_2 + \cdots + m_n\boldsymbol{v}_n) = \boldsymbol{F}^{(e)}$$

$$\frac{\mathrm{d}^2}{\mathrm{d}t^2}(m_1\boldsymbol{r}_1 + m_2\boldsymbol{r}_2 + \cdots + m_n\boldsymbol{r}_n) = \boldsymbol{F}^{(e)}$$

$$(m_1 + m_2 + \cdots + m_n)\frac{\mathrm{d}^2}{\mathrm{d}t^2}\left(\frac{m_1\boldsymbol{r}_1 + m_2\boldsymbol{r}_2 + \cdots + m_n\boldsymbol{r}_n}{m_1 + m_2 + \cdots + m_n}\right) = \boldsymbol{F}^{(e)}$$

令 $m = \sum m_i$ 为质点系的总质量，并令

$$r_c = \frac{\sum m_i r_i}{m} \tag{2.5}$$

则

$$m \frac{\mathrm{d}^2 r_c}{\mathrm{d}t^2} = F^{(e)} \tag{2.6}$$

式(2.5)定义的位置矢量 r_c 的矢端处的几何点 C，称为质点系的质量中心，简称为系统的质心。质心是反映质点系整体运动的特征点。r_c 是质点系内各质点的位置矢量 r_i 以 m_i 为权重的平均值。在直角坐标系 $Oxyz$ 中，质心 C 的直角坐标可由下式求出：

$$x_c = \frac{\sum m_i x_i}{m}, \quad y_c = \frac{\sum m_i y_i}{m}, \quad z_c = \frac{\sum m_i z_i}{m}$$

对于连续分布的质点系，求和应改为积分，积分遍及质点系的所有质元

$$x_c = \frac{\int x \mathrm{d}m}{m}, \quad y_c = \frac{\int y \mathrm{d}m}{m}, \quad x_z = \frac{\int z \mathrm{d}m}{m}$$

质点系的质心不一定在其中一个质点上，两个质量相等的质点的质心在它们连线的中点处，那里什么也没有。质心只是一个几何点！

令 $a_c = \dfrac{\mathrm{d}v_c}{\mathrm{d}t} = \dfrac{\mathrm{d}^2 r}{\mathrm{d}t^2}$，则式(2.6)可表示为

$$m a_c = m \frac{\mathrm{d}v_c}{\mathrm{d}t} = m \frac{\mathrm{d}^2 r_c}{\mathrm{d}t^2} = F^e \tag{2.7}$$

此为**质心运动定理**。

2.3　力在空间上的积累

2.3.1　功和功率

定义力在空间上的累积量 $\int F \cdot \mathrm{d}r$ 叫作力所做的功 W

$$W = \int_a^b F \cdot \mathrm{d}r$$

如图 2-13 所示，力的空间累积是指在力质点位移方向上的累积，计算所得到的功是一个标量，只有大小，没有方向，但有正负，代表力做正功或负功。

由于力和位移均是矢量，实际计算要在具体的坐标系中进行，比如直角坐标系中，因为

$$F = F_x i + F_y j + F_z k$$
$$\mathrm{d}r = \mathrm{d}x i + \mathrm{d}y j + \mathrm{d}z k$$

所以

$$W = \int_a^b (F_x \mathrm{d}x + F_y \mathrm{d}y + F_z \mathrm{d}z) = \int_{x_0}^x F_x \mathrm{d}x + \int_{y_0}^y F_y \mathrm{d}y + \int_{z_0}^z F_z \mathrm{d}z \tag{2.8}$$

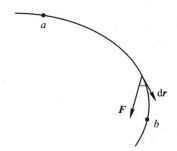

图 2 - 13　功的计算

1. 合力的功

如果一个质点同时受到几个力的作用

$$\boldsymbol{F}_合 = \boldsymbol{F}_1 + \boldsymbol{F}_2 + \cdots + \boldsymbol{F}_n$$

则合力的功

$$W = \int_a^b \boldsymbol{F}_合 \cdot \mathrm{d}\boldsymbol{r} = \int_a^b (\boldsymbol{F}_1 + \boldsymbol{F}_2 + \cdots + \boldsymbol{F}_n) \cdot \mathrm{d}\boldsymbol{r}$$

$$= \int_a^b \boldsymbol{F}_1 \cdot \mathrm{d}\boldsymbol{r} + \int_a^b \boldsymbol{F}_2 \cdot \mathrm{d}\boldsymbol{r} + \cdots + \int_a^b \boldsymbol{F}_n \cdot \mathrm{d}\boldsymbol{r}$$

$$= W_1 + W_2 + \cdots + W_n$$

结论：合力的功等于各分力功的代数和。

功是一个过程量，分析力的功总是要和一个过程联系起来考虑。单位时间内的功叫作功率。功率反映了做功的快慢。设某力在 Δt 时间内做功 ΔW，则这段时间内的平均功率为

$$\overline{P} = \frac{\Delta W}{\Delta t}$$

当 $\Delta t \to 0$，则某一时刻的瞬时功率为

$$P = \lim_{\Delta t \to 0} \frac{\Delta W}{\Delta t} = \frac{\mathrm{d}W}{\mathrm{d}t} = \boldsymbol{F} \cdot \boldsymbol{v}$$

2. 保守力的功

下面通过分析万有引力、重力、弹簧弹性力做功的特点，引入保守力的概念。

1）万有引力的功

如图 2 - 14 所示，质点 m 在质点 M 的引力作用下从 a 移到 b 处，质点 m 受到 M 的引力的矢量表示为

$$\boldsymbol{F} = -G\frac{mM}{r^2}\boldsymbol{r}_0 = -G\frac{mM}{r^3}\boldsymbol{r}$$

式中 $\boldsymbol{r}_0$ 表示 m 相对于 M 的单位矢量。于是质点由 a 移到 b 点引力的功为

$$W = \int_{r_a}^{r_b} -G\frac{mM}{r^3}\boldsymbol{r} \cdot \mathrm{d}\boldsymbol{r}$$

$$= \int_{r_a}^{r_b} -G\frac{mM}{r^3} \mid \boldsymbol{r} \mid \mid \mathrm{d}\boldsymbol{r} \mid \cos\theta$$

$$= \int_{r_a}^{r_b} -G\frac{mM}{r^3}r\mathrm{d}r = -\left[\left(-G\frac{mM}{r_b}\right) - \left(-G\frac{mM}{r_a}\right)\right]$$

$$= G\frac{mM}{r_a} - G\frac{mM}{r_b} \tag{2.9}$$

这说明引力的功由始、末位置的 r_a、r_b 所决定，与路径无关。

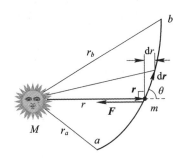

图 2-14　引力的功

2）重力的功

在地面附近几百米高度范围内的重力可视为竖直向下的恒力。设 m 在重力作用下由 a 运动到 b，取地面为坐标原点。z 轴垂直于地面，向上方向为正。如图 2-15 所示，重力只有 z 方向的分量，即 $F_z = -mg$，应用式（2.8）有

$$W = \int_a^b F_z \mathrm{d}z = \int_{z_a}^{z_b} -mg\,\mathrm{d}z = mgz_a - mgz_b \tag{2.10}$$

上式表明，重力的功只由质点相对地面的始、末位置高度 z_a、z_b 来决定，而与所通过的路径无关。

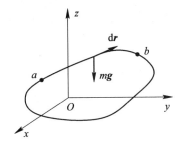

图 2-15　重力的功

3）弹簧弹性力的功

选取弹簧自然伸长处为 x 坐标的原点，则当弹簧形变量为 x 时，弹簧对质点的弹性力为

$$F = -kx$$

式中负号表示弹性力的方向总是指向弹簧的平衡位置，即坐标原点。k 为弹簧的倔强系数，单位是 N/m。因为作用力只有 x 分量，故由式（2.10）可得

$$W = \int_{x_0}^x F_x \mathrm{d}x = \int_{x_0}^x -kx\,\mathrm{d}x = \frac{1}{2}kx_0^2 - \frac{1}{2}kx^2 \tag{2.11}$$

这同样表明弹簧弹性力的功只与始、末位置有关，而与弹簧的中间形变过程无关。

综上所述，万有引力、重力、弹簧弹性力做功的特点是，它们的功值都只与物体的始、末位置有关而与具体路径无关。这时，如果在这些力作用下的质点沿任意闭合路径绕行一周，终点又回到起点，始、末位置相同，因而它们的功值为零，即

$$\oint_l \boldsymbol{F}_{保} \cdot \mathrm{d}\boldsymbol{r} = 0$$

在物理学中，除了这些力之外，还有静电力、分子力等也具有这种特性，我们把具有这种特性的力统称为保守力。而不具有这种特性的力称为非保守力，如摩擦力、爆炸力等。

2.3.2　动能定理

下面我们来看力对质点所做的功引起的效果。由功的定义

$$W = \int \boldsymbol{F} \cdot \mathrm{d}\boldsymbol{r} = \int m \frac{\mathrm{d}\boldsymbol{v}}{\mathrm{d}t} \cdot (\boldsymbol{v}\mathrm{d}t) = \int m\boldsymbol{v} \cdot \mathrm{d}\boldsymbol{v} \tag{2.12}$$

由于 $\mathrm{d}v^2 = \mathrm{d}(\boldsymbol{v} \cdot \boldsymbol{v}) = (\mathrm{d}\boldsymbol{v}) \cdot \boldsymbol{v} + \boldsymbol{v} \cdot \mathrm{d}\boldsymbol{v} = 2\boldsymbol{v} \cdot \mathrm{d}\boldsymbol{v}$，因此上式可表示为

$$W = \int_1^2 \boldsymbol{F} \cdot \mathrm{d}\boldsymbol{r} = \frac{1}{2}mv_2^2 - \frac{1}{2}mv_1^2 \tag{2.13}$$

如果把 $\frac{1}{2}mv^2$ 看作一个独立的物理量，就可发现 $\frac{1}{2}mv^2$ 是与力在空间上和积累效应相联系的。$\frac{1}{2}mv^2$ 称为质点的动能，常记为 E_k(kinetic energy)。它是标量，因为速度的关系，它自然与参考系的选择有关。式(2.13)即**质点的动能定理**，它说明外力对质点所做的功等于质点动能的增量。

1. 势能

因为保守力做功与路径无关，只与始、末位置有关，说明质点在不同位置处具有与该位置相对应的某个物理量，我们称之为势能(potential energy)。从前述讨论中我们得到从 A 点运动到 B 点保守力做的功等于质点势能的减小。

$$W_c = \int_A^B \boldsymbol{F}_{保} \cdot \mathrm{d}\boldsymbol{r} = E_{p_A} - E_{p_B} \tag{2.14}$$

关于势能的说明：

（1）势能是相对量。势能的确定值有赖于势能零点的选取。当选定质点在空间某一位置的势能为零后，质点在空间任一点的势能等于质点从该点运动到势能为零的点，保守力做的功，即

$$E_p(A) = \int_A^{零势能点} \boldsymbol{F}_{保} \cdot \mathrm{d}\boldsymbol{r}$$

（2）势能是状态量。势能是空间位置的函数（势函数）$E_p(x, y, z)$，与过程无关。

（3）对于元过程，$\mathrm{d}W_c = \boldsymbol{F}_c \cdot \mathrm{d}\boldsymbol{l} = F_l\cos\theta \mathrm{d}l = -\mathrm{d}E_p$。

所以

$$F_l = -\frac{\mathrm{d}E_p}{\mathrm{d}l}$$

保守力沿某一给定的 l 方向的分量等于与此保守力相应的势能函数沿 l 方向的空间变化率（见图 2-16）。

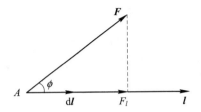

图 2-16　保守力与势能的关系

对于势函数 $E_p(x, y, z)$，有

$$F_x = -\frac{\partial E_p}{\partial x}, \ F_y = -\frac{\partial E_p}{\partial y}, \ F_z = -\frac{\partial E_p}{\partial z}$$

$$\boldsymbol{F}_c = F_x\boldsymbol{i} + F_y\boldsymbol{j} + F_z\boldsymbol{k} = -\left(\frac{\partial E_p}{\partial x}\boldsymbol{i} + \frac{\partial E_p}{\partial y}\boldsymbol{j} + \frac{\partial E_p}{\partial z}\boldsymbol{k}\right)$$

$$= -\left(\frac{\partial}{\partial x}\boldsymbol{i} + \frac{\partial}{\partial y}\boldsymbol{j} + \frac{\partial}{\partial z}\boldsymbol{k}\right)E_p = -\nabla E_p \tag{2.15}$$

质点所受保守力等于质点势能梯度的负值。

2. 势能曲线

当势能函数只是一个自变量的一元函数时，表示势能函数关系的曲线称为势能曲线。前述几种保守力的势能曲线如图 2-17 所示。

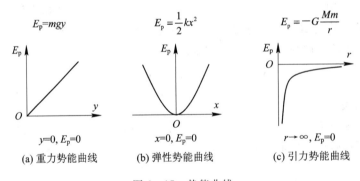

图 2-17　势能曲线

从势能曲线上我们还可以得到以下信息：

（1）质点在轨道上任意位置所具有的势能值。

（2）势能曲线上任意一点的斜率（dE_p/dl）的负值，表示质点在该处所受的保守力。

（3）势能曲线上的极值点，代表质点的平衡位置，极小值点为稳定平衡点，极大点为不稳平衡点。

当我们将质点所受的力分为保守力和非保守力后，力对质点做的功也就分成了二部分，动能定理变为如下形式

$$dE_k = dW_c + dW_{nc}, \quad E_{k2} - E_{k1} = W_c + \int_{r_1}^{r_2} \boldsymbol{F} \cdot d\boldsymbol{r}$$

或

$$dE_k + dE_p = dW', \quad E_{k2} - E_{k1} - W_c = \int_{r_1}^{r_2} \boldsymbol{F} \cdot d\boldsymbol{r}$$

2.3.3 机械能守恒定律及功能原理

定义质点动能与势能之和为质点的机械能，$E = E_k + E_p$，则

$$dE = dW_{nc}$$

如果质点只受保守力作用(或所有非保守力均不做功)，根据保守力做功的特点以及动能定理有

$$W = E_{pA} - E_{pB} = E_{kB} - E_{kA}$$

从而

$$E_{pA} + E_{kB} = E_{pB} + E_{kA} \tag{2.16}$$

上式表明，**在只有保守力做功的情况下，质点的机械能守恒**。此为机械能守恒定律。

反之，如果在任意过程中，有非保守力做功，则质点的机械能就会发生变化，变化的多少由非保守力做功多少(W_{nc})决定，此为功能原理。

$$\Delta E = W_{nc}$$

下面简单介绍机械能守恒定律的应用。

1. 宇宙速度

设想在高出地面 h 的上空朝水平方向发射一质量为 m 的物体，若其能环绕地球做匀速圆周运动，地球对该物体的万有引力提供圆周运动所需要的向心加速度，其**环绕速度** v_0 可计算如下

$$\frac{mv_0^2}{R+h} = G\frac{mM_e}{(R+h)^2}$$

$$v_0 = \sqrt{\frac{GM_e}{R+h}}$$

M_e 为地球的质量，R 为地球的平均半径。在地面附近上空($h \approx 0$)的环绕速度称为第一宇宙速度，即

$$v_1 = \sqrt{\frac{GM_e}{R}}$$

在忽略地球自转等次要因素下，$G\dfrac{M_e m}{R^2} = mg$，故

$$v_1 = \sqrt{gR} = \sqrt{9.81 \times 6.37 \times 10^6} = 7.9 \times 10^3 \text{ m/s}$$

假如发射速度非常大，以至发射体能够克服地球引力，最终脱离地球，具备这种能力的初速度叫逃逸速度，最小应为

$$\frac{1}{2}mv_0^2 + \left(-G\frac{mM_e}{R+h}\right) = 0$$

$$v_0 = \sqrt{\frac{2GM_e}{R+h}}$$

在地面附近发射时的逃逸速度叫第二宇宙速度，即

$$v_2 = \sqrt{\frac{2GM_e}{R}} = \sqrt{2}\,v_1 = 11.2 \times 10^3 \text{ m/s}$$

将此结果推广到其他星体上

$$v_s = \sqrt{\frac{2GM_s}{R_s}}$$

若 v_s 超过光速，则任何物体都逃脱不了天体 M_s 的引力。上式决定的半径叫施瓦西半径或引力半径。若一个物体的质量全部集中于相应的引力半径内，则它与外界就断绝了一切物质与信息的交流，即所谓的"黑洞"。

2. 人造地球卫星

人造地球卫星发射大致过程如图 2-18 所示：第一级火箭点燃后，整个装置竖直上升，这是为了缩短通过稠密大气的路程。当达到 10 km 左右高度，通过自动控制将火箭的前进方向偏转到与竖直方向呈 45°左右的夹角。当达到 60 km 左右高的 A 点时，第一级火箭燃完，外壳自动脱落，第二级点火，第二级燃完自动脱壳后到达 B 点，进行一段无动力飞行，到达 C 点再把第三级火箭点燃，控制飞行方向与地面平行。到达 P_0 点后，发射卫星进入轨道。p_0 即为发射点。

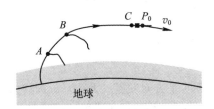

图 2-18　人造卫星发射示意图

卫星的发射速度介于环绕速度与逃逸速度之间

$$v_0 = \sqrt{\frac{(1+e)GM_e}{r_0}} \quad (0<e<1)$$

式中：r_0 为发射点对地心位矢的大小，e 为轨道的偏心率。卫星将以地心为焦点做椭圆运动。因卫星对地心的角动量守恒，所以卫星的位矢在单位时间内所扫过的面积 $\frac{1}{2}|\boldsymbol{r} \times \boldsymbol{v}|$ 为常量。设椭圆轨道的半长轴和半短轴分别为 a 和 b，则卫星运行的周期

$$T = \frac{2\pi ab}{|\boldsymbol{r} \times \boldsymbol{v}|} = \frac{2\pi ab}{r_0 v_0}$$

以 $r_0 = a(1-e)$，$b = a\sqrt{1-e^2}$，$v_0 = \sqrt{\frac{(1+e)GM_e}{a(1-e)}}$ 代入，得到

$$T^2 = \frac{4\pi^2}{GM_e}a^3 \tag{2.18}$$

可见，T^2/a^3 是一个与卫星无关的常量。

例　已知地球半径 $R = 6370$ km，我国在 1970 年 4 月 23 日发射的第一颗卫星的近地点高出地面 $h_1 = 439$ km，远地点高出地面 $h_2 = 2384$ km。试求这颗卫星运行的周期和轨道的偏心率。

解　轨道的半长轴

$$a = \frac{R + h_1 + R + h_2}{2} = 7782 \text{ km}$$

根据式(2.17)，卫星运行的周期为

$$T = 2\pi\sqrt{\frac{a^3}{GM_e}} = \frac{2\pi}{R}\sqrt{\frac{a^3}{g}} = 6873 \text{ s} \approx 1.91 \text{ （天）}$$

轨道的偏心率

$$e = \frac{c}{a} = \frac{a - R - h_1}{a} = 0.125$$

2.3.4　质点系的动能定理和机械能守恒定律

当我们把相互联系的几个质点当作一个整体(质点系)看待时，就有了"内"和"外"的区别。质点系内各质点的力称为内力，质点系外的物体对质点系内任一物体的作用均称为质点系所受的外力。

1. 一对内力的功

如图 2-19 所示，设 m_i、m_j 是质点系内任意二质点，它们之间存在相互作用力 $\boldsymbol{F}_{ij} = -\boldsymbol{F}_{ji}$。这对内力所做的元功可计算如下：

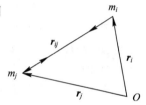

$$
\begin{aligned}
\mathrm{d}W_{ij}^{(i)} &= \boldsymbol{F}_{ij} \cdot \mathrm{d}\boldsymbol{r}_j + \boldsymbol{F}_{ji} \cdot \mathrm{d}\boldsymbol{r}_i \\
&= \boldsymbol{F}_{ij} \cdot (\mathrm{d}\boldsymbol{r}_j - \mathrm{d}\boldsymbol{r}_i) \\
&= \boldsymbol{F}_{ij} \cdot \mathrm{d}\boldsymbol{r}_{ij}
\end{aligned}
$$

可见，一对内力的元功等于其中一质点所受内力与它相对另一质点的位移的标积。

图 2-19　一对内力的功

2. 内保守力、内势能

若两质点间一对内力所做的元功可以表示为只与两质点相对距离有关的标量函数的微分，即

$$\mathrm{d}W_{ij}^{(i)} = \boldsymbol{F}_{ij} \cdot \mathrm{d}\boldsymbol{r}_j + \boldsymbol{F}_{ji} \cdot \mathrm{d}\boldsymbol{r}_i = \boldsymbol{F}_{ij} \cdot \mathrm{d}\boldsymbol{r}_{ij} = \mathrm{d}U_{ij}(r_{ij})$$

则称这一对内力为保守内力。定义一对保守内力相应的内势能 E_{pij}^i 为标量函数 $U_{ij}(r_{ij})$ 负值

$$\mathrm{d}W_{ij}^{(i)} = -\mathrm{d}E_{pij}^{(i)}$$

其他的内力称非保守内力。

注意：一对作用力与反作用力所做元功之和与参考系无关。

3. 质点系的动能定理

对包含 n 个质点的质点系，动能定理表达为

$$\sum \mathrm{d}E_{ki} = \mathrm{d}\sum E_{ki} = \sum \mathrm{d}W_i^e + \sum \mathrm{d}W_i^{(i)}$$

定义 $E_k = \sum E_{ki} = \sum \frac{1}{2}m_i v_i^2$，并记 $\mathrm{d}W^{(e)} = \sum \mathrm{d}W_i(e)$，$\mathrm{d}W^{(i)} = \sum \mathrm{d}W_i^{(i)}$，则 $\mathrm{d}E_k = \mathrm{d}W^{(e)} + \mathrm{d}W^{(i)}$。

质点系的动能微分等于质点系所受所有外力与内力所做元功之和(与内力的功有关)。

4. 质点系的机械能守恒定律

把质点系所受一切力分类。把外力分为保守外力和非保守外力。把所有保守外力所做

元功之和记为 $dW_c^{(e)}$，令 $E_p^{(e)}$ 为所有保守外力相应的势能之和，则 $dW_c^{(e)} = -dE_p^{(e)}$，$E_p^{(e)}$ 称为质点系的外势能。把所有非保守外力所做元功之和记为 $dW_{nc}^{(e)}$，则

$$dW^{(e)} = -dE_p^{(e)} + dW_{nc}^{(e)}$$

同样把内力分为保守内力和非保守内力，令 $E_p^{(i)}$ 为保守内力相应的势能之和，把所有非保守内力所做元功之和记为 $dW_{nc}^{(i)}$，则

$$dW^{(i)} = -dE_p^{(i)} + dW_{nc}^{(i)}$$

代入质点系动能定理得

$$d(E_k + E_p^{(e)} + E_p^{(i)}) = dW_{nc}^{(e)} + dW_{nc}^{(i)}$$

上式可称为质点系的机械能定理或质点系的功能原理，定义质点系的总机械能 $E = E_k + E_p^{(e)} + E_p^{(i)}$，则

$$dE = dW_{nc}^{(e)} + dW_{nc}^{(i)}$$

于是我们得到系统机械能守恒的条件：一切非保守力做功都等于零，即 $W_{nc}^{(e)} = 0$，且 $W_{nc}^{(i)} = 0$。

5. 完全弹性碰撞与完全非弹性碰撞

两个做相对运动的物体，接触并迅速改变其运动状态的现象叫碰撞。由于碰撞过程十分短暂，碰撞物体间的冲力远比周围物体给它们的力为大，后者的作用可以忽略，这时两物体组成的系统可视为孤立系统。动量和能量均守恒，但机械能不一定守恒。如果两球的弹性都很好，碰撞时因变形而储存的势能，在分离时能完全转换为动能，机械能没有损失，称完全弹性碰撞，钢球的碰撞接近这种情况。如果是塑性球间的碰撞，其形变完全不能恢复，碰撞后两球同速运动，很大部分的机械能通过内摩擦转化为内能，称完全非弹性碰撞，如泥球或蜡球的碰撞，冲击摆也属于这一类。介于两者之间的即两球分离时只部分地恢复原状的，称非完全弹性碰撞，机械能的损失介于上述两类碰撞之间。微观粒子间的碰撞，如只有动能的交换，而无粒子的种类、数目或内部运动状态的改变者，称弹性碰撞或弹性散射；如不仅交换动能，还有粒子能态的跃迁或粒子的产生和湮没，则称非弹性碰撞或非弹性散射。在粒子物理学中可借此获得有关粒子间相互作用的信息，是颇为重要的研究课题。

这里只讨论同一直线上的对心碰撞，即其相对速度正好在两物体质心的联线上。如图 2-20 所示，在光滑水平面上，质量为 m_1、m_2 的两质点在同一直线上运动并发生碰撞，碰撞前的速度分别为 v_1 和 v_2，求两球碰后各自的速度。

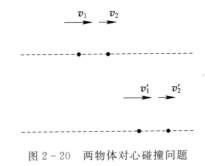

图 2-20　两物体对心碰撞问题

1）完全弹性碰撞

在完全弹性碰撞中，系统碰撞前后动量守恒，动能守恒

$$m_1 v_1' + m_2 v_2' = m_1 v_1 + m_2 v_2$$

$$\frac{1}{2} m_1 v_1'^2 + \frac{1}{2} m_2 v_2'^2 = \frac{1}{2} m_1 v_1^2 + \frac{1}{2} m_2 v_2^2$$

以上二式可简化为

$$m_1 (v_1' - v_1) = m_2 (v_2 - v_2')$$

$$m_1 (v_1'^2 - v_1^2) = m_2 (v_2^2 - v_2'^2)$$

将以上二式相除，移项得到

$$v_2' - v_1' = v_1 - v_2$$

这表明，两球在弹性碰撞后的分离速度等于碰撞前的趋近速度。完全解出碰撞后的速率

$$v_1' = \frac{(m_1 - m_2) v_1 + 2 m_2 v_2}{m_1 + m_2}$$

$$v_2' = \frac{(m_2 - m_1) v_2 + 2 m_1 v_1}{m_1 + m_2}$$

请简单分析碰撞后速率与二球质量间的联系

2）非弹性碰撞

碰撞中有一部分机械能转变为其他形式的能量。由于有动能损失，因此

$$v_2' - v_1' < v_1 - v_2$$

即分离速度小于趋近速度。引入恢复系数

$$e = \frac{v_2' - v_1'}{v_1 - v_2}$$

碰撞后速度可解

$$v_1' = v_1 - (1 + e) \frac{m_2 (v_1 - v_2)}{m_1 + m_2}$$

$$v_2' = v_2 - (1 + e) \frac{m_1 (v_2 - v_1)}{m_1 + m_2}$$

由此可算出碰撞过程中的机械能损失

$$|\Delta E| = \frac{1}{2} (1 - e^2) \frac{m_1 m_2}{m_1 + m_2} (v_1 - v_2)^2$$

完全非弹性碰撞下

$$e = 0$$

$$v_2' = v_1' = \frac{m_1 v_1 + m_2 v_2}{m_1 + m_2}$$

$$|\Delta E| = \frac{1}{2} \frac{m_1 m_2}{m_1 + m_2} (v_1 - v_2)^2$$

第3章　刚体力学基础

3.1　刚体运动学及定轴转动动力学

3.1.1　刚体的运动

刚体也是一种物理模型，泛指在外力作用下形状和大小保持不变的物体。有时也可把刚体看成是各质点间的相对位置永不发生变化的质点系。一般来说，刚体的运动情况多种多样，有的还很复杂，我们讨论其中最简单、最基本的两种运动，即平动和绕固定轴的转动，如图 3-1 所示。

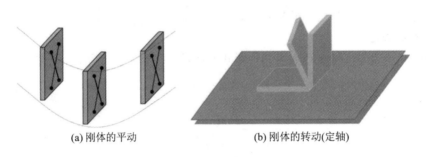

(a) 刚体的平动　　　　　　　　　　(b) 刚体的转动(定轴)

图 3-1　刚体的运动

1. 刚体的平动

在运动过程中，如果刚体内任意一条直线在各个时刻的位置始终保持平行，这种运动叫作平动。例：直线轨道上行驶的火车车厢的运动，升降机的运动等。但平动并不限于刚体中各个点均做直线运动或平面运动的情况。由于物体做平动时，它上面任何一点的运动情况都相同。因此，刚体平动时，在任何一段时间内，刚体中所有质元的位移、速度和加速度都是相同的。因此，任何一个质元的运动都能代表整个刚体的运动，这样所有描述质点运动的物理量及运动规律，都适应于刚体的平动，也就是说，刚体的平动运动学问题都可以质点运动学来处理。

2. 刚体的定轴转动

如果刚体上各个点都绕同一直线做圆周运动，这种运动叫作刚体的转动，这一直线称为转轴。如果转轴相对于参考系是静止的，这种运动就称为定轴转动。

刚体定轴转动的基本特征是：轴上所有各点都保持不动，轴外各点在同一时间间隔 Δt 内走过的弧长虽不相同，但它们都转过相同的角度。为了更具体地描述这种运动，我们引入角位移、角速度和角加速度等物理量。

设一刚体绕固定轴 $O'O''$ 转动，在刚体内垂直于 $O'O''$ 轴任意截取一个剖面，用该剖面与轴的交点 O 为原点，在该面内任取一固定方向为 x 轴，再在此面内取定一点 P。设 P 点的径矢 r 与 Ox 轴的夹角为 θ，θ 角完全确定了刚体绕轴转动的位置，叫作角坐标。角坐标是代数量，当我们取定转轴的方向以后，当从 x 轴到 r 的角度与轴的方向构成右手螺旋关系时，则角坐标为正，反之为负。由于刚体上每一点到转轴的垂直连线（其长度叫作该点的半径），在同一时间内，都转过相同的角度，故角坐标 θ 随时间的变化规律 $\theta = \theta(t)$ 就是描述整个刚体转动的运动学方程。刚体转动时，在一段时间 Δt 内角坐标的增量 $\Delta\theta$ 叫作刚体在 Δt 时间内的角位移。角坐标和角位移的单位都是 rad（弧度）。

研究刚体的定轴转动，可仿照质点直线运动的描述方法，只是用角量代替线量。如平均角速度、瞬时角速度、平均角加速度、瞬时角加速度等。

$$\bar{v} = \frac{\Delta x}{\Delta t} \qquad\qquad \to \bar{\omega} = \frac{\Delta\theta}{\Delta t}$$

$$v = \lim_{\Delta t\to 0}\frac{\Delta x}{\Delta t} = \frac{dx}{dt} \qquad \to \omega = \lim_{\Delta t\to 0}\frac{\Delta\theta}{\Delta t} = \frac{d\theta}{dt}$$

$$\bar{a} = \frac{\Delta v}{\Delta t} \qquad\qquad \to \bar{\alpha} = \frac{\Delta\omega}{\Delta t}$$

$$\bar{a} = \lim_{\Delta t\to 0}\frac{\Delta v}{\Delta t} = \frac{dv}{dt} \qquad \to \alpha = \lim_{\Delta t\to 0}\frac{\Delta\omega}{\Delta t} = \frac{d\omega}{dt}$$

瞬时角速度是一个矢量。定轴转动的角速度方向沿轴的方向，我们规定，在取定转轴的方向以后，当刚体转动的方向与转轴的方向构成右手螺旋时，ω 为正，反之为负。单位为 rad/s。

相对于匀变速直线运动，也有在任意相等时间内角速度的变化都相同的匀变速转动，且有类似运动学关系

$$\theta = \theta_0 + \omega_0 t + \frac{1}{2}\alpha t^2$$

$$\omega = \omega_0 + \alpha t$$

$$\omega^2 - \omega_0^2 = 2\alpha(\theta - \theta_0)$$

3.1.2　角量与线量的关系

设刚体上位于 P 点位置的一点，经过 Δt 时间，转至 P' 点位置，在这段时间内，刚体的角位移为 $\Delta\theta$，如以 r 表示该点与转轴的距离，则它在 Δt 时间内走过的弧长为 $\Delta s = r\Delta\theta$，根据速度的定义，P 点速度的数值为

$$v = \lim_{\Delta t\to 0}\frac{\Delta s}{\Delta t} = \lim_{\Delta t\to 0}r\frac{\Delta\theta}{\Delta t} = r\lim_{\Delta t\to 0}\frac{\Delta\theta}{\Delta t} = r\omega$$

刚体做变速转动时，P 点的加速度可分解为法向加速度 a_n 和切向加速度 a_τ，P 点 a_n 的大小与角速度的关系为

$$a_n = \frac{v^2}{r} = \frac{(r\omega)^2}{r} = r\omega^2$$

P 点 a_τ 的大小与刚体角加速度的关系为

$$a_\tau = \frac{\mathrm{d}v}{\mathrm{d}t} = \frac{r\omega}{\mathrm{d}t} = r\frac{\mathrm{d}\omega}{\mathrm{d}t} = r\alpha$$

P 点的加速度 a 的大小为

$$a = \sqrt{a_\tau^2 + a_n^2} = r\sqrt{\alpha^2 + \omega^4}$$

3.1.3　刚体的转动定理

当定轴转动刚体的角速度 ω 发生变化时，我们说刚体的转动状态发生了变化，其变化的快慢由角加速度 α 来衡量

$$\alpha = \frac{\mathrm{d}\omega}{\mathrm{d}t}$$

引起角速度发生改变的原因是什么？或者说，是什么因素导致刚体产生角加速度？下面我们借助于牛顿力学来分析。

如图 3-2 所示，把刚体看成一个特殊的质点系。特殊的是各质点之间的相对位置不会发生改变。刚体的质量被分成质点系各质点的质量之和，即 $m = \sum_i \Delta m_i$。由于质点系内各质点之间的相互作用力总是成对出现的，即假设质点 i 对质点 j 所施的作用力为 f_{ij}，则质点 j 对质点 i 所施的作用力 f_{ji}，必有

$$f_{ji} = f_{ij}$$

任一质点 i 还可能受到来自刚体外的作用 F_i。

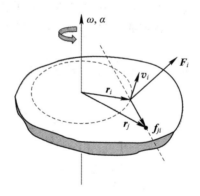

图 3-2　特殊的质点系

因此对质点 i 由牛顿定律有

$$F_i + \sum_{j,j\neq i} f_{ji} = \frac{\mathrm{d}p_i}{\mathrm{d}t}$$

用从转轴指向质点 i 的位置矢量 r_i 与上式两边作矢量积，得

$$r_i \times F_i + r_i \times \sum_{j,j\neq i} f_{ji} = r_i \times \frac{\mathrm{d}p_i}{\mathrm{d}t}$$
$$= \Delta m_i r_i \times \frac{\mathrm{d}v_i}{\mathrm{d}t}$$
$$= \Delta m_i r_i^2 \frac{\mathrm{d}\omega}{\mathrm{d}t}$$

对刚体内所有质点求和，则有

$$\sum_i \boldsymbol{r}_i \times \boldsymbol{F}_i + \sum_i \boldsymbol{r}_i \times \sum_{j,j\neq i} \boldsymbol{f}_{ji} = \sum_i \Delta m_i r_i^2 \frac{\mathrm{d}\boldsymbol{\omega}}{\mathrm{d}t}$$

上式左边的第二项，由于 $\boldsymbol{r}_i \times \boldsymbol{f}_{ji} = -\boldsymbol{r}_j \times \boldsymbol{f}_{ij}$，因而求和的结果为零。所以得到

$$\sum_i \boldsymbol{r}_i \times \boldsymbol{F}_i = \sum_i \Delta m_i r_i^2 \frac{\mathrm{d}\boldsymbol{\omega}}{\mathrm{d}t}$$

$\boldsymbol{r} \times \boldsymbol{F}$ 构成一个新的物理量，称为力 $\boldsymbol{F}$ 对点 O 的矩，简称为力矩，记为 $\boldsymbol{M}$。$\boldsymbol{r}$ 是从 O 点指向力的作用点的位置矢量

$$\boldsymbol{M} = \boldsymbol{r} \times \boldsymbol{F} = \begin{vmatrix} \boldsymbol{e}_x & \boldsymbol{e}_y & \boldsymbol{e}_z \\ x & y & z \\ F_x & F_y & F_z \end{vmatrix} = (yF_z - zF_y)\boldsymbol{e}_x + (zF_x - xF_z)\boldsymbol{e}_y + (xF_y - yF_x)\boldsymbol{e}_z$$

$$= M_x \boldsymbol{e}_x + M_y \boldsymbol{e}_y + M_z \boldsymbol{e}_z$$

当 $\boldsymbol{r}$ 与 $\boldsymbol{F}$ 均在与 z 轴垂直的平面内时，$\boldsymbol{M}$ 就只有 z 分量，即围绕 z 轴做定轴转动。

$\sum_i \Delta m_i r_i^2$ 是描述刚体结构以及与转轴位置关系的物理量，称为刚体对该转轴的转动惯量 J

$$J = \sum_i \Delta m_i r_i^2 \tag{3.1}$$

$\frac{\mathrm{d}\omega}{\mathrm{d}t} = \alpha$ 为刚体转动的角加速度，从而

$$M_z = J\alpha \tag{3.2}$$

即：刚体所受的对某一固定转轴的合外力矩等于刚体对此转动轴的转动惯量与刚体在此合外力矩作用下所获得的角加速度的乘积，叫作刚体定轴转动定律。这一定律说明了，改变刚体转动状态的原因是刚体所受到的外力矩。而且刚体的转动惯量影响着力矩对转动状态改变的难易程度，即刚体转动的惯性。

刚体的转动惯量由式(3.1)计算。对于质量连续分布的刚体，求和应由积分代替

$$J = \int r^2 \mathrm{d}m = \int_V r^2 \rho \mathrm{d}V$$

一般来说这是个三重的体积分，但对于有一定对称性的物体，积分的重数可减少，甚至于不需要积分。现举几个简单而重要的例子。

例 3.1.1　求长为 L、质量为 m 的均匀细棒对图 3-3 中不同轴的转动惯量。

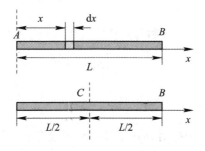

图 3-3　细棒的转动惯量

解　取如图 3-3 所示的坐标，细棒上一微元 $\mathrm{d}x$ 的质量 $\mathrm{d}m = \frac{m}{L}\mathrm{d}x$，根据转动惯量的定义 $J = \int r^2 \mathrm{d}m$，得

$$J_A = \int_0^L x^2 \frac{m}{L} \mathrm{d}x = \frac{1}{3}mL^2 \tag{3.3}$$

$$J_C = \int_{-L/2}^{L/2} x^2 \frac{m}{L} \mathrm{d}x = \frac{1}{12}mL^2 \tag{3.4}$$

对于同一个刚体，轴的位置不同，转动惯量也不相同。

例 3.1.2 求如图 3-4 质量为 m、半径为 R 的均匀细圆环对垂直环面通过中心轴的转动惯量。

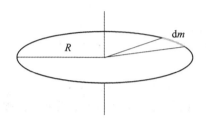

图 3-4 细圆环的转动惯量

解 细圆环上任一微元 $\mathrm{d}m$ 到轴的距离均为 R。根据转动惯量的定义 $J = \int r^2 \mathrm{d}m$，得

$$J = R^2 \int \mathrm{d}m = mR^2 \tag{3.5}$$

由于转动惯量的可加性，若为薄圆筒（不计厚度）结果亦相同。

例 3.1.3 求如图 3-5 质量为 m、半径为 R、厚为 l 的均匀圆盘的转动惯量。轴与盘平面垂直并通过盘心。

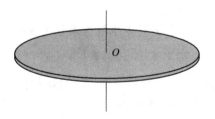

图 3-5 均质圆盘的转动惯量

解 圆盘上取一半径为 $\mathrm{d}r$ 的薄圆环，利用圆环转动惯量的结果，然后再对 r 积分。

$$\mathrm{d}m = \frac{m}{\pi R^2 l} 2\pi r \mathrm{d}r l$$

$$J = \int_0^r r^2 \mathrm{d}m = \frac{1}{2}mR^2 \tag{3.6}$$

转动惯量与 l 无关。实心圆柱对其轴的转动惯量也是 $\frac{1}{2}mR^2$。

例 3.1.4 如图 3-6，半径为 R_2 的圆盘上挖去一个半径为 R_1 的圆盘，剩余部分的质量为 m。求剩下部分对中心转轴的转动惯量。

解 仿照例 3.1.3 圆盘的计算，只是积分上、下限不同

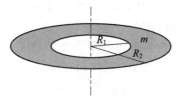

图 3 - 6　空心圆盘的转动惯量

$$J = \int_{r_1}^{r_2} r^2 \frac{m}{\pi R_2^2 - \pi R_1^2} 2\pi r \mathrm{d}r = \frac{1}{2} m(R_1^2 + R_2^2) \tag{3.7}$$

该结论也适用于圆筒。

例 3.1.5　求如图 3 - 7 所示质量为 m、半径为 R 的薄球壳绕过中心轴的转动惯量。

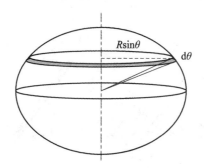

图 3 - 7　薄球壳的转动惯量

解　在球面上取一环带，半径为 $r = R\sin\theta$，则

$$\mathrm{d}m = \frac{m}{4\pi R^2} 2\pi r R \mathrm{d}\theta$$

$$J = \int r^2 \mathrm{d}m = 2\int_0^{\frac{\pi}{2}} \pi R^2 \sin^3\theta \mathrm{d}\theta = \frac{2}{3} mR^2 \tag{3.8}$$

例 3.1.6　求质量为 m、半径为 R 的均匀球体绕直径的转动惯量。

解　将球体看成无数个同心薄球壳组合而成。球体的密度 $\rho = \dfrac{m}{4\pi R^3/3}$，一个半径为 r、厚为 $\mathrm{d}r$ 的球壳质量为

$$\mathrm{d}m = \frac{m}{4\pi R^2/3} 4\pi r^2 \mathrm{d}r$$

因而球体的转动惯量

$$J = \int \mathrm{d}J = \int \frac{2}{3} \mathrm{d}mr^2 = \frac{2m}{R^3} \int_0^R r^4 \mathrm{d}r = \frac{2}{5} mR^2 \tag{3.9}$$

3.2　刚体动力学应用

3.2.1　刚体的平衡

如何使一个相对于惯性系静止的物体不发生滑动，又不发生倾倒，这是生产生活中经

常遇到的问题。这就涉及刚体的平衡问题。在很多情况下，刚体受到的力可以集中到一个平面里考虑，这是本书主要讨论的情况。

由质心运动定理可知，要使刚体的质心不发生加速度，作用于刚体的外力的矢量和必须等于零。要使刚体不发生任何的转动，则作用在刚体上的一切外力对任意点的力矩之和必须为零。因此，在外力为平面力系的情况下，如果把坐标系的 Oxy 平面取在力系平面里，则刚体的平衡条件可表示为

$$\sum F_{ix} = 0, \quad \sum F_{iy} = 0, \quad \sum M_{iz} = 0$$

例 3.2.1 如图 3-8(a)所示，一质量均匀分布的木梯，重力大小 $F_{G1} = 200$ N，长为 $2l = 6$ m，上端靠在光滑的墙上，下端架在水平地面上，与地面的摩擦系数 $\mu_0 = 0.2$，有体重为 $F_{G2} = 600$ N的人站在梯上距离底端 $d = 4$ m 的位置。问梯的倾角应在什么限度内才不致发生滑梯事故？

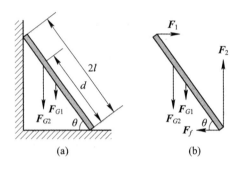

图 3-8 例 3.2.1 图

解 将梯子作为隔离体单独画在图 3-8(b)，当梯子保持静止时，由刚体的平衡条件要求

$$F_1 - F_f = 0$$
$$F_2 - F_{G2} - F_{G1} = 0$$
$$F_{G2} d\cos\theta + F_{G1} l\cos\theta - 2F_1 l\sin\theta = 0$$

解得

$$F_f = \frac{F_{G2} d + F_{G1} l}{2l} \cot\theta$$

可见摩擦力 F_f 随着倾角 θ 变小而增大。不发生滑梯事故的条件是 $F_f \leqslant \mu_0 F_2$。于是可得倾角 θ 的限度为

$$\frac{F_{G2} d + F_{G1} l}{2l} \cot\theta \leqslant \mu_0 (F_{G1} + F_{G2})$$

从而

$$\tan\theta \geqslant \frac{600 \times 4 + 200 \times 3}{2 \times 0.2 \times 3 \times (600 + 200)} = 3.125, \quad \theta \geqslant 72°15'$$

例 3.2.2 如图 3-9 所示，一匀质圆盘，半径为 R，质量为 m，放在粗糙的水平桌面上，绕过其中心的竖直轴转动。如果圆盘与桌面的摩擦系数为 μ，求圆盘所受的摩擦力矩的大小。

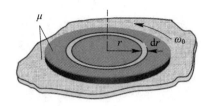

图 3 - 9　摩擦力矩的计算

解　在盘面上取一同心细圆环(半径为 r，宽度为 $\mathrm{d}r$)，先计算这一细圆环所受摩擦力矩，再对整个圆盘积分。

$$\mathrm{d}M=-\mu gr\mathrm{d}m=-ugr\,\frac{m}{\pi r^2\mathrm{d}S}=-\mu gr\,\frac{m}{\pi R^2}2\pi r\mathrm{d}r=-2\mu mg\,\frac{r^2}{R^2}\mathrm{d}r$$

$$M=\int_0^R\mathrm{d}M=-\frac{2}{3}\mu mgR \tag{3.10}$$

3.2.2　定轴转动定理的应用

应用定轴转动定理解题的一般步骤：

(1) 确定研究对象，用力取代研究对象与周围的联系；

(2) 受力分析并求力矩；

(3) 根据转动定理列方程；

(4) 联系其他条件，如角量与线量的关系等。

例 3.2.3　如图 3 - 10，长为 l、质量为 m 的细杆，初始时的角速度为 ω_0，由于细杆与桌面的摩擦，经过时间 t 后杆静止，求摩擦力矩 M_f。

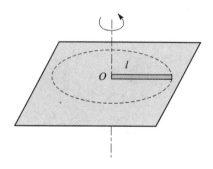

图 3 - 10　例 3.2.3 图

解　以细杆为研究对象，只有摩擦阻力产生力矩，由匀变速转动公式：

$$\omega=\omega_0+\alpha t=0$$

得 $\alpha=-\omega_0/t$。细杆绕一端的转动惯量 $J=ml^2/3$，所以阻力矩

$$M_f=J\alpha=-\frac{1}{3}ml^2\,\frac{\omega_0}{t}$$

例 3.2.4　如图 3 - 11 所示，质量为 m_1 和 m_2 的两个物体，跨在半径为 R，质量为 M 的定滑轮上。m_2 放在光滑的桌面上。求 m_1 下落的加速度 a 和绳子的张力 T_1、T_2(绳不可伸长，与

滑轮间没有相对滑动)。

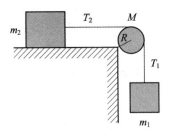

图 3-11　例 3.2.4 图

解　分别以 m_1、m_2、M 为研究对象,列方程

$$m_1 g - T_1 = m_1 a$$

$$T_2 = m_2 a$$

$$T_1 R - T_2 R = \frac{1}{2} M R^2 \alpha$$

隔离法作受力分析如图 3-12。结合角量与线量的关系：$a = \alpha R$,联立以上方程可解得

$$a = \frac{m_1 g}{m_1 + m_2 + M/2}$$

$$T_1 = \frac{m_1 (m_2 + M/2) g}{m_1 + m_2 + M/2}$$

$$T_2 = \frac{m_1 m_2 g}{m_1 + m_2 + M/2}$$

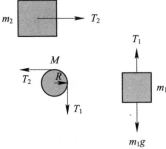

图 3-12　例 3.2.4 受力分析

讨论：当 $M \to 0$ 时,$T_1 = T_2 = \dfrac{m_1 + m_2 g}{m_1 + m_2}$。

例 3.2.5　如图 3-13 所示,用一根轻绳缠绕在半径为 R、质量为 M 的轮子上若干圈后,一端挂一质量为 m 的物体,从静止下落 h 用了时间 t,求轮子的转动惯量 J(绳不可伸长,与滑轮间没有相对滑动)。

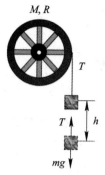

图 3 - 13　例 3.2.5 图

解　分别以 m、M 为研究对象，列方程

$$mg - T = ma$$

$$TR = JR$$

$$h = \frac{1}{2}at^2, \ a = \alpha R$$

可得

$$J = \frac{mR^2(gt^2 - 2h)}{2h}$$

例 3.2.6　如图 3-14 所示，一根长为 L、质量为 m 的均匀细直棒，其一端有一固定的光滑水平轴。最初棒静止在水平位置，求它由此下摆 θ 角时的角加速度和角速度。

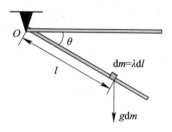

图 3 - 14　例 3.2.6 图

解　以杆为研究对象，外力矩为重力对 O 的力矩，取质元 dm，当棒处在下摆 θ 角时，元力矩

$$dM = l\cos\theta g\,dm = l\cos\theta\frac{m}{L}dl$$

合力矩

$$M = \int_0^L dM = \frac{1}{2}mgL\cos\theta$$

$$\alpha = \frac{M}{J} = \frac{\frac{1}{2}mgL\cos\theta}{\frac{1}{3}mL^2} = \frac{3g\cos\theta}{2L} = \frac{d\omega}{dt} = \frac{d\omega}{dt}\times\frac{d\theta}{d\theta} = \omega\frac{d\omega}{d\theta}$$

$$\int_0^\theta \alpha\,d\theta = \int_0^\omega \omega\,d\omega$$

$$\omega = \sqrt{\frac{3g\sin\theta}{L}}$$

3.2.3　平行轴定理和垂直轴定理

1. 平行轴定理

如图 3-15 所示，设刚体绕通过质心转轴的转动惯量为 J_c，将此轴朝任意方向平移一个距离 d，则绕此轴的转动惯量为

$$J_d = J_c + md^2$$

以上为平行轴定理，以下给出证明。

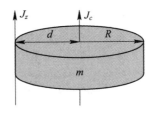

图 3-15　平行轴定理

证明　如图 3-16 所示，C 为过质心的转轴，D 为与 C 平行的另一转轴，两者之间的距离为 $\boldsymbol{R}_d$。

$$r_i = \boldsymbol{r}'_i - \boldsymbol{R}_d$$
$$r_i^2 = \boldsymbol{r}_i \cdot \boldsymbol{r}_i = (\boldsymbol{r}'_i - \boldsymbol{R}_d) \cdot (\boldsymbol{r}'_i - \boldsymbol{R}_d) = r'^2_i + d^2 - 2\boldsymbol{r}'_i \cdot \boldsymbol{R}_d$$

故

$$J_d = J_c + md^2$$

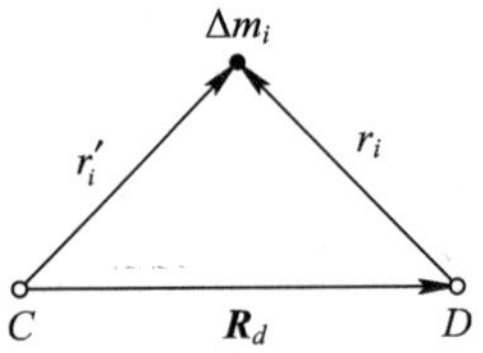

图 3-16　平行轴定理的证明

例如，已知细棒过中心轴的转动惯量为 $\frac{1}{12}ml^2$，则过端点的转动惯量为

$$J_A = J_c + md^2 = \frac{1}{12}ml^2 + m\left(\frac{l}{2}\right)^2 = \frac{1}{3}ml^2$$

2. 垂直轴定理

由于

$$J_x = \sum \Delta m_i y_i^2$$
$$J_y = \sum \Delta m_i x_i^2$$
$$J_z = \sum \Delta m_i (x_i^2 + y_i^2)$$

显然可见

$$J_z = J_x + J_y$$

以上为垂直轴定理。例如，已知圆盘对过盘心且与盘面垂直的轴的转动惯量为 $\frac{1}{2}mR^2$，利用垂直轴定理可求得圆盘对沿其直径的轴的转动惯量为 $\frac{1}{4}mR^2$。

例 3.2.7 求图 3-17 所示刚体对经过棒端且与棒垂直的轴的转动惯量。

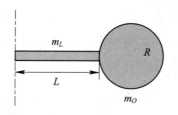

图 3-17 例 3.2.7 图

解

$$J_{L1} = \frac{1}{3}m_L L^2$$

$$J_{L2} = J_0 + m_0 d^2$$

$$J = \frac{1}{3}m_L L^2 + \frac{2}{5}m_0 R^2 + m_0 (L+R)^2$$

3.3 力矩的时空积累效应

3.3.1 力矩的时间累积

仿照冲量的定义，我们可以定义冲量矩为力矩在时间上的积累（力矩对时间的积分）

$$\vec{I} = \int M_z \, dt \tag{3.11}$$

将刚体的定轴转动定理式(3.2)代入上式，得

$$\vec{I} = \int M_z \, dt = \int_0^t J\alpha \, dt = \int_0^t J \frac{d\omega}{dt} \, dt$$

$$= \int_0^t dJ\omega = J\omega_t - J\omega_0 = L_{zt} - L_{z0} \tag{3.12}$$

$L_z = J\omega$ 称为刚体绕 z 轴转动的角动量（有时也称动量矩）。从式(3.12)可以看出，力矩在时间上的累积结果是导致刚体的角动量增加。因此式(3.12)也称为定轴转动刚体的角动量定理。

注意：（1）冲量矩、角动量均是矢量，由于我们这里只讨论定轴（假定为 z 轴）转动，上述冲量矩和角动量均表示相应矢量在 z 轴上的分量，可用标量来表示和计算。

（2）刚体可以看作特殊的质点系，一个质点也可看作是特殊的刚体，因此上述冲量矩、动量矩以及角动量定理也适应于单个的质点或质点系。

对于单个质点，假设质点所受外力的合力为 **F**，则有

$$\boldsymbol{M} = \boldsymbol{r} \times \boldsymbol{F} = \boldsymbol{r} \times \frac{\mathrm{d}\boldsymbol{p}}{\mathrm{d}t} = \frac{\mathrm{d}(\boldsymbol{r} \times \boldsymbol{p})}{\mathrm{d}t} - \frac{\mathrm{d}\boldsymbol{r}}{\mathrm{d}t} \times \boldsymbol{p} = \frac{\mathrm{d}(\boldsymbol{r} \times \boldsymbol{p})}{\mathrm{d}t} \qquad (3.13)$$

$$J\alpha = J\frac{\mathrm{d}\boldsymbol{\omega}}{\mathrm{d}t} = \frac{\mathrm{d}\boldsymbol{L}}{\mathrm{d}t} \qquad (3.14)$$

对于单个质点，其角动量也可表示为 $\boldsymbol{L} = \boldsymbol{r} \times \boldsymbol{p}$。式(3.14)说明：作用在质点上的力矩等于质点角动量对时间的变化率，这就是质点角动量定理的微分形式，其积分形式为

$$\int_0^t \boldsymbol{M}\mathrm{d}t = \boldsymbol{L}_t - \boldsymbol{L}_0$$

作用于质点的冲量矩等于质点角动量的增量。对于 n 个质点组成的质点系，将单个质点的角动量定理应用于每一个质点，再求和有

$$\sum_i \boldsymbol{M}_i = \sum_i \boldsymbol{r}_i \times \boldsymbol{F}_i = \sum_i \frac{\mathrm{d}\boldsymbol{L}_i}{\mathrm{d}t}$$

质点 i 受到的力中可能有些来自质点系内部，来自系统内部的力必定存在大小相同、方向相反的反作用力作用在另一质点上。可以证明：一对作用力与反作用力对任一点的力矩之矢量和为零。因而对于质点系：

(1) 所有内力矩之和必为零；

(2) 内力矩可以改变系统内单个质点的角动量，如果某个质点因为内力矩的作用而角动量增加，则必伴随有另一质点的角动量减少，且增加与减少的数量相等；

(3) 讨论系统总的角动量改变，只需关注系统所受的外力及外力矩。

当把刚体、质点系或单个质点作为一个研究对象时，一切外力力矩的时间累积的结果是这个研究对象的角动量发生改变，数值上满足

$$\int_0^t \boldsymbol{M}^e \mathrm{d}t = \boldsymbol{L}_t - \boldsymbol{L}_0 \qquad (3.15)$$

而当外力矩等于零时，研究对象的角动量将保持不变，此为**角动量守恒定律**。

外力矩等于零的条件，包含以下几种可能：

(1) 所有外力作用线穿过转轴；

(2) 外力与转轴平行，因而不产生对转轴的力矩；

(3) 外力产生力矩，但所有外力矩的矢量和为零。

例 3.3.1　如图 3-18 所示，一质量为 m 的子弹以水平速度射入一静止悬于顶端长棒的下端，穿出后速度损失 $1/2$，求子弹穿出后棒的角速度 ω。已知棒长 l，质量为 M。

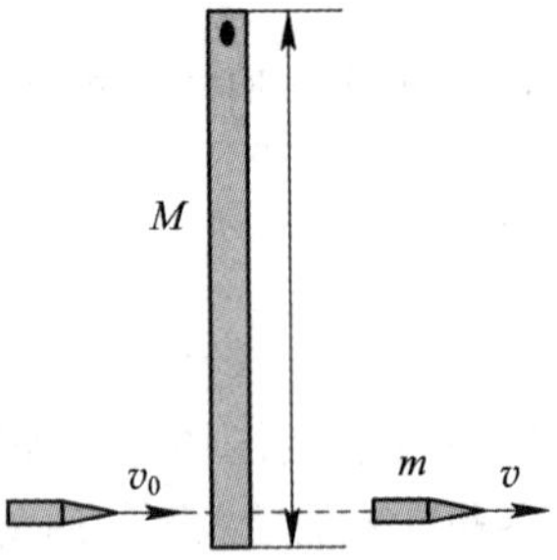

解　将子弹和棒看成一个系统，系统所受外力为重力和悬挂点处的支持力，支持力的作用线始终穿过转轴，因而力矩为零。子弹穿过长棒是一个过程极短的瞬时过程。在该极短时间内，重力作用线也是穿过悬点的，重力力矩也为零。子弹与长棒间有摩擦力，但这属于系统内力。不影响系统总的角动量，因此，系统角动量守恒

图 3-18　例 3.3.1 图

$$lmv_0 = lm\frac{1}{2}v_0 + \frac{1}{3}Ml^2\omega$$

故

$$\omega = \frac{3mv_0}{2Ml}$$

3.3.2　力矩的空间累积

对于定轴转动，力矩的空间累积指研究对象在力矩的作用下转过了多少角度，其本质仍然是力所做的功，如图 3-19 所示，因为

$$M_i \, \mathrm{d}\theta = F_{\tau i} r_i \, \mathrm{d}\theta = F_{\tau i} \, \mathrm{d}s_i$$

$$\mathrm{d}W = \sum_i \mathrm{d}W_i = \sum_i M_i \mathrm{d}\theta = M\mathrm{d}\theta$$

$$W = \int_{\theta_1}^{\theta_2} M\mathrm{d}\theta \qquad (3.16)$$

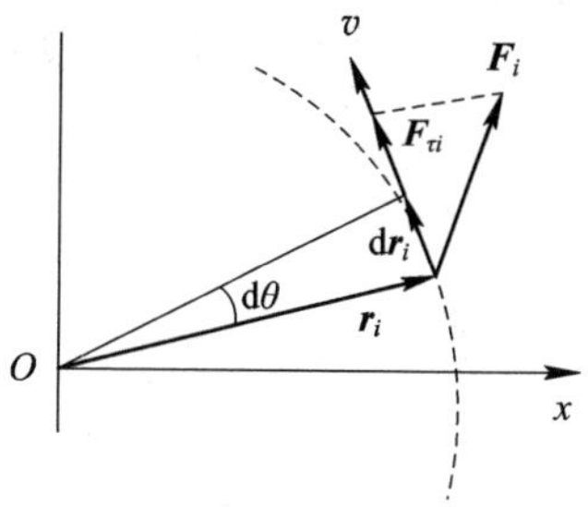

所以作用在刚体上外力矩的功和作用在刚体上外力的功的性质完全一样，都是同一外力对刚体做的功。

图 3-19　力矩的功

由于 $\mathrm{d}W = M\mathrm{d}\theta$，定义力矩的功率

$$p = \frac{\mathrm{d}W}{\mathrm{d}t} = \frac{M\mathrm{d}\theta}{\mathrm{d}t} = M\omega$$

再联系转动定理，我们来看力矩做功的效果

$$M = J\alpha = J\frac{\mathrm{d}\omega}{\mathrm{d}t} = J\frac{\mathrm{d}\omega}{\mathrm{d}\theta}\frac{\mathrm{d}\theta}{\mathrm{d}t} = J\omega\frac{\mathrm{d}\omega}{\mathrm{d}\theta}$$

因而

$$\int_{\theta_1}^{\theta_2} M\mathrm{d}\theta = \int_{\omega_1}^{\omega_2} \mathrm{d}\omega = \frac{1}{2}J\omega_2^2 - \frac{1}{2}J\omega_1^2$$

$$W = \frac{1}{2}J\omega_2^2 - \frac{1}{2}J\omega_1^2 \qquad (3.17)$$

$\frac{1}{2}J\omega^2$ 称为刚体绕定轴转动时的动能。上式表明，力矩所做的功等于刚体转动动能的增加，此为刚体定轴转动时的动能定理。

定轴转动刚体的转动动能其本质是质点系的动能，二者不可重复计算。

$$\frac{1}{2}J\omega^2 = \frac{1}{2}\sum_i (m_i r_i^2)\omega^2 = \sum_i \frac{1}{2}m_i v_i^2$$

例 3.3.2　如图 3-20 所示，质量为 m、半径为 R 的圆盘，以初角速度 ω_0 在摩擦系数为 μ 的水平桌面上绕质心轴转动，问：圆盘将在转过几圈后停止？

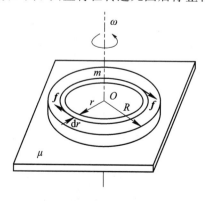

图 3-20　例 3.3.2 图

解　以圆盘为研究对象，只有摩擦力矩做功。利用动能定理得

$$W = \int_0^\theta M_f \mathrm{d}\theta = 0 - E_{k0} = -\frac{1}{2}J\omega_0^2$$

本书前面已计算过摩擦力矩 $M_f = -\frac{2}{3}\mu mgR$，所以

$$-\frac{2}{3}\mu mgR\theta = -\frac{1}{2} \times \frac{1}{2}mR^2\omega_0^2$$

故

$$n = \frac{\theta}{2\pi} = \frac{3R\omega_0^2}{16\pi\mu g}$$

3.3.3　刚体的机械能

和一切质点系一样，刚体的重力势能为

$$E_p = \sum_i \Delta m_i g h_i = g\left(\sum_i \Delta m_i h_i\right) = \frac{mg\left(\sum_i \Delta m_i h_i\right)}{m} = mgh_c \qquad (3.18)$$

式中 h_c 为质心高度。亦即，刚体的重力势能相当于把质量全部集中在质心处的一个质点的重力势能。刚体的重力势能与转动动能之和构成了定轴转动刚体的机械能。

$$E = E_p + E_k = mgh_c + \frac{1}{2}J\omega^2$$

若刚体在转动过程中，只有重力矩做功，则刚体的机械能守恒。

例 3.3.3　一均质杆长为 L，质量为 m，一端由光滑轴承支撑，另一端用手托住，松手后杆向下摆，如图 3-21 所示，求：

（1）杆摆到竖直位置时的角速度；

（2）在图示竖直位置时，轴承对杆的支持力。

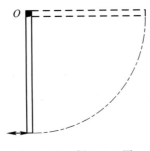

图 3-21　例 3.3.3 图

解　（1）由机械能守恒

$$mgh_c = \frac{1}{2}J\omega^2$$

得

$$\omega = \sqrt{\frac{3g}{l}}$$

（2）做出受力分析如图 3-22 所示，由质心运动定理得

$$F + W = Ma_c$$

分量式为

$$F_n - mg = m\frac{v_c^2}{r_c}$$

$$F_\tau = ma_{c\tau} = mr\alpha$$

杆处于竖起位置时受合外力矩为零，没有角加速度，所以 $F_\tau = 0$，代入 $r_c = l/2$，$v_c = \omega l/2$ 得

$$F = F_n = mg + \frac{3}{2}mg = \frac{5}{2}mg$$

方向向上。

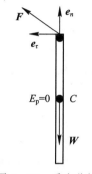

图 3-22　受力分析

3.4　刚体力学的应用举例

刚体的实际应用很多，除了常见的滑轮、杠杆外，我们下面再列举一些。

3.4.1　儿童玩具

如图 3-23 所示，与转动有关的儿童玩具大多应用了刚体力学的知识，像悠悠球、铁环、陀螺等。

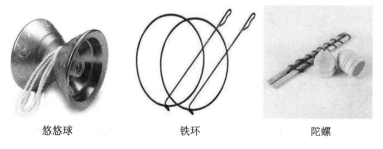

悠悠球　　　　　　　　　铁环　　　　　　　　　陀螺

图 3-23　生活中的刚体

3.4.2　体育运动

如图 3-24 所示，很多体育运动也与转动有关，并借助于刚体转动的知识，表现得很优美。

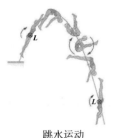

花样滑冰　　　　　　　　高空走绳　　　　　　　跳水运动

图 3-24　刚体知识在体育运动中的应用

3.4.3　科技应用

刚体知识在科学技术上的应用非常广泛。下面重点从科学的角度介绍几种常见应用。

1. 复摆

在重力作用下绕不通过质心的水平轴做微小摆动的任何刚体叫作复摆，又称为物理摆，见图 3-25。这名称是相对于单摆（又称数学摆）而言的。单摆的质量全部集中于摆线的下端，可看作质点，复摆则不能，需要用刚体的概念来处理。

设质量为 m 的刚体绕转轴的转动惯量为 J，支点至质心 C 的距离为 r_c，则复摆微幅振动的周期

$$T=2\pi\sqrt{\frac{J}{mgr_c}} \qquad (3.19)$$

与单摆的周期公式 $T=2\pi\sqrt{l/g}$ 相比可以看出，复摆相当于一个摆长为

$$l_0=\frac{J}{mr_c}$$

的单摆。由上式定义的 l_0 称为复摆的等值摆长。利用平行轴定理 $J=J_c+mr_c^2$ 可将上式改写为

$$l_0=r_c+\frac{J_c}{mr_c} \quad \text{或} \quad \frac{J_c}{mr_c(l_0+r_c)}=1 \qquad (3.20)$$

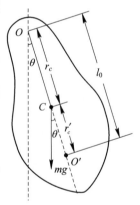

图 3-25　复摆

上式表明，r_c 和 $r_c'=l_0-r_c$ 的地位是可以对调的，亦即如果我们把复摆倒过来，悬挂在 OC 延长线到 O 点距离为 l_0 的 O' 点上，其周期不变。复摆的这一性质叫作"可倒逆性"。通过测量复摆的周期，是精密测量重力加速度 g 值的一种重要方法。若利用周期公式(3.19)，就要涉及转动惯量 J，这是一个难以精确测量的量。如果利用复摆的可倒逆性，找到周期相等的 O、O' 两点，精确地测出其间距 l_0 即可利用含等值摆长的周期公式求得 g 值。

例 3.4.1　悬挂于圆周上一点的圆环，叫作圆环摆。圆环摆的一个奇特性质是把它截去任意一段圆弧，其周期不变。试证明。

证明　整个圆环直径的两个端点是对称的，互为倒逆点。故其等值摆长 $l_0=2R$。在圆环上截去一段后，设剩余一段的质心为 C，如图 3-26 所示，$\overline{OC}=r_c$，设其质量为 m。利用平行轴定理，绕圆心的转动惯量为 $J_0=J_c+m(R-r_c)^2$。另一方面，对圆心，圆弧上所有的

点到圆心的距离都是R，故$J_o = mR^2$，所以

$$J_o = J_c + m(R - r_c)^2 = mR^2$$

由此得

$$J_c = mr_c(2R - r_c)$$

按式(3.20)

$$l_0 = r_c + \frac{J_c}{mr_c} = 2R$$

即，这等值摆长与整个圆环的相同，从而周期

$$T = 2\pi\sqrt{\frac{2R}{g}}$$

与截去多少无关。

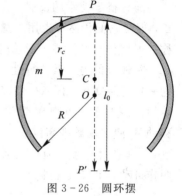

图 3 - 26　圆环摆

2. 陀螺仪

绕一个支点高速转动的刚体称为陀螺。通常所说的陀螺是特指对称陀螺，它是一个质量均匀分布的、具有轴对称形状的刚体，其几何对称轴就是它的自转轴。

陀螺仪就是将陀螺安装在框架装置上，使陀螺的转轴有一定的转动自由度从而进行角度测量的仪器。陀螺仪的特点是，具有轴对称性和绕此对称轴有较大的转动惯量。如图 3 - 27 所示。

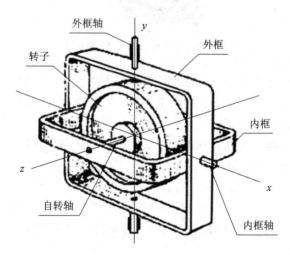

图 3 - 27　机械陀螺仪

中间是一个具有较大转动惯量的转子，可绕对称轴 z 轴转动。转轴装在一个常平架上，常平架由内外两个框架组成，内框能绕 x 轴转动，外框能绕 y 轴转动，x，y，z 三轴两两垂直，而且都通过陀螺仪的重心，这样，陀螺仪就不受重力的力矩作用，且能在空间任意取向。当刚体不受外力矩时，其角动量 **J** 守恒。因而转动轴的方向不变。特别是陀螺仪，由于当它高速旋转时角动量很大，即使受到实际上不可避免的外力矩(如轴承外处的摩擦)，如果外力矩较小，则其角动量的改变相对于原有的角动量来说是很小的，可以忽略不计。这时无论我们怎样去改变框架的方向，都不能使陀螺仪的转轴在空间的取向发生变化。高速旋转的陀螺保持其转轴方向不变的性质叫陀螺的定轴性。陀螺仪的这一特性可用来做导弹

等飞行体的方向标准。

　　随着科学技术的发展，许多新型陀螺仪的大量出现，它们之中已经没有高速旋转的转子，但是它们仍然可以用来感测物体相对惯性空间的角运动，因此人们也把陀螺仪这一名称扩展到没有刚体转子而功能与经典陀螺仪等同的传感器。

　　陀螺仪的另一重要特性，是它受到外力矩作用时所产生的回转效应。如图 3-28 所示为一杠杆陀螺仪，杆 AB 可绕光滑支点 O 在水平面内自由转动，也可偏离水平方向面倾斜，陀螺仪 G 和平衡重物 W 置于杆的两端，若调至平衡，杆 AB 是水平的。如果陀螺仪不转动，移动 W 使之偏离平衡位置，杆自然就会倾斜。但如果陀螺仪转动后再移动 W，我们会发现，杆竟然不倾斜，但会在水平面内绕铅直轴缓慢地旋转起来，陀螺仪自转轴的这种转动，叫作进动，陀螺仪在外力矩作用下产生进动的效应，叫作回转效应。

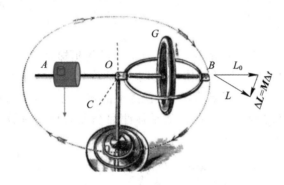

图 3-28　陀螺的回转效应

　　当陀螺仪的自转轴正在转动时，如果我们加一水平力于杠杆之上，企图加速或阻止它的进动，结果杠杆又出乎意料地向下或向上偏转。陀螺仪这种"不听话"的运动规律，需要利用角动量和力矩的矢量性来说明。

　　由于陀螺仪是一个绕自转轴转动惯量很大的轴对称刚体，我们可以近似地认为其角动量与角速度都沿自转轴方向。设平衡时角动量为

$$L_0 = J\omega_0$$

方向沿如图 3-28 所示 AB 方向。使杠杆失去平衡后，重力 W 产生的力矩沿 OC 方向，与 AB 垂直。在时间 Δt 内的冲量矩 $\boldsymbol{M}\Delta t$ 产生同一方向的角动量增量 $\Delta \boldsymbol{L}$，在这段时间后角动量变为

$$\boldsymbol{L} = \boldsymbol{L}_0 + \Delta \boldsymbol{L} = J\boldsymbol{\omega}_0 + \boldsymbol{M}\Delta t$$

　　$\boldsymbol{L}$ 仍在水平面内，但其方向绕竖直轴 OO' 转过一个角度 $\Delta\phi$。这就是说，陀螺仪自转轴产生了沿此方向的进动，由于

$$\Delta L = L\Delta\phi = J\omega\Delta\phi$$

所以，进动角速度为

$$\Omega = \frac{\Delta\phi}{\Delta t} = \frac{M}{J\omega}$$

3. 岁差

　　如图 3-29 所示，以地球为中心作任意半径的一假想大球面，称为"天球"，地球的赤道

平面与天球相交的圆称为"天赤道"，地球绕日公转的轨道平面与天球相交的圆称为"黄道"。它是太阳在天球上的视轨迹。我们知道，赤道面与黄道面不重合，其间有 $23°27'$ 的交角。天赤道与黄道相交于两点，当一年中太阳过这两点时分别为春分和秋分。在这两天全球各地昼夜等长。

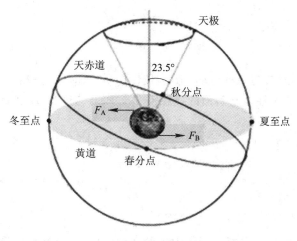

图 3-29　岁差

太阳从春分点出发，沿黄道运行一周又回到春分点时，为一"回归年"。如果地轴(赤道面的法线)不改变方向，二分点不动，回归年与恒星年相等。古代的天文学家通过令人惊奇的细心观测，就已发现二分点由西向东缓慢漂移。这种现象在我国称为"岁差"。晋朝的虞喜首先确定了岁差的数值为每 50 年一度。

岁差的根源是地轴的进动。地轴为什么会进动呢？万有引力对一个均匀球体的合力总作用在它的质心上，但由于地球并不是理想的球体，其赤道部分稍有隆起，从而受到太阳和月亮给它的外力矩。

4. 无滑滚动

刚体平面平行运动可分解为质心的运动和绕质心的转动，二者的动力学方程分别为

质心运动定理：

$$F = m\frac{\mathrm{d}\boldsymbol{v}_c}{\mathrm{d}t}$$

绕质心转动定理：

$$M = J_c\frac{\mathrm{d}\omega}{\mathrm{d}t} = J_c\beta$$

例 3.4.2　如图 3-30 所示，一质量为 m、半径为 R 的均匀圆柱体，沿倾角为 θ 的粗糙斜面自静止无滑下滚，求静摩擦力、质心加速度以及保证圆柱体做无滑滚动所需的最小摩擦系数。

解　对于质心有

$$mg\sin\theta - f = ma_c$$

对于绕质心的转动

$$Rf = J_c\beta = \frac{1}{2}mR^2\beta$$

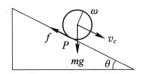

图 3-30　例 3.4.2 图

刚体上的 P 点同时参与两种运动：随圆柱体以质心速度 v_c 平动，和以线速度 $R\omega$ 绕质心转动。无滑滚动意味着圆柱体与斜面的接触点 P 的瞬时速度为 0，由此得

$$v_c = R\omega$$

对时间求导得

$$a_c = R\beta$$

联立方程可解得

$$f = \frac{1}{2}mg\sin\theta, \quad a_c = \frac{2}{3}g\sin\theta$$

无滑滚动所需的摩擦力最大只能等于最大静摩擦力 $\mu N = \mu mg\cos\theta$，即

$$f \leqslant \mu N \Rightarrow \mu \geqslant \frac{1}{3}\tan\theta$$

摩擦系数小于此值就要出现滑动。

第4章 机械振动

物体在某一位置(平衡位置)附近来回有规律的往复地运动,称为机械振动。机械振动也是一种常见的运动形式。如弹簧振子、杨柳飘飘、水波荡漾等。根据牛顿运动定律,所有的非匀速运动必然受到外力的作用。本章我们就来研究导致这种运动的原因及其规律。

4.1 简 谐 振 动

4.1.1 简谐振动的动力学特征和运动学方程

我们先从最简单的振动开始讨论。如图4-1所示,将一轻弹簧左端固定在光滑桌面上,另一端与质量为 m 的滑块相连。该系统称为弹簧振子。

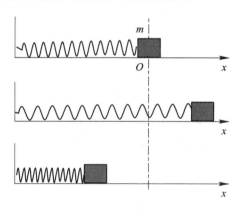

图4-1 弹簧振子

当弹簧自由伸展时,滑块在水平方向不受力的作用,振子静止于平衡位置 O,将滑块拉离平衡位置后释放,取平衡位置为坐标原点,水平方向为 x 轴。此后滑块在水平方向受到弹簧的弹性力为

$$F = -kx \tag{4.1}$$

这里我们看到,一维弹簧振子运动过程中所受到的外力总是指向平衡位置,大小与离开平衡位置的距离成正比,我们把这样的力称为**线性回复力**。由牛顿第二定律可知,其运动状态的改变规律由以下动力学方程确定

$$-kx = m\frac{\mathrm{d}^2 x}{\mathrm{d}t^2}$$

记 $\sqrt{k/m} = \omega$,上述方程可写为

$$\frac{\mathrm{d}^2 x}{\mathrm{d}t^2}+\omega^2 x=0 \qquad\qquad\qquad (4.2)$$

我们再来看单摆的例子。如图 4-2 所示，不可伸长的摆线长度为 l，一端悬于固定点 O，一端系着质量为 m 可视为质点的摆锤，系统在竖直平面内绕过 O 点的轴做小角度摆动，最低点为其平衡位置。质点 m 受重力 $F_G=mg$ 和摆线拉力 F_T 的共同作用，沿切线方向的动力学方程为

$$ma_\tau=ml\alpha=ml\frac{\mathrm{d}^2\theta}{\mathrm{d}t^2}=-mg\sin\theta$$

小角度近似下，$\sin\theta\approx\theta$，记 $\omega=\sqrt{g/l}$，从而得到

$$\frac{\mathrm{d}^2\theta}{\mathrm{d}t^2}+\omega^2\theta=0 \qquad\qquad\qquad (4.3)$$

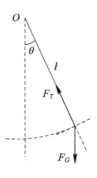

图 4-2　单摆

前面还讨论过复摆的问题。如图 4-3 所示，质量为 m 的任意形状刚体，在竖直平面内绕过质心的 O 点的轴做小角度摆动。已知刚体对过质心该轴的转动为 J_c，质心到过 O 点转轴的距离（摆长）为 l。刚体受到的绕转轴的外力矩，由重力提供 $M=-mgl\sin\theta$，刚体绕固定轴的转动惯量，由平行轴定理可知

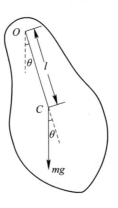

图 4-3　复摆

$$J_o=J_c+ml^2$$

由转动定理有

$$-mgl\sin\theta=J_c\frac{\mathrm{d}^2\theta}{\mathrm{d}t^2}$$

小角度近似下，$\sin\theta\approx\theta$，力矩 M 与角度成线性关系。记 $\omega=\sqrt{mgl/J_c}$，我们同样得到

$$\frac{\mathrm{d}^2\theta}{\mathrm{d}t^2}+\omega^2\theta=0$$

从上述几个具体的例子可以看出，凡受到线性回复力（或力矩）作用的物体，由其动力学特征必可推导出式(4.2)或(4.3)形式的微分方程。解此方程即可得到相应质点或刚体的运动学方程。因而更一般地，我们把任意物理量随时间变化的规律满足类似微分方程的现象叫作**简谐振动**。

$$\frac{\mathrm{d}^2x}{\mathrm{d}t^2}+\omega^2x=0$$

该类方程的通解可以写成以下形式

$$x=a\sin\omega t+b\cos\omega t$$

或

$$x=A\cos(\omega t+\varphi_0) \tag{4.4}$$

通常，我们把式(4.4)叫作简谐振动的运动学方程。对上式求导可得到振动的速度和加速度：

$$v=\frac{\mathrm{d}x}{\mathrm{d}t}=-A\omega\sin(\omega t+\varphi_0)$$

$$a=\frac{\mathrm{d}v}{\mathrm{d}t}=-A\omega^2\cos(\omega t+\varphi_0)$$

4.1.2 简谐振动的振幅、周期和相位

1. 振幅

方程(4.4)中的 A，反映了振动物体离开平衡位置的最大值，叫作简谐振动的振幅。可由 $t=0$ 时的初始条件：

$$x_0=A\cos\varphi_0$$
$$v_0=-A\omega\sin\varphi_0$$

确定

$$A=\sqrt{x_0^2+\left(\frac{v_0}{\omega}\right)^2}$$

2. 周期和频率

相继出现两个相同振动状态所经历的时间称为振动周期，根据运动方程的余弦函数表示式(4.4)可知周期

$$T=\frac{2\pi}{\omega}$$

周期的倒数称为频率(ν)，频率的 2π 倍称为圆频率，有时也称角频率，公式表示如下：

$$\nu=\frac{1}{T}=\frac{\omega}{2\pi},\ 2\pi\nu=\omega$$

周期、频率以及圆频率都仅由振动系统本身性质确定。根据前面的讨论可知，弹簧振子、单摆和复摆的周期分别为

$$T= 2\pi \sqrt{\frac{m}{k}} \text{（弹簧振子）}$$

$$T=2\pi \sqrt{\frac{l}{g}} \text{（单摆）}$$

$$T=2\pi \sqrt{\frac{J}{mgl_c}} \text{（复摆）}$$

3. 相位

运动方程中余弦函数的宗量 $\Phi=(\omega t+\varphi_0)$ 称为相位，它有助于确定任一时刻振子的位置和速度。它的特点是：它是一个角量，在它随时间而单调增加的过程中，描述了振动状态的周期性变化情况；相位每增加 2π，振动状态就重复一次。

相位之所以重要还在于能够比较不同振动的相位之间的关系，可以了解各种振动现象的特征。例如相同频率的振动之间相位的不同，则振动的步调不一致。$t=0$ 时的相位 φ_0，称为初相位或初相。初相位由初始条件 x_0 和 v_0 决定

$$\tan\varphi_0=-\frac{v_0}{\omega x_0}$$

由于相位增加（或减小）$2n\pi$（n 为整数）所对应的振动状态相同，因此初位相通常在 $0\to 2\pi$ 或 $-\pi\to +\pi$ 的范围中取值。

相同频率振动之间的相位差恒等于初相差。在需要比较两个振动的步调或讨论振动的合成时，振动的相位或初相位、相位差等概念是十分重要的。

对于一个简谐振动，知道了振幅 A，圆频率 ω 和初相 φ_0，振动规律就确定了，所以 A，ω 和 φ_0 是描述简谐振动的三个特征量。其中 ω 由系统本身结构确定，有时称为固有圆频率，而 A 和 φ_0 与初始条件有关。

4.1.3　简谐振动的矢量表示法

简谐运动还可以用一种更为直观的几何方法来表示——振幅矢量法。

如图 4-4 所示，一个大小为 A 的矢量绕其始端 O 做角速度为 ω 的匀速圆周运动时，其矢端在参考轴 x 上的投影

$$x= A\cos(\omega t+ \varphi_0)$$

正好描述了振幅为 A、圆频率为 ω、初相为 φ_0 的简谐振动。因此，我们把长度等于振幅 A、与 x 轴的夹角为相位、以圆频率 ω 为角速度逆时针旋转的矢量 $\boldsymbol{A}$ 称作振幅矢量。振幅矢量 $\boldsymbol{A}$ 矢端线速度在 x 轴上的投影

$$v=v_m\cos\left(\omega t+\varphi_0+\frac{\pi}{2}\right)=-\omega A\sin(\omega t+\varphi_0)$$

代表了简谐振动任意时刻的加速度。同样地，矢端的向心加速度 $a_n=\omega^2 A$ 在 x 轴上的投影

$$a=a_n\cos(\omega t+\varphi_0+\pi)=-\omega^2 A\cos(\omega t+\varphi_0)$$

代表了简谐振动任意时刻的加速度。

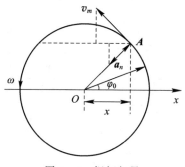

图 4-4 振幅矢量

例如：已知某简谐振动的位移与时间的关系曲线如图 4-5 所示，试求其振动方程。

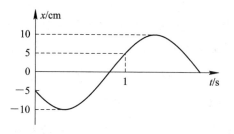

图 4-5 简谐振动的位移与时间的关系图

分析：振动方程由三个特征量振幅 A、角频率 ω 和初相位 φ_0 确定。从振动曲线上可以立即得出

$$A=10 \text{ cm}, \quad \omega=\frac{2\pi}{2}=\pi$$

至于初位相 φ_0，则可由

$$x_0=-5=10\cos\varphi_0 \Rightarrow \varphi_0=\pm\frac{2\pi}{3}$$

究竟是 $\frac{2\pi}{3}$ 还是 $-\frac{2\pi}{3}$ 呢？还需要结合初始速度来分析，从图线上看，$t=0$ 时速度为负，即

$$v_0=-\omega A\sin\varphi_0=-10\pi\sin\varphi_0<0$$

所以

$$\varphi_0=\frac{2\pi}{3}$$

也可由振动矢量法来求初位相。如图 4-6 所示，振动矢量 $\boldsymbol{A}$ 以 ω 的角速度逆时针方向旋转。由于 $t=0$ 时 $x=-5$ 振动矢量的矢端只可能在图示 U 或 D 的位置，但 D 处速度（x 轴上的投影）沿 x 正向从而大于零，与题目中图线中暗含的速度方向相反（$x-t$ 图线中任意时刻的速度为该点的切线斜率）。因而 $\varphi_0=\frac{2\pi}{3}$。当然也可从矢端的运动趋势得出，从题给图线中，我们知道，矢端在 $t=0$ 的下一时刻将离开平衡位置更远，从旋转矢量图上，我们也可看到，只有 U 点符合要求。从而振动方程为

$$x=10\cos\left(\pi t+\frac{2\pi}{3}\right)$$

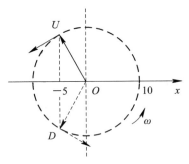

图 4 - 6　振动矢量法

4.1.4　简谐振动的能量

做简谐振动的物体，由于所受到的线性回复力是一个只与位置有关的保守力，因而具有相应的势能。与推导弹性势能相同，可以导出振动系统的势能

$$E_p = \frac{1}{2}kx^2 = \frac{1}{2}kA^2\cos^2(\omega_0 t + \alpha)$$

设做简谐振动的物体的质量为 m，则振子的动能为

$$E_k = \frac{1}{2}mv^2 = \frac{1}{2}m\omega_0^2 A^2\sin^2(\omega_0 t + \alpha) = \frac{1}{2}kA^2\sin^2(\omega_0 t + \alpha)$$

简谐振动总的机械能称为振动能。

$$E = E_p + E_k = \frac{1}{2}kA^2$$

需要指出的是，势能属于振动系统，如弹簧振子，弹簧和与之相连的质点构成了一个保守系统。这个系统在振动的过程中，动能与势能相互转化，但总的机械能守恒。

动能和势能在一个周期内的平均值为

$$\overline{E_k} = \frac{1}{T}\int_0^T kA^2\sin^2(\omega t + \varphi_0)dt = \frac{1}{4}kA^2$$

$$\overline{E_p} = \frac{1}{T}\int_0^T \frac{1}{2}kA^2\cos^2(\omega t + \varphi_0)dt = \frac{1}{4}kA^2$$

对于实际的振动系统，势能曲线的任何极小值点，都是稳定的平衡点，总能量略高于平衡点势能的质点只能在该点附近活动。下面我们来证明，一个微振动系统一般可以当作谐振动来处理。

如图 4 - 7 所示，势能曲线在 A 点，即 $x = x_0$ 处有极小值。势能曲线在该点的一阶导数 $E_p' = 0$，二阶导数 $E_p'' > 0$。在 $\Delta x = x - x_0$ 的范围内，可以把势能函数展开成泰勒级数

$$E_p(x) = E_p(x_0) + E_p'(x)\Delta x + \frac{1}{2}E_p''(x_0)\Delta^2 x + \cdots$$

$$= E_p(x_0) + \frac{1}{2}E_p''(x_0)\Delta^2 x + \cdots$$

对于微振动，我们忽略 $(\Delta x)^3$ 以上各项。由于坐标原点和势能参考点都可以任意选择，可以令 $x_0 = 0$，$\Delta x = x$，$E_p(x_0) = 0$，根据保守力与势能函数的关系，将上式两边对 x 求导，即得到

$$F = E_p''(0)x = -kx$$

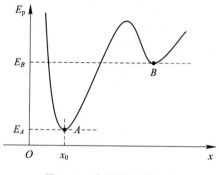

图 4 - 7 实际中的微振动

4.2 简谐振动的合成与分解

4.2.1 一维同频率简谐振动的合成

设质点同时参与两个同方向同频率的简谐振动

$$x_1 = A_1\cos(\omega t + \varphi_{10})$$
$$x_2 = A_2\cos(\omega t + \varphi_{20})$$

因振动在同一方向上进行,故质点的合位移直接等于两个位移的代数和,即

$$x = x_1 + x_2 = A_1\cos(\omega t + \varphi_{10}) + A_2\cos(\omega t + \varphi_{20})$$

利用三角恒等式,上式可化为

$$x = A\cos(\omega t + \varphi_0)$$

求此合成振动的振幅 A 和初相位 φ_0,就是一维同频率振动的合成问题。直接采用三角函数方法来处理这类问题也是可行的,但稍显麻烦。用矢量图解法则直观明了,也相对容易。

如图 4 - 8 所示,振动矢量 $\boldsymbol{A}_1$、$\boldsymbol{A}_2$ 同时以 ω 的角速度逆时针方向旋转,从几何关系上我们就很容易得出

$$x = x_1 + x_2 = A\cos(\omega t + \varphi_0)$$
$$A = \sqrt{A_1^2 + A_2^2 + 2A_1A_2\cos(\varphi_{20} - \varphi_{10})}$$
$$\tan\varphi_0 = \frac{A_1\sin\varphi_{10} + A_2\sin\varphi_{20}}{A_1\cos\varphi_{10} + A_2\cos\varphi_{20}}$$

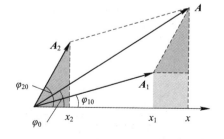

图 4 - 8 同频率谐振动的合成

简谐振动合成的重要特点之一：合成振幅 A 的大小与分量的相位差 $\Delta\varphi_0 = \varphi_{20} - \varphi_{10}$ 有密切的关系。例如，若 $\Delta\varphi_0 = 0$，则 $A = A_1 + A_2$；若 $\Delta\varphi_0 = \pi$，则 $A = |A_1 - A_2|$。特别地，当两分量的振幅相等时，前者振幅翻倍，后者振幅为零。

4.2.2　同方向不同频率的简谐振动的合成

当两个简谐振动的频率不同时，代表它们的两个振幅矢量 $\boldsymbol{A}_1$、$\boldsymbol{A}_2$ 的夹角随时间不断变化，因而代表合振动的振幅矢量 $\boldsymbol{A}$ 的模将不断变化，合振动不再是简谐振动了，因而频率不同的振动的合成问题一般比较复杂，下面只讨论两种比较特殊的情况。

1. 频率很接近的两个同方向的简谐振动的合成——拍

设不同频率的两个谐振动的圆频率分别为 ω_1 与 ω_2，$\omega_2 > \omega_1$，但 ω_2 与 ω_1 之间差很小：$|\omega_2 - \omega_1| \ll \omega_1$。为简便计，设两个分振动振幅相等，我们仍用矢量图示法来分析它们的合成运动的情况。振幅矢量 $\boldsymbol{A}_1$ 以角速度 ω_1 绕原点 O 逆时针旋转，振幅矢量 $\boldsymbol{A}_2$ 以角速度 ω_2 绕原点 O 逆时针旋转。由于 ω_2 大于 ω_1，在两个矢量旋转过程中，其中之一如 $\boldsymbol{A}_2$ 经过一段时间就赶上 $\boldsymbol{A}_1$ 一次；随着时间的推移，$\boldsymbol{A}_1$、$\boldsymbol{A}_2$ 两个矢量有时方向一致地重合，有时方向相反地重合，设在某瞬间二者方向一致地重合，以此方向为 x 轴，并从此时刻开始计时（即令 $t = 0$），于是两个分振动初相均为零。经过 t 秒后，两个分振动的振幅矢量间的夹角，即两个分振动的相位差是 $\Delta\varphi = (\omega_2 - \omega_1)t$，故合成振动的振幅 $\boldsymbol{A}$ 的大小为

$$A = \sqrt{A_1^2 + A_2^2 + 2A_1A_2\cos\Delta\varphi} = A_1\sqrt{2(1+\cos\Delta\varphi)}$$

由于

$$1 + \cos\Delta\varphi = 2\cos^2\frac{\Delta\varphi}{2}$$

故有

$$A = \left| 2A_1\cos\frac{\Delta\varphi}{2} \right| = \left| 2A_1\cos\frac{(\omega_2 - \omega_1)t}{2} \right|$$

上式表明合振幅随时间做周期性变化。由于 $|\omega_2 - \omega_1| \ll \omega_1$，因此这种合振幅的周期性变化与振动相比，要缓慢得多，因而易于观察到。这种频率很接近的两个同方向谐振动合成所发生的合振幅大小呈明显的周期性变化的现象称为拍。

图 4-9 展示了两个分振动及其合振动的图形，从图中可以看出，合振动的振幅作缓慢的周期性变化。相邻两个振幅最大（或最小）之间的时间间隔 T_b 称为拍周期，它的倒数称为拍频 ν_b。显然有

$$\left| \cos\frac{\omega_2 - \omega_1}{2}T_b \right| = |\cos\pi| = 1$$

于是得到拍周期 T_b 拍频 ν_b 分别为

$$T_b = \frac{2\pi}{\omega_2 - \omega_1}$$

$$\nu_b = \frac{1}{T_b} = \left| \frac{\omega_2}{2\pi} - \frac{\omega_1}{2\pi} \right| = |\nu_2 - \nu_1|$$

频率为 ν_1、ν_2 的两个谐振动叠加后，其合振幅作周期变化的频率为两个分振动的频率之差。

值得注意的是，拍频是合振幅变化的频率，而不是合振动位移变化的频率。拍现象在

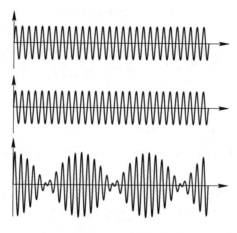

图 4 - 9　拍频

实际中有很多的应用：如用标准音叉来校准钢琴的频率；利用从运动物体反射回来的电磁波频率与发射波叠加后的拍频测速等。

2. 具有倍数频率的两个简谐振动的合成

图 4 - 10 画出了两个简单倍数频率分振动的合成。很明显，合振动仍是周期振动，但不是简谐振动。从图中可以看出，合振动的周期与分振动中周期最大者相同，即合振动的频率与分振动中的最低频率相同。很明显，如果几个不同频率的简谐振动的合振动是周期性振动，则合振动的周期一定是各分振动周期的最小公倍数。这是因为在这段时间内，每个分振动均能进行整数次振动，此后又从头开始重复，从而形成周期性的全振动。

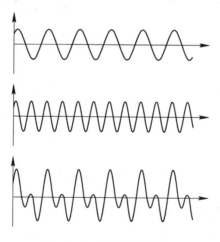

图 4 - 10　倍频振动合成

4.2.3　互相垂直的两个简谐振动的合成

设一质点同时参与频率相同的互相垂直的两个简谐振动，一个沿 x 轴方向振动，一个沿 y 轴方向振动：

$$x = A_1\cos(\omega t + \varphi_{10})$$
$$y = A_2\cos(\omega t + \varphi_{20})$$

质点的横坐标 x 和纵坐标 y 都随时间 t 变化，质点将在 Oxy 平面上做曲线运动，上面两式就是运动轨迹的参数方程。消去参数 t，就可得到轨道方程

$$\frac{x^2}{A_1^2} + \frac{y^2}{A_2^2} - \frac{2xy}{A_1 A_2}\cos(\varphi_{10} - \varphi_{20}) = \sin^2(\varphi_{10} - \varphi_{20})$$

一般来说，上式所表示的曲线为一椭圆。

如图 4-11 所示，用矢量图示法可直接绘出质点运动的轨迹，并且能够确定质点沿轨迹运动的方向。

椭圆形状的大小，长短轴和方位和偏心率以及运动的方向，都取决于两个分振动的振幅和初相差。图 4-12 展示了两个相互垂直的振幅不同频率相同的简谐振动的合成。图中带有箭头的椭圆和直线，表示初相差 $(\varphi_{20} - \varphi_{10})$ 为一些特定值时，合运动的轨迹和运动方向。如果两个振幅相等且 $\Delta\varphi_0 = \dfrac{\pi}{2}$ 或 $\dfrac{3}{2}\pi$，则两个椭圆都成为圆。在电子示波器中，若使相互垂直的正弦变化的电学量频率相同，就可以在屏上观察到合振动的轨迹。

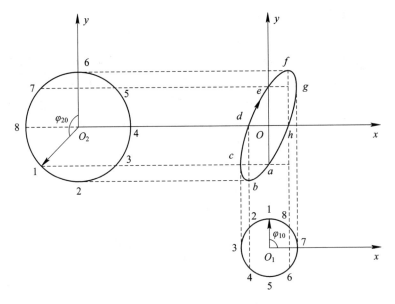

图 4-11　互相垂直的两个同频率简谐振动的合成

如果频率不同，则两个互相垂直的简谐振动的合运动会很复杂。只有在两个互相垂直的简谐振动的频率为简单的整数比时，其合运动的轨迹才是稳定的、有规律的一些封闭曲线。这些曲线的花样与两个分振动的频率比和初相位有关，这些曲线称为李萨如图。见图 4-13。

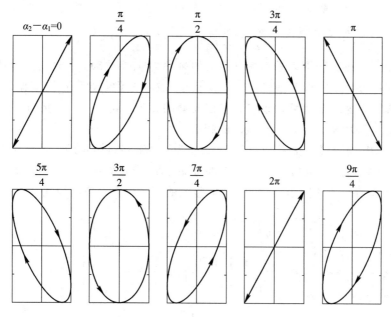

图 4 - 12 互相垂直两个同频率简谐振动合成的几种特例

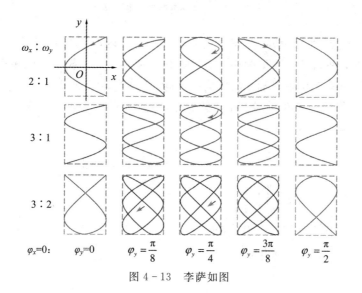

图 4 - 13 李萨如图

4.2.4 振动的分解

一般来说，实际振动不一定是简谐振动，而是比较复杂的振动。与振动的合成相反，任一复杂振动都可分解为许多简谐振动的叠加。确定任一振动所包含的各种简谐振动的频率和振幅称为频谱分析。实验上，研究一个振动的频谱可使用示波器、分光计、摄谱仪等。理论上，则是进行函数的傅里叶变换。从数学的角度，任何形式的同期函数都可通过傅里叶级数分解成一系列不同频率、不同振幅的谐振动之和；而非周期振动可通过傅里叶积分把它变换成无数个频率连续分布的谐振动。

在数学上，一个周期为 T 的函数可表示为 $x(t+T)=x(t)$，按傅里叶级数展开为

$$x(t) = \frac{a_0}{2} + \sum_{n=1}^{\infty}(a_n\cos n\omega t + b_n\sin n\omega t)$$

式中，$\omega = 2\pi\nu = 2\pi/T$。可以看出各分振动的频率为 ν、2ν、3ν …，分别称为基频、二次谐频、三次谐频……声学中称为基音、泛音或谐音。这就是说，如果把周期振动 $x(t)$ 看成一个复杂的振动，则这一振动可以看成许多谐振动的叠加，或者说分解成许多个谐振动。所有这些谐振动的频率构成了该复杂振动的频谱。

图 4-14(a) 中实线所代表的周期性振动可分解为基频和 3 次谐频的两个简谐振动的叠加。而图 4-14(b) 则是一种"方波"振动信号，它所包含的简谐振动成分就很多了。图 4-14(c) 用竖线在横坐标上的位置代表所包含的简谐振动的频率，竖线的高度代表对应的振幅。因而称为频谱。

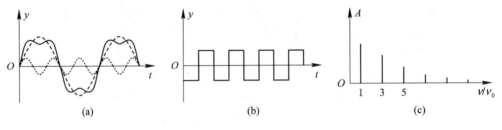

图 4-14   离散谱分析

对于非周期性振动，一般可分解为频率在某一区域内取连续值的简谐振动的叠加，其频谱呈连续分布，并以某一频率为中心，且有最大振幅，大于或小于此频率的振幅则相对较弱。通常将振幅减半在频率轴上所对应的区间 $\Delta\nu$ 称为振动的带宽。

图 4-15(a) 代表一个在时间上很短暂的振动，显然这是个非周期振动。图 4-15(b) 给出了它的频谱响应的大致情形。

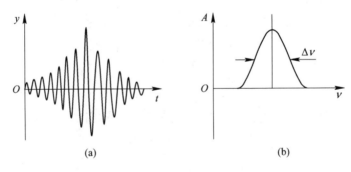

图 4-15   连续谱分析

4.3 阻尼振动与受迫振动

4.3.1 阻尼振动

简谐振动是一种等幅振动，是忽略了阻力作用的理想情况。事实上，阻尼作用是不能

完全避免的。实际的振动物体，如果没有能量的补充，振动终究要停止下来，这种在**外界阻力作用下，振幅随时间而减小的振动叫作阻尼振动**。

物体作阻尼振动时，除受线性恢复力 $F=-kx$ 之外，还受到一个与运动方向相反的阻力。实验表明，在气体或液体中运动的物体，当速度较小时，所受的黏性阻力 $\boldsymbol{F}_f$ 的大小与速率 v 成正比，其方向与速度的方向相反，即

$$F_f = -bv = -b\frac{\mathrm{d}x}{\mathrm{d}t}$$

在上述情况下，振子的动力学方程为

$$m\frac{\mathrm{d}^2 x}{\mathrm{d}t^2} = -kx - b\frac{\mathrm{d}x}{\mathrm{d}t}$$

振动系统的固有频率为 $\sqrt{\dfrac{k}{m}}=\omega_0$，令 $\dfrac{b}{2m}=\beta$，β 称为**阻尼因数**或**衰减常数**。

这样，上式化为

$$\frac{\mathrm{d}^2 x}{\mathrm{d}x^2} + 2\beta\frac{\mathrm{d}x}{\mathrm{d}t} + \omega_0^2 x = 0 \tag{4.5}$$

上式有时也叫作阻尼振动的运动微分方程，它的解即为阻尼振动的运动学方程。在数学上，这类方程称为二阶常系数线性微分方程，它的解取决于特征方程

$$r^2 + 2\beta r + \omega_0^2 = 0 \tag{4.6}$$

的根的情况，记 $\Delta = 4\beta^2 - 4\omega_0^2$。随阻尼因数的大小不同，它有几种不同的解：

(1) 当 $\beta > \omega_0$ 时，$\Delta > 0$，$r_{12} = -\beta \pm \sqrt{\beta^2 - \omega_0^2}$，方程(4.5)的通解是

$$x(t) = \mathrm{e}^{-\beta t}\left(A_1 \mathrm{e}^{t\sqrt{\beta^2-\omega_0^2}} + A_2 \mathrm{e}^{-t\sqrt{\beta^2-\omega_0^2}}\right)$$

系统较为缓慢地回到平衡位置，称为过阻尼。如图 4-16 所示，x 不会小于零，因此根本不会形成振动。

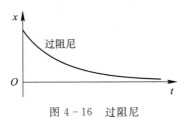

图 4-16　过阻尼

(2) 当 $\beta = \omega_0$ 时，$\Delta = 0$，特征方程(4.6)有两个相等的实根，方程(4.5)的通解是

$$x(t) = (A_1 + A_2 t)\mathrm{e}^{-\beta t}$$

系统较快地回到平衡位置，但 x 也不会小于零，这种情况称为临界阻尼。如图 4-17 所示，也没有往复运动。

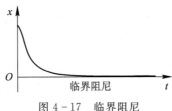

图 4-17　临界阻尼

（3）当 $\beta < \omega_0$ 时，$\Delta < 0$，令 $\omega = \sqrt{\omega_0^2 - \beta^2}$，则 $r_{12} = -\beta \pm \omega i$，方程（4.5）的通解可以写为

$$x(t) = e^{-\beta t}(A_1 \cos \omega t + A_2 \sin \omega t) = A_0 e^{-\beta t} \cos(\omega t + \varphi_0)$$

系统会形成往复运动，如图 4-18 所示，特别是当 $\beta \ll \omega_0$ 时，振动会持续较长时间，但振幅逐渐衰减。称为弱阻尼振动。

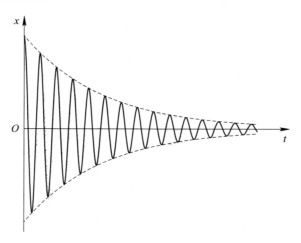

图 4-18　弱阻尼振动

　　阻尼振动显然不是简谐振动，它的运动状态已经不具有简谐振动的那种完全重复的周期性了，因此也无所谓周期和振幅，但为了叙述的方便，我们仍把相邻两次以同一方向经过平衡位置时所经历的时间称为周期，即以 $\cos(\omega t + \varphi_0)$ 的周期定义为阻尼振动的周期，因此

$$T = \frac{2\pi}{\omega} = \frac{2\pi}{\sqrt{\omega_0^2 - \beta^2}} > \frac{2\pi}{\omega_0}$$

可见，阻尼振动的周期比系统的固有周期要长。

　　弱阻尼情况下系统的机械能

$$E = E_k + E_p = \frac{1}{2} m \left(\frac{\mathrm{d}x}{\mathrm{d}t}\right)^2 + \frac{1}{2} k x^2$$

$$= \frac{1}{2} m A_0^2 e^{-2\beta t} [\beta \cos(\omega t + \varphi_0) + \omega \sin(\omega t + \varphi_0)] + \frac{1}{2} m (\omega^2 + \beta^2) A_0^2 e^{-2\beta t} \cos^2(\omega t + \varphi_0)$$

$$= \frac{1}{2} m A_0^2 e^{-2\beta t} [\omega^2 + \beta \omega \sin 2(\omega t + \varphi_0) + 2\beta^2 \cos^2(\omega t + \varphi_0)]$$

显然机械能并不守恒，损失的能量消耗在克服阻力做功之中。当 $\beta \ll \omega_0$ 时，$\omega \approx \omega_0$

$$E \approx \frac{1}{2} m \omega_0^2 A_0^2 e^{-2\beta t} = \frac{1}{2} k A^2$$

　　阻尼的大小除了用阻尼因数表示外，也可以用一周中振子损失的能量在总能量中所占的比例来描述。通常将 t 时刻时振子的能量 E 与经一周后损失的能量 ΔE 之比的 2π 倍称为振子的品质因数，并用 Q 表示

$$Q = 2\pi \frac{E}{\Delta E}$$

弱阻尼情况下，根据上面能量计算式可知

$$Q = \frac{\frac{1}{2} m\omega_0^2 A_0^2 \mathrm{e}^{-2\beta t}}{\frac{1}{2} m\omega_0^2 A_0^2 \mathrm{e}^{-2\beta t} (1 - \mathrm{e}^{-2\beta T})} = 2\pi \frac{1}{1 - \mathrm{e}^{-2\beta T}}$$

记阻尼振动的振幅从 A_0 衰减为 $A_0/2$ 所用的时间（半衰期）为 τ，经过简单的推导，品质因数也可用半衰期表示

$$Q = \frac{\pi\tau}{T\ln 2}$$

品质因数也只由振动系统本身的性质决定，是振动系统很重要的一个物理量。

4.3.2　受迫振动

只受阻力作用的振动系统，其振幅将随时间衰减直至零。如果要使振动持久不衰，就必须由外界持续向系统补充能量，**振动系统在外界强迫力作用下的振动叫作受迫振动。**

最基本最简单的受迫振动是驱动力按简谐规律变化的情况。一个振子在线性恢复力 $-kx$、阻尼力 $-bv$ 和驱动力 $F\cos\omega_{\mathrm{p}} t$ 的作用下，其动力学方程是

$$m\frac{\mathrm{d}^2 x}{\mathrm{d}t^2} = -kx - b\frac{\mathrm{d}x}{\mathrm{d}t} + F\cos\omega_{\mathrm{p}} t$$

以 m 遍除上式各项，令 $\omega_0^2 = \frac{k}{m}$，$\beta = \frac{b}{2m}$，$h = \frac{F}{m}$，得到

$$\frac{\mathrm{d}^2 x}{\mathrm{d}t^2} + 2\beta\frac{\mathrm{d}x}{\mathrm{d}t} + \omega_0^2 x = h\cos\omega_{\mathrm{p}} t$$

该方程在数学上叫作二阶常系数非齐次线性微分方程，它的通解等于该方程的一个特解加上对应齐次方程的通解。故其解可表示为

$$x = A_0 \mathrm{e}^{-\beta t}\cos(\omega t + \varphi_0) + A\cos(\omega_{\mathrm{p}} t + \varphi)$$

这个解包含两部分：第一部分是阻尼振动，它会逐渐减弱直至消失；第二部分是等幅振动。在刚被扰动后的一段时间内，上列两种振动同时存在，故合振动很复杂，不稳定；待阻尼振动部分近于消失以后，振动进入稳定的等幅振动，即一般所指的受迫振动

$$x = A\cos(\omega_{\mathrm{p}} t + \varphi)$$

该振动的频率与驱动力频率相同，振幅及初位相均与初始条件无关，完全由驱动力和系统的固有参量决定。将稳定解代入运动微分方程可以求得受迫振动的振幅和它与驱动力的相位差

$$A = \frac{h}{\sqrt{(\omega_0^2 - \omega_{\mathrm{p}}^2) + 4\beta^2\omega_{\mathrm{p}}^2}} \tag{4.7}$$

$$\varphi = \arctan\left(-\frac{2\beta\omega_{\mathrm{p}}}{\omega_0^2 - \omega_{\mathrm{p}}^2}\right) \tag{4.8}$$

注意受迫振动与无阻尼简谐振动的区别。

4.3.3　共振现象

现在让我们来仔细讨论一下，受迫振动所给出的振幅与相位随频率的变化情况。式(4.7)

和式(4.8)中无论选 ω_p 或 ω_0 作变量,位移和速度的振幅都有一个极大值。阻尼越小峰值越尖锐。这种现象叫作**共振**。

注意:在力学里和电学里考察的着眼点还有所不同。在机械振动系统里,往往系统的固有频率 ω_0 是固定的,驱动力的频率 ω_p 则可以按需要调节;然而,在电磁振荡电路里,固有频率 ω_0 是可调的,驱动力是外来的讯号,其频率 ω_p 由电台给定。所以在力学里我们着重考察位移随驱动频率 ω_p 的变化,而电学里着重考察电流随固有频率 ω_0 的变化。

在式(4.7)中,当 $dA/d\omega_p = 0$ 时,A 最大,得

$$\omega_p = \omega_{pr} = \sqrt{\omega_0^2 - 2\beta^2}$$

当驱动力的频率达到某一值 ω_{pr} 时,受迫振动的振幅达到最大值 A_r,这叫作发生了振幅共振。

当 $\beta \ll \omega_0$ 时,有 $\omega_{pr} = \omega_0$,则

$$\varphi = \arctan \frac{2\beta\omega_0}{-2\beta^2} = \arctan -\frac{\omega_0}{\beta} \approx -\frac{\pi}{2}$$

$$x = A\cos\left(\omega_{pr}t - \frac{\pi}{2}\right)$$

$$v = \frac{dx}{dt} = A\omega_{pr}\cos\omega_{pr}t$$

即位移落后于驱动力 $\pi/2$ 的相位,而速度恰好与驱动力同相位。由于功率 $P = Fv$,故此时外力永远做正功,效果是振幅越来越大。

第 5 章 机 械 波

振动在空间传播形成的波也是一种重要而普遍的运动形式，机械振动在连续介质内的传播叫作机械波。波的概念还深深地影响着现代物理学的发展，例如，原子、电子等微观粒子，不仅具有粒子性，而且也表现出波动性——物质波。尽管不同性质的波动机制可能不同，但它们在空间的传播规律却具有共性。所以一般地说，波动是一定物理量的周期性变化在空间的传播。

本章以机械波为例，来讨论波动运动的一般规律。

5.1 机械波的形成和传播

5.1.1 机械波产生的条件和分类

机械波既然是机械振动在媒质中的传播，那形成机械波就必须具备两个条件：产生振动的振动源——波源和传播振动的媒质，二者缺一不可。

在机械波传播的路径上，介质里原来相对静止的质点，将依次振动起来。按照介质体的振动方向与波的传播方向的关系，机械波可分为**横波**和**纵波**两大类，如图 5-1 所示。

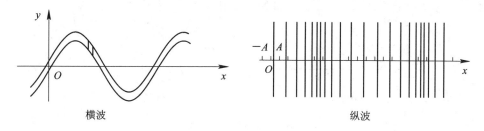

横波   纵波

图 5-1 机械波分类

介质质元的振动方向与波传播方向相互垂直的波称为横波。例如手持柔软绳子的一端上下振动，就可以看到振动沿水平方向向另一端传播。振动之所以能在绳中传播是因为绳中各质元之间张力的相互作用。弹性固体中传播的横波是因为介质质元间的切应力。由于液体和气体内部不具备切变弹性，又不能产生张力，故不能形成机械横波。**介质质元的振动方向与波的传播方向共线的波称为纵波。**纵振动使介质体元发生压缩或拉伸形变，由此引起介质体元之间的弹性内力（其强度为正应力）。依靠这种弹性内力使纵波以疏、密相间的形式传播出去，所以凡具有线变弹性和容变弹性的介质，包括固体、液体和气体都能传播纵波。

横波和纵波的共同特点：

(1) 在波动过程中，介质质元都保持在自己的平衡位置附近振动，并不随波迁移。

(2) 波的传播是相位的传播，在波的传播方向上，每个质元都先后依次重复波源的相位。

(3) 沿波传播方向上，会出现一系列相位差为 2π 的质元，它们具有相同的振动状态。

一般来说，波动中各点的振动是复杂的。最简单而又最基本的波动是简谐波，即波源以及介质中各质点的振动都是谐振动，这种情况只能发生在各向同性、均匀、无限大、无吸收的连续介质中。这是一种理想情况，但任何复杂的波都可以看成是若干个简谐波叠加而成，因此研究简谐波具有特别重要的意义。

5.1.2　描述波动的几个物理量

1. 波线和波面

为了形象地描述波在空间的传播，我们引入以下概念。

波传播所到的空间称为波场，在波场中，画一些代表波的传播方向的射线，称为波线。波场中同一时刻相位相同的点组成的面称为波面。沿着波的传播方向，最前面的波面称为波前，它是波源最初的振动当前所到的位置。因此，任意时刻，波前只有一个，而波面却是任意多的。在各向同性的均匀介质中，波的传播方向垂直于波面。根据波面的形状，通常可将波区分为平面波、球面波等，如图 5-2 所示。

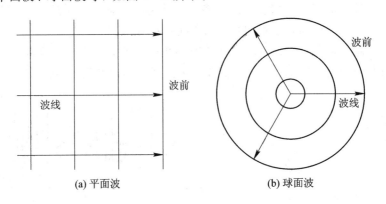

(a) 平面波　　　　　　　　　　　(b) 球面波

图 5-2　波线和波面

大小可以忽略的波源称为点波源。点波源在均匀各向同性介质中产生的波为球面波。在离点波源很远处，球面波的一小部分波面可以看作平面。沿弹性杆的轴向传播的纵波和在管中传播的声波，是平面波。

2. 波速

波源振动状态(即位相)的传播速度叫波速，也称为相速。对于机械波，波速通常由介质的性质决定，可以证明，对于简谐波，在固体中传播的横波和纵波的波速分别由以下式子确定

$$u_{横} = \sqrt{\frac{G}{\rho}} \tag{5.1}$$

$$u_{纵} = \sqrt{\frac{E}{\rho}} \tag{5.2}$$

式中 G 和 E 分别是介质的切变弹性模量和杨氏模量，ρ 为介质的密度。对于同一固体介质，通常有 $E > G$，所以有 $u_纵 > u_横$。顺便指出，只有在均匀细长棒中，纵波的波速公式才准确成立，否则，纵波长度变化过程中引起的横向切变不能忽略，纵波速度公式只近似成立。

在弦中传播的横波波速公式为

$$u_横 = \sqrt{\frac{T}{\lambda}} \tag{5.3}$$

T 是弦中的张力，λ 为弦的线密度。在液体或气体中只能传播纵波，其波速为

$$u_纵 = \sqrt{\frac{B}{\rho}} \tag{5.4}$$

B 为介质的容变弹性模量——压强改变量与物体相对体积变化之间的比例系数

$$B = -\frac{\Delta p}{\Delta V / V}$$

3. 周期和频率

波动过程表现为时间和空间上的周期性。波动周期是指一个完整波形通过介质中某固定点所需的时间。由于波源每完成一次全振动，就有一个完整的波形发送出去，因此，当波源相对于介质静止时，波动周期即为波源的振动周期，波动频率即为波源的振动频率，也即周期的倒数，它描述了单位时间内通过介质中某固定点的完整波形的数目

$$\nu = \frac{1}{T} = \frac{\omega}{2\pi}$$

4. 波长

在波的传播方向上每隔一段距离波形重复，表现为空间周期性。我们把任意二相邻同相点之间的距离称为**波长**。当波源作一次全振动，波前传播的距离就等于一个波长。显然，波长与波速、周期和频率之间的关系为

$$\lambda = uT = \frac{u}{\nu}$$

此式不仅适用于机械波，也适应于电磁波。由于机械波的波速仅由介质的力学性质决定，因此不同频率的波在同一介质中传播时都具有相同的波速，而同一频率的波在不同的介质中传播时其波长不同，因而速度也不同。

5.2 平面简谐波规律

5.2.1 平面简谐波的运动学方程

由简谐振动在介质中的传播所形成的波叫作简谐波，这是最简单最基本的波。

如图 5-3 所示，取波射线上任意点 O 为原点，设该处质元的振动方程为

$$y_0 = A\cos\omega t$$

经过时间 t 后，该振动状态传播到距离 O 为 $x = ut$ 的 P 点。也就是说，x 处的质元 P 在时刻 t 的振动状态是 O 处质元在 $\left(t - \frac{x}{u}\right)$ 时刻的振动状态，因此 P 质元的振动方程为

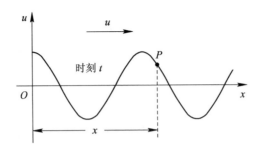

图 5-3　振动状态的传授

$$y = A\cos\omega\left(t - \frac{x}{u}\right)$$

因为质元 P 是任意的，上式描写了波线上任一质元的振动规律，体现了波动是相位依次落后的振动的集合。它就是平面简谐波的运动学方程，简称平面简谐波方程。由关系式 $\omega = \frac{2\pi}{T} = 2\pi\nu$ 和 $uT = \lambda$，上式又可表示成

$$y = A\cos 2\pi\left(\nu t - \frac{x}{\lambda}\right)$$

$$y = A\cos 2\pi\left(\frac{t}{T} - \frac{x}{\lambda}\right)$$

如果令 $k = \frac{2\pi}{\lambda}$，k 称为波矢（三维情况下实为波传播方向的矢量），上式还可写为

$$y = A\cos(\omega t - kx)$$

如果原点的振动相位在开始计时时不为零，则任意波动方程均只需加上相应的初相位即可。如果波动沿 x 轴的负向传播，前图中 P 质元的振动将先于原点 O 处质元的振动一段时间 $\frac{x}{u}$，或者说 P 质元的振动相位超前于原点 O 处质元的振动相 $\omega \cdot \frac{x}{u}$。故沿 x 轴负向传播的平面余弦波的运动学方程为

$$y = A\cos\omega\left(t + \frac{x}{u}\right)$$

$$= A\cos 2\pi\left(\nu t + \frac{x}{\lambda}\right)$$

$$= A\cos 2\pi\left(\frac{t}{T} + \frac{x}{\lambda}\right)$$

5.2.2　波动方程

平面简谐波的波动方程

$$y = A\cos\left[\omega\left(t \pm \frac{x}{u}\right) + \varphi_0\right] = y(x, t)$$

描述了媒质中的质点离开平衡位置的位移随时间变化的规律，是一个二元变量的函数。为了深刻理解其物理意义，我们分以下几种情况来讨论：

（1）当我们集中注意力只观察媒质中的某个质点，即给定 x 时，比如 $x = x_0$，则波动

方程实际上描述的是该质点的振动规律：

$$y=A\cos\left[\omega\left(t\pm\frac{x_0}{u}\right)+\varphi_0\right]=A\cos\omega t+\varphi$$

其中

$$\varphi=\varphi_0\pm\frac{\omega x_0}{u}=\varphi_0\pm\frac{x_0}{\lambda}2\pi$$

对于沿着波的传播方向上 $x_0=\lambda,2\lambda,3\lambda,\cdots$ 的各点，其振动状态都相同，这表明，波线上每隔一个波长的距离，振动曲线就重复一次，因此，波长代表了波的空间周期性。

（2）当给定 $t=t_0$ 时，波动方程给出了 t_0 时刻介质中各质元位移 y 按 x 的分布

$$y=y(x)=A\cos\left[\omega\left(t_0\pm\frac{x_0}{u}\right)+\varphi_0\right]$$

此为在 t_0 时刻波线上各质点离开各自的平衡位置的位移分布情况，称为 t_0 时刻的波形曲线。图 5-4 展示了波动方程分别在上述两种情况的图线，注意横坐标的不同，从图线上可明显看出波的时间周期性。

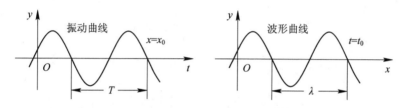

图 5-4　平面简谐波的时空周期性

（3）当 x 和 t 均变化时，波的运动学方程将表示波线上各个不同质元在不同时刻的位移在空间上的分布。分析不同时刻的波形图线可知，一般而言，当波速为 u 时，振动状态在 Δt 时间内将沿波线传播 $u\Delta t$ 的距离，$t+\Delta t$ 时刻的波形曲线可由 t 时刻的波形曲线向右平移 $u\Delta t$ 的距离而得，如图 5-5 所示。

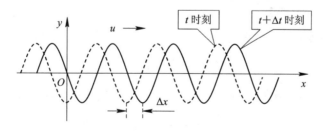

图 5-5　波形传播

波的传播过程就是波形的传播过程，这种在空间传播的波称为行波。行波传播的是波形，而媒质中的质点只是在各自的平衡位置振动，并没有随波逐流。

例 5.2.1　平面简谐波的圆频率为 $20/\sqrt{3}\ \text{s}^{-1}$。波射线上某点 P 在 $t=0$ 时刻的位移为 $0.02\ \text{m}$，振动初始速度为 $0.40\ \text{m}\cdot\text{s}^{-1}$，设该波不衰减地向右传播，波速为 $340\ \text{m}\cdot\text{s}^{-1}$，求在 P 点右方 $1.70\pi\ \text{m}$ 处的振动方程式。

分析　由 P 点 $t=0$ 时刻的位移和加始速度，可求出 P 点振动方程的表达式，再由波向右传播，右方 $17\sqrt{3}\pi$ m 处的振动可由 P 点的振动在时间上落后 $\Delta x/u$ 得到。

解　$\omega=20/\sqrt{3}$，由 $t=0$ 时的位移和速度

$$y_0=A\cos\varphi_0=0.02$$
$$v_0=-\omega A\sin\varphi_0=0.4$$

得

$$A=\sqrt{y_0^2+\frac{v_0^2}{\omega^2}}=0.04$$

$$\varphi_0=\arctan\left(-\frac{v_0}{\omega y_0}\right)=\arctan\left(\frac{0.4}{-0.02\times20/\sqrt{3}}\right)$$

$$=\arctan(-\sqrt{3})=\frac{2\pi}{3}\ \text{或}\ -\frac{\pi}{3}$$

由于 $\cos\varphi>0$，$\sin\varphi_0<0$，故 $\varphi_0=-\dfrac{\pi}{3}$。所以 P 点的振动方程为

$$y_P=0.04\cos\left(\frac{20}{\sqrt{3}}t-\frac{\pi}{3}\right)$$

P 点右方 $17\sqrt{3}\pi$m 处的振动方程为

$$y=0.04\cos\left[\frac{20}{\sqrt{3}}\left(t-\frac{17\sqrt{3}\pi}{340}\right)-\frac{\pi}{3}\right]=0.04\cos\left(\frac{20}{\sqrt{3}}+\frac{2\pi}{3}\right)$$

5.2.3　波的能量

介质中原本静止的质点因为波的到来引起形变产生势能，并开始振动从而具有了振动的动能。可见机械波的波动过程也是机械能的传播过程。所有这些能量来自波源，通过介质的弹性力相互间做功，将能量源源不断地由近往远传播开去。

1. 介质中某质元的能量

假定波沿 x 轴传播，其表达式为

$$y=A\cos\omega\left(t-\frac{x}{u}\right)$$

确定某一个质元，设其平衡位置的坐标为 x（常量），该质元振动的速度为

$$v=\frac{\partial y}{\partial t}=-A\omega\sin\omega\left(t-\frac{x}{u}\right)$$

设介质的密度为 ρ，波动介质中一个体积为 $\mathrm{d}V$ 的质元的所具有的动能为

$$\mathrm{d}E_\mathrm{k}=\frac{1}{2}\rho\mathrm{d}Vv^2=\frac{1}{2}\rho\mathrm{d}\tau A^2\omega^2\sin^2\omega\left(t-\frac{x}{u}\right)\qquad(5.5)$$

质元形变而具有的势能计算，我们以横波为例，如图 5-6 所示质元的剪切形变为

$$\tan\phi=\frac{\partial y}{\partial x}=\frac{\omega}{u}A\sin\omega\left(t-\frac{x}{u}\right)$$

固体中横波的波速 $u=\sqrt{G/\rho}$，G 为切变弹性模量。因剪切形变而具有的弹性势能为

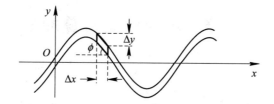

图 5 - 6 横波的势能

$$\mathrm{d}E_\mathrm{p} = \frac{1}{2}G\left(\frac{\partial y}{\partial x}\right)^2 \mathrm{d}V = \frac{1}{2}\rho \mathrm{d}V A^2\omega^2\sin^2\omega\left(t-\frac{x}{u}\right) \tag{5.6}$$

于是介质中该体积元内的总能量是

$$\mathrm{d}E = \mathrm{d}E_\mathrm{k} + \mathrm{d}E_\mathrm{p} = \rho \mathrm{d}V A^2\omega^2\sin^2\omega\left(t-\frac{x}{u}\right)$$

以上分析可见，在波动过程中介质体元的动能和势能具有相同的数值，两者随时间的变化也相同。这与振动系统的动能和势能的关系是完全不同的。振动系统是一个机械能的封闭系统，动能和势能只能在系统内相互转换；在波动介质中，质元的总能量不是常量，而是随时间做周期性变化，每一质元不断地吸收比它相位超前的相邻质元的能量和不断地向比它相位落后的相邻质元放出能量，波动介质是一个能量开放系统。

波动介质各处能量的分布情况可用单位体积所具有的能量即能量密度 w 来表示

$$w = \frac{\mathrm{d}E}{\mathrm{d}V} = \rho A^2\omega^2\sin^2\omega\left(t-\frac{x}{u}\right) \tag{5.7}$$

在波动介质里，各点的能量密度随时间周期性的变化，在任一时刻，沿波线上各点的能量密度也随 x 而周期性地变化，并且不论对时间 t，还是对坐标 x，w 都按正弦平方的规律变化。可以证明：某一点的能量密度在一个周期内的时间平均值与在任一时刻在空间的两个同相波面之间，能量密度对空间（坐标 x）的平均值是相等的，这个平均值称为平均能量密度。波的平均能量密度是

$$\overline{w} = \frac{1}{2}\rho A^2\omega^2$$

2. 能流密度

由于波的能量以波速沿波线方向"流动"，为了表示波动介质中能量的"流动"情况，特引入能流密度概念。如图 5 - 7 所示，能流密度就是单位时间内通过单位波面的能量

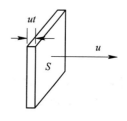

图 5 - 7 波的能流密度

$$I = \frac{Su\,\mathrm{d}t\rho A^2\omega^2\sin^2\omega\left(t-\frac{x}{u}\right)}{S\mathrm{d}t} = u\rho A^2\omega^2\sin^2\omega\left(t-\frac{x}{u}\right) = wu$$

$$\overline{I} = u \cdot \overline{w} = \frac{1}{2}\rho A^2\omega^2 u$$

5.3　波的传播与叠加

5.3.1　惠更斯原理

当波在弹性介质中传播时，由于介质质点间的相互作用，介质中任一质元的振动都会引起邻近各质元的振动，因此，波动到达的任一点都可看作是新的波源。例如水面波被带有小孔的隔板挡住时，穿过小孔的波就是以小孔为次波源的圆形波。荷兰物理学家惠更斯观察和研究了大量类似现象，于 1690 年提出了一条描述波传播特性的重要原理：**介质中波前上的各点，都可以看作是发射子波的波源，其后任一时刻这些子波的包络就是新的波阵面。**这就是惠更斯原理。

惠更斯原理不仅适用于机械波，也适用于电磁波，更多的知识我们将在光学部分再详细介绍。

5.3.2　波的叠加原理

当几列波在空间相遇时，它们将彼此穿过，每列波的波前、波面以及波形均不会因为遇到另一列波而发生改变，好像在传播过程中根本没有遇到过一样。这叫作波的独立传播特性。而在相遇的区域中，任一介质元则会参与所有波引起的振动，即介质元的振动等于各列波单独传播时在该位置所引起的振动之和。这叫作波的叠加原理。

波动的叠加与振动的叠加是不完全相同的。振动的叠加只发生在单一质点上，而波的叠加则发生在两波相遇范围内的许多质元上，这就构成了波的叠加所特有的现象。但通常情况下，几列波的叠加既复杂又不稳定，没有实际意义。但满足下列条件的两列波在介质中相遇，则可形成一种稳定的叠加图样，即出现所谓干涉现象。

两列波若频率相同、振动方向一致，在相遇点处的位相差恒定，则其合成波会出现某些点振动加强，另一些点振动减弱的现象，即相干现象。满足上述条件的波源称为相干波源。能产生相干现象的波称为相干波。

5.3.3　波的干涉

如图 5-8 所示，设 S_1，S_2 是两个相干波源，它们的振动方程分别为

$$y_{10} = A_{10} \cos(\omega t + \varphi_{10})$$
$$y_{20} = A_{20} \cos(\omega t + \varphi_{20})$$

由这两个波源发出的两列波在同一介质中传播后相遇，各自在 P 点处引起的振动分别为

$$y_1 = A_1 \cos\left(\omega t - \frac{2\pi r_1}{\lambda} + \varphi_{10}\right)$$

$$y_2 = A_2 \cos\left(\omega t - \frac{2\pi r_2}{\lambda} + \varphi_{20}\right)$$

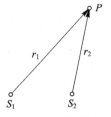

图 5-8　相干波的叠加

根据上一章两个同方向、同频率简谐振动的合成结论，P 点处合振动也是简谐振动，其振

幅表达式为

$$A=\sqrt{A_1^2+A_2^2+2A_1A_2\cos\Delta\varphi}, \quad \Delta\varphi=(\varphi_{20}-\varphi_{10})-2\pi\frac{r_2-r_1}{\lambda}$$

可见合振幅的大小与两相干波在 P 点引起的两振动的相位差 $\Delta\varphi$ 有关：

当 $\Delta\varphi=2n\pi$（$n=0,\pm1,\pm2,\cdots$）时，即两个同相位振动叠加，合振幅有极大值

$$A=A_1+A_2=A_{\max}$$

当 $\Delta\varphi=(2n+1)\pi$（$n=0,\pm1,\pm2,\cdots$）时，即两个反相位振动叠加，合振幅有极小值

$$A=|A_1-A_2|=A_{\min}$$

令 $\delta=r_2-r_1$，表示两相干波从波源 S_1 和 S_2 到空间某点 P 所经路程之差，称为波程差。为简单记，令 $\varphi_{20}=\varphi_{10}$，用波程差表示上述干涉加强或减弱的条件可简化为

$$\begin{cases} \delta=r_2-r_2=\pm2k\dfrac{\lambda}{2} & \text{干涉加强} \\[2mm] \delta=r_2-r_2=\pm(2k+1)\dfrac{\lambda}{2} & \text{干涉减弱} \end{cases} \quad (k=0,1,2,\cdots) \qquad (5.8)$$

由于波的强度正比于振幅的平方，如以 I_1，I_2 表示两个分振动的强度，则合振动的强度

$$I=I_1+I_2+2\sqrt{I_1I_2}\cos\frac{2\pi\delta}{\lambda}$$

两列相干波叠加时，空间各处的强度并不简单地等于两列波强度之和，反映出能量在空间的重新分布，但这种重新分布在时间是稳定的，在空间上又是强弱相间且有周期性的。

5.3.4　驻波

1. 驻波的形成

驻波是一种特殊的干涉现象。**两列振幅相同的相干波沿相反方向传播时叠加而成的一种特殊的振动现象，称为驻波。**

设在坐标原点，入射波和反射波的初相位相同且为零，在 x 轴上，入射波和反射波的运动学方程分别为

$$y_1=A\cos\left(\omega t-\frac{2\pi x}{\lambda}\right)$$

$$y_2=A\cos\left(\omega t+\frac{2\pi x}{\lambda}\right)$$

则合成波的方程为

$$y=y_1+y_2=A\cos\left(\omega t-\frac{2\pi x}{\lambda}\right)+A\cos\left(\omega t+\frac{2\pi x}{\lambda}\right)=2A\cos\frac{2\pi x}{\lambda}\cos\omega t \qquad (5.9)$$

这就是驻波方程。其中 $\cos\omega t$ 表示谐振动，而 $\left|2A\cos\dfrac{2\pi x}{\lambda}\right|$ 即为谐振动的振幅。图 5-9 描述了驻波的形成过程。

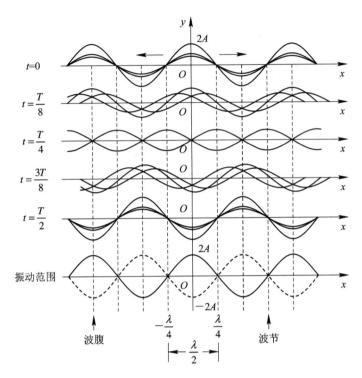

图 5-9　驻波的形成

从图 5-9 中可以看出，不论什么时刻，有些点始终不动，这些点便是波节，除波节外，其他各质元都在按余弦规律振动，任何相邻两波节间的质元的振动总是同上同下，相位相同；而以居中的质元的振幅最大，这些点就是波腹；波腹的特点是那里的介质不发生形变。在任一波节两侧的质元的振动却是你上我下，相位相反，波节附近的介质形变最大。

驻波方程由两部分组成。振动因子 $\cos\omega t$ 表明各质元都在按余弦规律振动。该因子与坐标无关，说明振动相位不像行波那样随位置变动而依次落后，即驻波的相位不向前传播，这正是"驻"字的含义。振幅因子 $\cos\dfrac{2\pi}{\lambda}x$ 表明各质元的振幅沿 x 轴周期性的变化。凡满足 $\left|\cos\dfrac{2\pi x}{\lambda}=1\right|$ 的点的振幅有最大值，这些点为波腹，其位置由 $\dfrac{2\pi x}{\lambda}=n\pi$ 来决定，即驻波波腹的坐标是

$$x=n\cdot\frac{\lambda}{2}\quad(n=0,\pm1,\pm2,\pm3,\cdots)$$

同理可知驻波波节的坐标是

$$x=(2n+1)\frac{\lambda}{4}\quad(n=0,\pm1,\pm2,\pm3,\cdots)$$

相邻两波腹或波节间的距离都等于 $\dfrac{\lambda}{2}$。介于波腹、波节之间各质点的振幅则随坐标位置按 $\left|2A\cos\dfrac{2\pi}{\lambda}x\right|$ 的规律变化。

2. 驻波各质元振动的相位关系

在驻波方程(5.9)中，虽然振动因子 $\cos\omega t$ 与坐标无关，但振幅因子 $2A\cos\dfrac{2\pi x}{\lambda}$ 因 x 的不同可正可负，并以波节为界，分段取相同的符号。在同一段内，各质点振动位相相同，它们沿同一方向到达各自振动位移的最大值。任意相邻的两段则具有相反的相位。

3. 驻波的能量

驻波振动中既没有相位的传播，也没有能量的传播。任意时刻驻波中的动能与势能仍然可以按照式(5.5)、(5.6)的形式计算。

$$v = \frac{\partial y}{\partial t} = -2\omega A\cos\frac{2\pi x}{\lambda}\sin\omega t$$

$$\varepsilon = \frac{\partial y}{\partial x} = -\frac{4\pi}{\lambda}A\sin\frac{2\pi x}{\lambda}\cos\omega t$$

$$dE_k = \frac{1}{2}\rho dV v^2 = 2\omega^2 A^2\rho dV\cos^2\frac{2\pi x}{\lambda}\sin^2\omega t$$

$$dE_p = \frac{1}{2}Y d\tau\varepsilon^2 = 2\omega^2 A^2\rho dV\sin^2\frac{2\pi x}{\lambda}\cos^2\omega t$$

结合图 5-9，我们看到，当 $\sin\omega t=0$ 时，驻波中所有质元的动能均为零，说明各质元振动到达位移最大处。但显然势能不为零(除波腹外)，波节处形变最大，因而势能最大。也即此时，驻波中的能量以势能形式向波节集中。当 $\cos\omega t=0$ 时，各质元运动回到各自的平衡位置，势能为零，但动能不为零(波节永远不动，动能为零)，且波腹处最大。驻波能量以动能形式向波腹集中。能量就是这样在波节与波腹间振荡交换。

5.3.5 半波损失

1. 波阻

当波传播到两种媒质的分界面时会发生反射现象。入射波与反射波在媒质界面处叠加，有时形成波节，有时形成波腹。实验发现，这取决于界面两侧介质的波阻。

波阻是指介质的密度与波速之积 ρu，界面两侧波阻相对较大的介质叫作波密介质，相对较小的叫作波疏介质。当反射处形成波节时，由于波节处质元全振动位移为零，故反射波与入射波的相位必定相反。可以认为是反射波损失了半个波长，通常把这一现象称为半波损失。当反射处形成波腹时，由于反射点处的位移为最大，入射波与反射波必然同相。所以没有半波损失。

实验表明：当波从波疏介质向波密介质传播，被反射回原介质中时，反射波有半波损失，界面处形成波节。而当波从波密介质向波疏介质传播时，反射波没有半波损失。

2. 弦和空气柱的振动

一切弦乐器都是利用弦的振动发出声波的；两端固定的弦发声的频率必须满足

$$\nu_n = \frac{u}{\lambda_n} = \frac{nu}{2l}$$

由于

$$u = \sqrt{\frac{F_T}{\rho_l}}$$

所以

$$\nu_n = \frac{n}{2l}\sqrt{\frac{F_T}{\rho_l}}$$

在弦上可以形成的驻波振动叫作弦的固有振动或本征振动，其频率便称为固有频率或本征频率，它们除与弦长，张力和弦的密度有关外还与 n 的取值有关。当 $n=1$ 时，这个频率最低，称为基频，其余称泛频。

管乐器发声是管内空气柱里的纵波在管端反射，形成驻波的结果。如果管端是封闭的，则闭端必是驻波的波节；如果管端是敞开的，由于敞开处空气与外界大气相连，其压强恒为大气压，故敞口处空气不会发生压缩或膨胀形变，我们知道驻波波腹处体元的形变为零，因此空气柱的敞开端成为驻波的波腹。

如图 5 - 10 所示，对于一端封闭一端敞开的空气柱，设长为 L，由于在开端为波腹而闭端为波节，固有振动的波长必须满足

$$\lambda_n = \frac{4L}{2n+1} \quad (n = 0,1,2,3,\cdots)$$

对应的固有频率为

$$\nu_n = \frac{2n+1}{4L}u \quad (n = 0,1,2,3,\cdots)$$

对于两端都是开口的空气柱，由于开口处为波腹，故固有振动的波长应满足

$$\lambda_n = \frac{2L}{n} \quad (n = 1,2,3,\cdots)$$

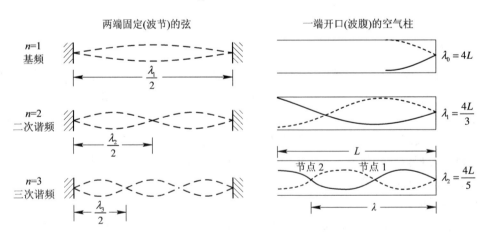

图 5 - 10　弦与空气柱的振动

例 5.3.1　如图 5 - 11 所示，沿 x 轴正向传播的平面简谐波的方程为 $y = 0.2\cos\left[200\pi\left(t - \frac{x}{200}\right)\right]$(SI)，入射到两种介质的分界面后发生反射，振幅不变，且反射处为固定。已知分界面 P 与坐标原点 O 的距离为 $d = 6.0$ m，求：(1) 反射波方程；(2) 驻波方程。

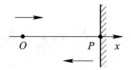

图 5 - 11　入反射叠加形成驻波

解　入射波在两介质分界面 P 点处的振动方程为

$$y_i = y \mid_{x=d} = 0.2\cos\left[200\pi\left(t - \frac{6}{200}\right)\right] = 0.2\cos(200\pi t - 6\pi) = 0.2\cos200\pi t$$

因为反射点为固定，所以反射波在 P 点处的振动相位将有 π 的突变，故有

$$y_r = 0.2\cos(200\pi t + \pi)$$

（1）反射波以 $u = 200$ m/s 的速度向 x 轴负向各传播，所以反射波方程为

$$y = 0.2\cos\left[200\pi\left(t - \frac{6-x}{200}\right)\pi\right] = 0.2\cos\left[200\pi\left(t + \frac{x}{200}\right) - \pi\right]$$

（2）驻波方程为

$$y = 0.2\cos\left[200\pi\left(t - \frac{x}{200}\right)\right] + 0.2\cos\left[200\pi\left(t + \frac{x}{200}\right) - \pi\right]$$

$$= 0.4\sin\pi x\cos\left(200\pi t - \frac{\pi}{2}\right)$$

5.3.6　多普勒效应

前面的讨论中，我们实际上是假定波源和观察者相对于介质都是静止的，这时观察者接收到的波的频率与波源的振动频率相等。但在日常生活和科技活动中，这一条件经常不能满足，波源或观察者相对介质是运动的，这时就出现了所谓的多普勒效应。

如图 5 - 12 所示，为简单起见，我们假定波源 S、观察者 B 的运动发生在两者的连线上，介质相对于地球是静止的，设波源相对于介质的运动速率为 v_S，观察者相对于介质的运动速率为 v_B，以 u 表示波在介质中传播的速率。我们规定：波源向着观察者运动时，v_S 取正值；波源背离观察者运动时，v_S 取负值；观察者向着波源运动时，v_B 取正值；观察者背离波源运动时，v_B 取负值，波速 u 总是取正值。

下面分三种情况进行讨论：

（1）波源不动，观察者以速率 v_B 相对于介质运动（$v_S = 0$，$v_B \neq 0$）。

如图 5 - 12(a)，如果观察者向着波源运动，这时 v_B 为正值。因为观察者以速率 v_B 迎向波源运动，相当于波以 $u + v_B$ 的速率通过观察者，所以观察者所接收到的波频率为

$$\nu' = \frac{u + v_B}{\lambda} = \frac{u + v_B}{uT} = \left(1 + \frac{v_B}{u}\right)\nu$$

当观察者背离波源运动时，只需将 v_B 改号。当 $v_B = -u$ 时，$\nu' = 0$，这相当于观察者跟随波的波阵面一起运动，当然就接收不到波了。

（2）观察者不动，波源于以速率 v_S 相对于介质运动（$v_S \neq 0$，$v_B \neq 0$）。

如图 5 - 12(c)所示，如果波源向着观察者运动，这时 v_S 为正值，且设 $v_S < u$。因为波速 u 仅取决于介质的性质，和波源的运动与否无关，所以在一个周期 T 内波源在 S 点发出的振

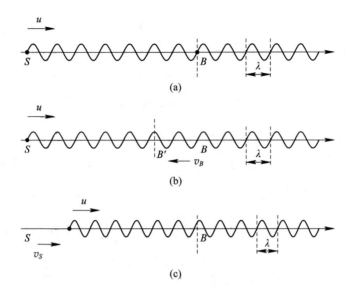

（a）观察者 B、波源 S 均静止；（b）观察者以速度 v_B 向波源运动；（c）波源以速度 v_S 向观察者运动

图 5 - 12　波源、观察者相对介质运动

动向前传播的距离等于波长 λ。若波源不动，则波形可表示为图 5 - 13 中的细实线，但在这一时间内，波源在波的传播方向上通过了一段路程 $v_S T$ 而到达 S' 点，结果整个波形被挤压在 $S'B$ 之间，其波形如图 5 - 13 中的粗实线所示。

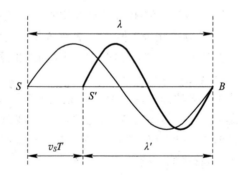

图 5 - 13　波源运动的多普勒现象

由于波源做匀速运动，因此挤压均匀，波形并无畸变，只是波长变短，其值为

$$\lambda' = \lambda - v_S T = uT - v_S T = (u - v_S)\frac{1}{\nu}$$

波相对于观察者的速率仍为 u。因此观察到的频率

$$\nu' = \frac{u}{\lambda'} = \frac{u}{u - v_s}\nu$$

反之，若波源背离观察者运动，则波长变长，频率 ν' 减小，上式仍可适用，但 v_S 取负值。

（3）观察者和波源同时相对介质运动（$v_S \neq 0$，$v_B \neq 0$）。

由于观察者以速率 v_B 运动，相当于波对观察者的速率为 $u \pm v_B$；由于波源以速率 v_S 运动，相对于观察者来说，波长缩短为 $\dfrac{u \pm v_S}{\nu}$；结合上述两点，根据波速、频率和波长的基本关系，可得观察者接收到的波频率为

$$\nu' = \frac{u \pm v_B}{\dfrac{u \mp v_s}{\nu}} = \frac{u \pm v_B}{u \mp v_s} \nu$$

如果波源和观察者的运动不在两者的连线上，只要将它们的速度在连线上的分量作为 v_S 和 v_B 代入上式即可。

例 5.3.2 一个观察者站在铁路附近，听到迎面开来的火车汽笛声为 A_4 音（频率为 440 Hz），当火车驶过他身旁后，汽笛声降为 G_4 音（频率为 392 Hz），问火车的速率为多少？已知空气中的声速 $v = 330$ m/s。

解 设火车的速率为 u，汽笛原来的频率为 ν_0，当火车驶近观察者时，接收到的频率为 ν_1

$$\nu_1 = \frac{v \nu_0}{v - u}$$

设当火车驶过观察者后，接收到的频率为 ν_2

$$\nu_2 = \frac{v \nu_0}{v + u}$$

计算得到火车速率为

$$u = \frac{\nu_1 - \nu_2}{\nu_1 + \nu_2} v = 19 \text{ m/s}$$

第6章　分 子 动 理 论

6.1　物质的微观结构

6.1.1　分子动理论的实验基础

1. 物质由分子构成

公元前500～公元前400年,古希腊哲学家就有物质是由原子组成的思想。当时说的原子是指组成物质的基本单元,当然还不是今天我们所认识的原子。人们期望直接看到原子、分子。可是,用光学显微镜是无法实现的,由于光的衍射,视觉经过光学显微镜只能分辨线度比可见光波长大得多的物体,可见光的波长在390～760 nm 的范围内,而一般分子的线度只是 0.1 nm 的几倍。现在常用的放大百万倍的电子显微镜是以电子束来代替可见光束,而加速到 10^4 eV 的电子束的德布罗意波长为 1.23 pm,远小于分子的线度了。电子显微镜能分辨出较大分子中原子的组合情况。目前"观察"原子、分子的最好仪器是扫描隧穿显微镜(STM)和扫描探针显微镜(SPM)。

任何宏观物质系统都含有极大数目的基本单元(原子、分子等)。我们早已熟悉的阿伏伽德罗常数 $N_A=6.022\times10^{23}$ mol^{-1} 是经过多种实验间接测定的。1 mol 任何物质都含有 N_A 个基本单元。

2. 分子之间存在空隙

物体可以被压缩或拉伸,这是分子间距离变化的结果。气体的体积变化就是未被分子占据的空间发生的变化。相同体积的水和乙醇,均匀混合后的体积会小于两者体积之和,同质量水蒸气的体积比水的体积大 1670 倍,这些也都是它们分子间距离变化的结果。

3. 分子在做无规则的热运动

墨水在清水中的扩散,布朗运动等无不说明分子的无规则热运动是永无止境的。温度越高,运动越剧烈。

4. 分子间存在引力和斥力

分子在不停地运动,大量分子却能够聚集成系统的各种形态,足见分子间存在引力,分子间还存在斥力。

根据以上所列的现象、实验以及简单的推理,可将物质的微观结构归纳为如下三个基本观点:

(1) 宏观物体都是由数目极大的微粒(统称为分子)组成的;

(2) 组成宏观物体的分子都在永不停息地做无规则运动;

（3）分子之间存在相互作用的引力和斥力。

热学的研究对象从微观上来讲仍然是分子运动规律和分子间相互作用性质。从宏观上来说是要研究由大量微观粒子组成的物体与温度有关的热现象规律。几百年来物理学家对热现象进行了不断深入的研究，在理论上形成了两个重要分支：一个分支是，只在宏观上研究热现象而不涉及微观解释，这个分支叫作热力学；另一个分支是，用统计的观点处理大量分子的热运动，进而研究热现象的规律，这个分支叫作统计物理学。本章主要从微观的角度来研究热现象。

6.1.2　分子间相互作用与势能

分子是由带正电荷的原子核和带负电荷的电子组成的体系，所以分子间作用力本质是电磁相互作用。当分子间距离发生变化时，会对相互之间的电荷分布产生影响，反过来又影响分子间的作用力。由于在相同体系内，该作用力只与分子间距离有关，所以是保守力，因而分子间也存在具有由它们相对位置所决定的势能。其经验公式可近似表示为

$$F = \frac{a}{r^s} - \frac{b}{r^t}$$

式中，a、b 为与分子大小、形状及结构等相关的常量，(s, t) 通常分别取为 $(12, 6)$。其唯象图形见图 6-1。

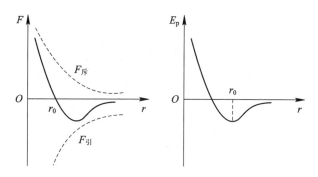

图 6-1　分子间相互作用力与势能的唯象图

由图 6-1 可见：

（1）分子间同时存在相互作用的引力与斥力；

（2）引力和斥力都随分子间距离的增大而减小，但斥力减小得更快；

（3）存在一平衡距离 $r = r_0 \approx 10^{-10}$ m，斥力与引力相等。

6.2　理想气体与实际气体

6.2.1　理想气体模型

讨论气体动理论，通常从理想气体开始。理想气体的微观模型是：

（1）同种理想气体是由大量的完全相同的分子组成的；

（2）每个分子都是没有内部结构并且体积可略去不计的刚性球体（或质点）；

（3）除碰撞的短暂瞬间外，理想气体的分子不受任何力的作用（无相互作用刚球模型）；

（4）单个分子的运动遵从牛顿力学定律。

由于一般气体分子间都有较大的间隙（通常为分子直径的 10 倍以上），分子间相互作用力因而很小。在温度不太高，压强不太大的情况下是可以近似当做理想气体来处理的。本书此后如无特别声明，气体均指理想气体。

6.2.2　平衡态

对于一个不受外界影响的系统，不论其初始状态如何，经过足够长的时间后，必将达到一个宏观性质不再随时间变化的稳定状态，这样的一个状态，称为热平衡态，简称为**平衡态**。从微观看，由于组成系统的分子永不停息的热运动，微观量随时间作迅速的变化，保持不变的只能是相应微观量的统计平均值。所以，热平衡态是一种动态平衡，称为热动平衡。就单个分子来说，它的微观量是变化频繁且幅度很大的，但对大量分子的平均值来说，在平衡态下，这些微观量却是涨落很小的"确定值"。如：

（1）平均数密度。单位体积中的分子个数叫分子数密度。当气体内部各部分之间存在密度差时，气体分子就会通过热运动形式从密度高的地方向密度低的地方扩散，一直到密度均匀，即

$$n=\frac{\Delta N}{\Delta V}=常量$$

（2）平均速率。平衡态时，气体的性质与方向无关，由于不受外力作用，对于系统来说，没有哪个方向具有某种优势。因而，每个分子无规则热运动的速度按方向的分布是完全相同的，即有

$$\overline{v_x}=\overline{v_y}=\overline{v_z}=0 \tag{6.1}$$

$$\overline{v_x^2}=\overline{v_y^2}=\overline{v_z^2}=\frac{1}{3}\overline{v^2} \tag{6.2}$$

6.2.3　宏观量的微观解析

1. 理想气体压强公式

单个气体分子对器壁的冲力是断续的，冲力的大小也偶然的，只有大量分子的无规则运动，才可以对器壁产生恒定的压强。压强既可以看作是大量分子对器壁碰撞的平均效果，也可理解为物体中通过内部假想截面 ΔS 相互作用的法向分力。一般说来，分子力和分子运动对压强都有贡献。一方面，ΔS 两侧附近的分子相互作用着；另一方面，它们可以携带着动量穿过 ΔS。总压强是这两部分效应之和。在理想气体中分子力完全被忽略，压强只由分子运动产生。下面我们从两个方面推导理想气体压强的微观表达式。

如图 6-2 所示，假设某个分子在 x 轴方向的速度分量为 v_{ix}，动量分量为 mv_{ix}，它与器壁 A_1 发生碰撞后的动量分量为 $mv_{ix}'=-mv_{ix}$；y，z 轴方向的运动状态不因这次碰撞而发生变化。碰撞前后分子的动能不变，分子的动量发生变化 $-2mv_{ix}$，这是由于器壁 A_1 作用所致。根据牛顿第三定律，分子撞击器壁 A_1 而作用于 A_1 的冲量等于 $2mv_{ix}$。这个分子在 A_1，A_2

两个器壁之间来回运动，往返一次的时间就是接连两次与 A_1 碰撞的时间间隔。因此该分子单位时间内作用于 A_1 的冲量为

$$\frac{2mv_{ix}}{\Delta t} = 2mv_{ix} \cdot \frac{v_{ix}}{2L} = \frac{mv_{ix}^2}{L}$$

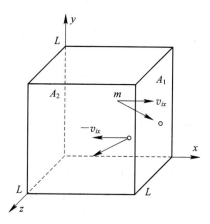

图 6-2　理想气体压强的微观解释

按定义，力是单位时间内作用的冲量。对单位时间内其他所有以不同速度与 A_1 碰撞的分子求和，即得容器中气体分子对 A_1 的作用力

$$F = \sum_{i=1}^{N} \frac{mv_{ix}^2}{L} = \frac{m}{L} \sum_{i=1}^{N} v_{ix}^2 = \frac{m}{L} N \sum_{i=1}^{N} \frac{v_{ix}^2}{N} = \frac{m}{L} N \overline{v_x^2}$$

气体对器壁的压强就是单位面积上的作用力

$$p = \frac{F}{L^2} = \frac{N}{L^3} m \overline{v_x^2} = nm \overline{v_x^2}$$

式中 $\frac{N}{L^3}$ 为容器中气体单位体积所含的分子数，即分子数密度 n。

上述结论我们也可由穿过内部假想截面的动量来推导得到。设想将气体分子按速度分组，比如说速度为 v_1 的分子有 n_1 个，速度为 v_2 的分子有 n_2 个，…

$$v_1 \quad v_2 \quad v_3 \quad \cdots \quad v_i \quad \cdots$$
$$n_1 \quad n_2 \quad n_3 \quad \cdots \quad n_i \quad \cdots$$

如图 6-3 所示，在气体内部任选一假想截面 ΔS，法向方向设为 x 轴正方向。考虑第 i 组分子，如果 $v_{ix} > 0$，则在时间 Δt 内能穿过 ΔS 的分子数为

$$n_i v_{ix} \Delta t \Delta S$$

从而传递的动量为

$$\Delta P_i = mv_{ix} \times n_i v_{ix} \Delta t \Delta S = n_i mv_{ix}^2 \Delta t \Delta S$$

如果 $v_{ix} < 0$，分子将从右边穿过截面到达左边，在时间 Δt 内能穿过 ΔS 的分子数为

$$n_i |v_{ix}| \Delta t \Delta S$$

从而传递的动量为

$$\Delta P_i = -mv_{ix} \times n_i |v_{ix}| \Delta t \Delta S = n_i mv_{ix}^2 \Delta t \Delta S$$

此时的分子是携带负的动量穿过 ΔS 的，其效果相当于沿法向有正的动量穿过。根据上面

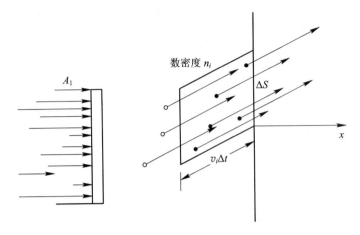

图 6-3　气体内一个假想截面上的动量穿过情况

的讨论，无论分子速度 $v_{ix} > 0$ 还是 $v_{ix} < 0$，向 ΔS 法向方向传递的动量均可表达为

$$\Delta P_i = n_i m v_{ix}^2 \Delta t \Delta S$$

由压强与动量的关系

$$p = \frac{\Delta P}{\Delta S \Delta t}$$

得第 i 组分子对压强的贡献为

$$p_i = \frac{\Delta P_i}{\Delta S \Delta t} = \frac{n_i m v_{ix}^2 \Delta t \Delta S}{\Delta S \Delta t} = n_i m v_{ix}^2$$

统计所有的分子贡献，即对 i 求和

$$p = \sum_i p_i = \sum_i n_i m v_{ix}^2 = nm \sum_i \frac{n_i v_{ix}^2}{n} = nm \, \overline{v_x^2}$$

由速度分布的各向同性，借助于式(6.2)，我们得到理想气体压强的微观表达式

$$p = \frac{1}{3} nm \, \overline{v^2} \tag{6.3}$$

它是气动理论的一个基本公式，如果用 $\overline{E_k} = \frac{1}{2} m \, \overline{v^2}$ 表示气体分子的平均平动动能，还可将上式改写为

$$p = \frac{2}{3} n \overline{E_k} \tag{6.4}$$

个别分子运动遵循力学规律，是简单的机械运动，而气体系统的热运动是大量分子的集体行为，比机械运动要复杂得多，它遵循统计规律。这是热运动和机械运动的本质区别。所谓统计规律，就是对大量的随机事件采用统计方法得到的关于事件总体的规律。

2. 温度的微观意义

比较式(6.4)与理想气体物态方程

$$pV = \nu RT, \quad p = \nu \frac{RT}{V} \tag{6.5}$$

可以得到温度与分子无规则运动能量间的关系。前一式是由统计方法得到的，后一式是由

实验方法总结出的，两式描述的是同一气体性质。故对于 1 mol 理想气体，应有

$$p = \frac{2}{3}n\overline{E}_{k} = \frac{2}{3}\frac{N_A}{V}\overline{E}_{k} = \frac{RT}{V}$$

我们得到

$$T = \frac{2}{3}\frac{N_A}{R}\overline{E}_{k} \tag{6.6}$$

此即为温度的微观表达式。可见温度与分子的平均平动动能成正比，由于分子的平均平动动能是大量分子统计平均的结果，因此统计方法得到的结论才与实验事实相符。讨论单个分子或少数几个分子的温度是没有意义。令 $k = R/N_A$，k 称为玻尔兹曼常量，$k = 1.38 \times 10^{-23}$ J/K，分子的平均平动动能可以表示为

$$\overline{E}_{k} = \frac{3}{2}kT \tag{6.7}$$

上式称为分子平均平动动能公式。

3. 基本公式的验证

1）阿伏伽德罗定律

$$p = \frac{2}{3}n\overline{E}_{k} = \frac{2}{3}n \cdot \frac{3}{2}kT = nkT = \frac{N}{V}kT$$

同温同压下，任何相同体积的理想气体都含有相同数目的分子。

2）道尔顿分压定律

有 i 种不同的理想气体，同储存在一个容器内，处于平衡态，因压强均匀一致且无宏观扩散进行，混合气体分子数密度 n 等于各种气体分子数密度之和。因温度均匀一致，各种分子的平均平动动能相等。假如混合气体压强为 p，根据压强公式有：

$$p = \frac{2}{3}n\overline{E}_{k} = \frac{2}{3}(n_1 + n_2 + n_3 + \cdots + n_i)\overline{E}_{k}$$

$$= \frac{2}{3}n_1\overline{E}_{k} + \frac{2}{3}n_2\overline{E}_{k} + \cdots + \frac{2}{3}n_i\overline{E}_{k}$$

$$= p_1 + p_2 + \cdots + p_i$$

混合气体的压强等于各组分气体的分压强之和，这就是道尔顿分压定律。

6.2.4　实际气体

1873 年范德瓦耳斯对理想气体的两条假设（忽略分子体积和忽略除碰撞外分子间的相互作用力）作了修正，得出了能描述真实气体行为的范德瓦耳斯方程。

在进行压缩时，气体体积中只是未被气体分子本身所占据的那一部分空间发生变化。范德瓦耳斯认为，在气体物态方程中可被压缩的空间，应该从气体的总体积中扣除分子因本身大小占据的空间部分，从而应对理想气体物态方程（1 mol）进行体积上的修正，得

$$p'(V_m - b) = RT$$

b 是范德瓦耳斯方程体积修正项，对不同的实际气体，b 的值不同。

真实气体分子间是有相互作用力的，且引力的作用范围较斥力作用范围大，所以可认为除了碰撞的瞬间外，分子都处在引力作用下（引力刚球模型）。范德瓦耳斯认为气体分子

运动产生动力压强，$p' = RT/(V_m - b)$。分子引力产生内压强p_i，它是具有内聚性的引力压强，这样，气体的实际压强应是 $p = p' - p_i$，于是

$$(p + p_i)(V_m - b) = RT$$

理论进一步得出 p_i 与摩尔体积V_m的平方成反比，设$p_i = \dfrac{a}{V_m^2}$，式中a为一常数，因不同气体而异。于是 1 mol 气体的范德瓦耳斯方程是

$$\left(p + \frac{a}{V_m^2}\right)(V_m - b) = RT$$

对于 ν mol 气体，范德瓦耳斯方程是

$$\left(p + \nu^2 \frac{a}{V^2}\right)(V - \nu b) = \nu RT$$

6.3　气体分子的统计分布律

单个分子运动遵循力学规律，但大量分子组成的宏观系统，则遵循一些新的规律，这些规律，本质上已不是机械运动的规律了。

6.3.1　统计的一些概念

关于骰子的例子。

在一定的试验条件下，现象 A 可能发生，也可能不发生。但在重复试验中，这个事件出现的频率(定义为出现的次数与试验总次数之比)随试验次数增大而逼近一个确定的数，这是偶然性现象中一种比较简单的形态，我们把发生了现象 A 的事件叫作随机事件 A。在重复试验次数极大时，这一事件出现的频率逼近的数称为在此条件下这一事件的概率。在一定条件下，必然发生的事件叫必然事件；不可能发生的事件叫不可能事件。显然，必然事件的概率为 1，不可能事件的概率为 0，而随机事件的概率介于 0 与 1 之间。

设在一定条件下，重复试验 N 次，其中事件 A 出现 ΔN 次，则 A 出现的频率为 $\Delta N/N$。若 $N \to \infty$ 时 $\lim\limits_{N \to \infty} \dfrac{\Delta N}{N} = P_A$，则 P_A 即在此条件下 A 出现的概率。概率体现了大量随机事件的统计规律性。

把一颗骰子投掷下去，若出现"2"，必然不能同时出现"3"。不能同时出现的随机事件，称为**互斥事件**。几个互斥事件出现其中任一事件的概率为每个事件单独出现的概率之和。

显然，投掷一颗骰子，总有一面朝上，故出现 1 至 6 中任意哪个数，是必然会发生的事件，它的概率是这些互斥事件概率之和：$\dfrac{1}{6} + \dfrac{1}{6} + \dfrac{1}{6} + \dfrac{1}{6} + \dfrac{1}{6} + \dfrac{1}{6} = 1$，这叫概率的归一化条件。

若把一颗骰子掷两次，每次都得到"2"的概率是：第一次出现"2"的概率是$\dfrac{1}{6}$，第二次出现"2"的概率还是$\dfrac{1}{6}$，并不受第一次结果的影响，故两次都出现"2"的概率是$\dfrac{1}{6} \times \dfrac{1}{6} = \dfrac{1}{36}$。

用两颗骰子同时投掷一次，出现两个"2"的概率也是 $\frac{1}{36}$ 。这种互不影响的事件称为**独立事件**。几个独立事件同时发生的概率，等于各独立事件的概率之积。

6.3.2　统计规律性

大量随机事件的集合中出现的规律性叫统计规律性。如图 6-4 所示，为伽尔顿实验示意图，在一块竖直放置的光滑平板上错落而有规则地钉上很多铁钉，平板下部用竖直隔板分成 m 个等距的狭槽，顶部装一漏斗。实验时，让大小均匀的小球一个接一个从漏斗中滑下，球在下落过程中在铁钉间穿梭，最后落入某个槽中。究竟落入哪个槽完全是随机的，但当滑下的小球数目 N 很大时，就出现了如图 6-4 所示的一个确定的分布。

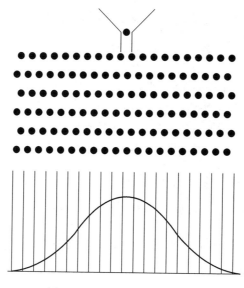

图 6-4　伽尔顿板实验示意图

投入 N 个小球其中落入第 i 个槽的小球的频率为 $\Delta N_i/N$。当 N 极大时

$$\lim_{N\to\infty}\frac{\Delta N_i}{N} = P_i$$

P_i 为投一个球落入第 i 个槽的概率。一个小球落入不同的槽是互斥事件，由概率之和求得

$$\sum_{i=1}^{m} P_i = \lim_{N\to\infty}\sum_{i=1}^{m}\frac{\Delta N_i}{N} = 1$$

这是伽尔顿板小球落入狭槽概率的归一化条件。

由以上事例，我们可以看出统计规律有以下特点：

（1）它是大量随机事件的集体表现，事件数量越多，规律性越稳定明显；

（2）随着事件数量增加，频率趋向于确定的概率（概率是统计规律的主要特征）。

6.3.3　统计平均值与涨落

假如投掷骰子 1000 次，采用加权平均法求得平均值

$$\frac{1\times N_1 + 2\times N_2 + 3\times N_3 + 4\times N_4 + 5\times N_5 + 6\times N_6}{1000} = \frac{\sum\limits_{i=1}^{6} iN_i}{\sum\limits_{i=1}^{6} N_i}$$

式中的 N_i 就是加权平均的权重，即出现 i 的次数，上式可改写成

$$\frac{\sum\limits_{i=1}^{6} iN_i}{\sum\limits_{i=1}^{6} N_i} = \frac{\sum\limits_{i=1}^{6} iN_i}{N} = \sum_{i=1}^{6} i\frac{N_i}{N}$$

$\frac{N_i}{N}$ 为出现 i 的频率。当投掷次数 $N \to \infty$ 时，$\frac{N_i}{N} \to P_i$，P_i 是出现数 i 的概率。对于投掷骰子，设它完全均匀对称，由等概率原理 $P_i = \frac{1}{6}$ 容易算出

$$\sum_{i=1}^{6} iP_i = \frac{1}{6}\sum_{i=1}^{6} i = \frac{21}{6} = 3.5$$

当投掷次数过少时（例如 10 次），用此法求得的平均值和实际平均值有较大的偏差，随着投掷次数 N 的增加，实际平均值越来越接近于 3.5，当 $N \to \infty$ 时实际平均值等于 3.5，这种用加权平均并令 $N \to \infty$ 求出的平均值叫统计平均值。

若随机物理量 Q 是离散的，在 ΔN_1 个事件中取值 Q_1，在 ΔN_2 个事件中取值 Q_2，…，在 ΔN_i 个事件中取值 Q_i，…，在 N_m 个事件中取值 Q_m，总事件数 $N = \sum\limits_{i=1}^{m} \Delta N_i$，有 $\lim\limits_{N\to\infty} \frac{\Delta N_i}{N} = P_i$，$P_i$ 就是 Q 取值为 Q_i 的概率，所以 Q 的统计平均值

$$\overline{Q} = \lim_{N\to\infty} \sum_{i=1}^{m} Q_i \frac{\Delta N_i}{N} = \sum_{i=1}^{m} Q_i P_i$$

假如物理量 Q 是连续变化的，则

$$\overline{Q} = \int_{N\to\infty} Q\frac{\mathrm{d}N}{N} = \int Q\mathrm{d}P$$

物理量单次测量结果与其相应的统计平均值的偏差，称为**涨落**。涨落现象是极为普遍的，如物质密度、电路中的电流等。

6.3.4 气体分子速率分布规律

1. 麦克斯韦速率分布律

在 19 世纪上半叶，人们以为气体中的分子不断碰撞的结果会使得分子速率趋于一致，宏观上就好像不同温度的气体混合后温度变得均匀一样。但是弹性碰撞并不保证导致速率的平均化。1859 年麦克斯韦用概率论的方法得到了平衡态气体分子速率的分布律：

在处于平衡态的由 N 个分子组成的气体中，分布在任一速率区间 $v\sim v+\mathrm{d}v$ 内的分子数 $\mathrm{d}N$ 所占比例为

$$\frac{\mathrm{d}N}{N} = 4\pi\left(\frac{m}{2\pi kT}\right)^{\frac{3}{2}} v^2 \mathrm{e}^{-\frac{mv^2}{2kT}} \mathrm{d}v \tag{6.8}$$

式中，m 为气体分子的质量，T 为气体的温度，此式称为**麦克斯韦速率分布律**。可将上式写

成

$$\frac{\mathrm{d}N}{N} = f(v)\mathrm{d}v, \quad f(v) = 4\pi\left(\frac{m}{2\pi kT}\right)^{\frac{3}{2}} v^2 \mathrm{e}^{-\frac{mv^2}{2\pi kT}} \tag{6.9}$$

在坐标系中绘出的 $f(v)$-v 图线叫作分子速率的分布曲线，如图 6 - 5 所示。可见一些明显的统计分布特点：

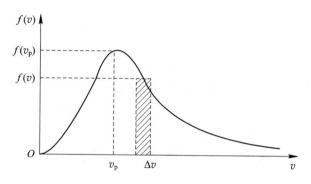

图 6 - 5 　麦克斯韦分子速率分布曲线

（1）"中间大，两头小"。在相同速率区间内速率很小和速率很大的分子数所占比例都很小。

（2）分布函数在一个极大值 $f(v_\mathrm{p})$，与此相对应速率 v_p 称为最概然速率。它可以通过对分布函数求导，再令其为零求出：

$$v_\mathrm{p} = \sqrt{\frac{2kT}{m}} \tag{6.10}$$

2. 气体分子的三种统计速率

我们不可能，也没必要像机械运动那样去研究每一个分子的运动。分子的各种统计速率才是至关重要的。

（1）最概然速率 v_p。它反映了速率分布的基本特征。在什么速率位置，分子数占比最大。

$$v_\mathrm{p} = \sqrt{\frac{2kT}{m}} = \sqrt{\frac{2RT}{M}} \approx 1.41\sqrt{\frac{RT}{M}} \tag{6.11}$$

（2）平均速率 $\overline{v}$。它是全部分子的速率总和，除以分子总数所得的平均值。反映了分子运动整体的剧烈程度。

$$\overline{v} = \int_0^\infty v\,\frac{\mathrm{d}N_v}{N} = \int_0^\infty v f(v)\mathrm{d}v$$

$$= \int_0^\infty 4\pi\left(\frac{m}{2\pi kT}\right)^{\frac{3}{2}} v^3 \mathrm{e}^{-\frac{mv^2}{2kT}}\,\mathrm{d}v$$

$$= \sqrt{\frac{8kT}{\pi m}} = \sqrt{\frac{8RT}{\pi m}} \approx 1.60\sqrt{\frac{RT}{M}} \tag{6.12}$$

上述积分用到了以下公式

$$f(n) = \int_0^\infty v^n \mathrm{e}^{-bv^2}\,\mathrm{d}v$$

当 $n=0$，1，2，4 时

$$f(0)=\frac{1}{2}\sqrt{\frac{\pi}{b}},\ f(1)=\frac{1}{2b},\ f(2)=\frac{1}{4}\sqrt{\frac{\pi}{b^3}},\ f(3)=\frac{1}{2b^3},\ f(4)=\frac{3}{8}\sqrt{\frac{\pi}{b^5}}$$

若 n 为偶数，则

$$\int_{-\infty}^{\infty} v^n \mathrm{e}^{-bv^2} = 2f(n)$$

若 n 为奇数，则

$$\int_{-\infty}^{\infty} v^n \mathrm{e}^{-bv^2} = 0$$

（3）方均根速率 $v_r=\sqrt{\overline{v^2}}$。速率平方的平均值的平方根。

$$\overline{v^2}=\int_0^{\infty} v^2 f(v)\mathrm{d}v=\frac{3kT}{m}=\frac{3RT}{M}$$

$$v_r=\sqrt{\frac{3RT}{M}}\approx 1.73\sqrt{\frac{RT}{M}} \tag{6.13}$$

3. 玻耳兹曼分布律

在不考虑外力场作用时，处于平衡态的气体各部分温度和压强都相等，因此，气体分子是均匀分布的。讨论大气分子在空间的分布就不能忽略重力场的作用，它们自下而上，由密到疏。

设平衡气体的压强随高度变化的函数关系为 $p=p(z)$，如图 6-6 所示，在气体中取一柱体，其上下端面水平，面积为 ΔS，柱体的高为 $\mathrm{d}z$。此气柱上下端面所受的压力分别为 $(p-\mathrm{d}p)\Delta S$ 和 $p\Delta S$，二者之差与气柱所受重力 $nmg\mathrm{d}z\Delta S$ 平衡：

$$\mathrm{d}p\Delta S=-nmg\,\mathrm{d}z\Delta S$$

或

$$\frac{\mathrm{d}p}{\mathrm{d}z}=-nmg$$

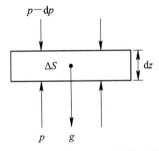

图 6-6　重力场中的气体压强

由 $p=nkT$，热平衡气体是等温的，T 不随高度 z 改变，故

$$\frac{\mathrm{d}n}{\mathrm{d}z}=-\frac{nmg}{kT}$$

或

$$\frac{\mathrm{d}n}{n}=-\frac{mg}{kT}\mathrm{d}z$$

取某个地点(譬如地面)的高度为 $z=0$，令该处的 $n=n_0$，对上式积分后得

$$\ln \frac{n}{n_0} = -\frac{mgz}{kT}$$

或

$$n(z) = n_0 \mathrm{e}^{-\frac{mgz}{kT}}$$

若用压强 $p = nkT$ 来表示，则有

$$p(z) = p_0 \mathrm{e}^{-\frac{mgz}{kT}} \tag{6.14}$$

此式即为**等温气压公式。**

　　上面我们讨论了气体分子在重力场中的分布，mgz 是气体分子的重力势能，将 mgz 代之以粒子在任意保守力场中的势能 E_p，就可将该式推广到任意势场：

$$n = n_0 \mathrm{e}^{-\frac{E_\mathrm{p}}{kT}} \tag{6.15}$$

这就是**玻尔兹曼分布律。**

　　麦克斯韦速率分布律描绘了分子在速度空间的分布，其中指数上的 $\frac{1}{2}mv^2 = E_\mathrm{k}$ 是分子的动能：

$$f_M(v) = \left(\frac{m}{2\pi kT}\right)^{\frac{3}{2}} \mathrm{e}^{-\frac{E_\mathrm{k}}{kT}}$$

　　玻尔兹曼分布律描绘了分子在位形空间(configuration space)的分布，指数上的项是分子的势能

$$n_B(r) = n_0 \mathrm{e}^{-\frac{E_\mathrm{p}}{kT}}$$

　　力学里把速度和位置合起来称作"运动状态"，或者"相"，在统计物理学里把速度空间与位形空间合起来，叫作相空间(phase space)。由于两个分布相互独立，以上两个分布可以乘起来，组成分子在相空间的分布

$$f_{MB}(r,v) = n_B(r)f_M(v) = n_0 \left(\frac{m}{2\pi kT}\right)^{\frac{3}{2}} \mathrm{e}^{-\frac{E}{kT}} \tag{6.16}$$

式中，$E = E_\mathrm{k} + E_\mathrm{p}$ 为分子的总能量。$f_{MB}(r,v)$ 称为麦克斯韦-玻尔兹曼能量分布律，简称 MB 分布。

6.3.5　能量均分定理

　　分子的总能量包括了分子运动的各种形态的能量，要研究分子运动能量的分配，必须分析分子的运动状态，为此先引入物体运动的自由度(degree of freedom)概念。

　　所谓物体的自由度，是指物体运动的自由程度，它是确定物体在空间的位置所需要的独立坐标。决定物体空间位置的独立坐标的个数越多，自由度数也越大，运动就越复杂。

　　质点不存在转动，最多只有三个平动自由度。刚体运动是平动和转动的复合，因此，除了有确定质心位置的三个平动自由度外，还有绕质心转动的自由度，其中决定转轴方位需两个独立坐标；确定刚体对转轴的转动要一个独立坐标，所以刚体共有六个自由度。粗细可忽略的刚性棒，绕自身轴线的转动就无意义，只需确定棒的方向即可，只有五个自由度。绕定轴转动的刚体，仅一个自由度。

　　单原子分子,如氧、氖、氩等,同自由质点类似,有三个平动自由度。双原子分子,如氢、氧、氮等,看作是两个质点由一个键连接起来的线状分子,一般当作刚性分子,有三个平动自由度和两个转动自由度。刚性双原子分子有五个自由度。非刚性双原子分子还有一个振动自由度。

　　一般说来,n 个原子组成的分子,在空间最多有 $3n$ 个自由度,其中有 3 个平动自由度,最多有 3 个转动自由度和 $3n-6$ 个振动自由度。

　　前面我们阐述气体平衡态时,分子的质心沿各个方向平动的机会均等,沿三个坐标轴方向的分运动彼此独立,其速度分量的关系是

$$\overline{v_x^2} = \overline{v_y^2} = \overline{v_z^2} = \frac{1}{3}\,\overline{v^2}$$

与三个平动自由度相对应,每个平动自由度的平均动能为

$$\frac{1}{2}\,\overline{v_x^2} = \frac{1}{2}\,\overline{v_y^2} = \frac{1}{2}\,\overline{v_z^2} = \frac{1}{3}\left(\frac{1}{2}\,\overline{v^2}\right) = \frac{1}{3}\left(\frac{3}{2}kT\right) = \frac{1}{2}kT$$

　　分子运动的无规则性,不仅体现在平动上,还体现在运动形态的转移上,分子通过碰撞,使平动、转动和振动的能量相互转化。假设各种运动自由度是没有区别的,都应平均分配到相同的动能,把上述结论推广到转动、振动自由度,可以得出:气体系统处于平衡状态,其分子每个自由度平均地都分配到 $\frac{1}{2}kT$ 的动能。

　　分子运动的平均总动能为

$$\overline{E_k} = \frac{1}{2}(t + r + s)kT$$

其中 t、r、s 分别代表平动,转动和振动的自由度。在温度恒定时,分子的平均总动能由它的自由度决定。

　　分子内原子振幅不大,可以看作是简谐振动,在力学中已学过,简谐振动的动能平均值和势能的平均值相等,故分子内原子振动时,每个振动自由度不仅有 $\frac{1}{2}kT$ 的平均振动动能还应有 $\frac{1}{2}kT$ 的平均振动势能。故每个振动自由度应平均分配到能量 kT。

　　上述结论可推广适用于液体和固体情况,称为**能量按自由度均分定理**,其表述为:**处于平衡态时,分子的每个振动自由度都具有相同的平均动能 $\frac{1}{2}kT$,每个振动自由度还有平均势能 $\frac{1}{2}kT$。**

　　根据能量按自由度均分定理,自由场中分子平均总能量为

$$\overline{E} = \frac{1}{2}(t + r + 2s)kT = \frac{i}{2}kT$$

i 是分子总的自由度。这是又一个统计规律。

6.3.6　内能和热容

　　物体内所有分子的动能与相互作用势能之和称为物体的内能。分子动能包括平动、转

动和分子内原子的振动动能。分子间势能由分子间相互作用引起，取决于分子之间的距离。由于理想气体的分子之间没有相互作用势能，所以，理想气体的内能就是气体所含全部分子自身各种运动形态的能量总和

$$U = N\overline{E} = \frac{m}{M}N_A \cdot \frac{1}{2}(t + r + 2s)kT = \frac{m}{M}\frac{i}{2}RT$$

任何物体都可以通过吸收或放出热量使自身的温度发生变化。同样的热量所引起的温度变化反映了物体应对热量或贮存热量的能力，称为物体的热容，即物体应对单位温度改变所引起的热量变化量

$$C = \frac{\Delta Q}{\Delta T}$$

热容必须针对每一个具体的物体。因为即使对同种物质，质量越大，热容也越大。物质单位质量的热容叫作比热容

$$c = \frac{C}{\Delta M} = \frac{\Delta Q}{\Delta M \Delta T}$$

比热容反映了不同材料在应对相同热量交换过程中的温度变化情况。由于热量传递是一个过程量，所以热容还和过程有关。1 mol 物质在体积保持不变的条件下，每升高或降低 1 K 所需的热量叫作摩尔定容热容。在等容过程中气体的体积不变，不对外做功，所以气体吸收的热量全部用来增加内能，所以理想气体的摩尔定容热容可表示为

$$V_{v,m} = \frac{(\mathrm{d}Q)_v}{\mathrm{d}T} = \frac{\mathrm{d}U}{\mathrm{d}T} = \frac{1}{2}iR$$

6.4　分子运动模型

前面讨论是处于平衡态的系统，实际上常见到由非平衡态向平衡态的自发过程：传热、扩散以及层流等统称为输运过程。它们分别在系统内宏观地输运能量（热）、组分质量和定向动量。而所有这些宏观量的输运过程都是通过气体内部分子间的频繁碰撞实现的。

6.4.1　碰撞模型

下面我们先来简单介绍分子碰撞模型。如图 6 - 7 所示，假设分子间相互作用的有效距离为 d，则当分子 A 从远处向分子 B 运动而来时，只要 B 分子到 A 分子运动方向的垂直距离 b（称为瞄准距离）小于 d，A 与 B 就会发生碰撞。以分子中心为圆心，以两分子有效作用距离 d 为半径的一个圆的面积称为碰撞截面，即碰撞截面 $\sigma = \pi d^2$。

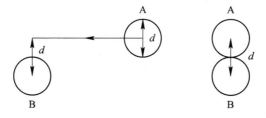

图 6 - 7　分子碰撞模型

6.4.2　自由程与碰撞频率

分子之间的碰撞是短程的排斥力在起作用，若不考虑碰撞的细节，可把分子看成具有一定直径的弹性球，认为只有当两球接触时才有相互作用。这样，分子在相继两次碰撞之间依惯性做匀速直线运动，其间所经过的路程，称为自由程，记作 λ。自由程 λ 与分子的速率 v 等因素有关，时长时短，各不相同，在宏观上它只具有统计意义，取它的平均值，就叫作**平均自由程** $\bar{\lambda}$。

另一个与分子碰撞相联系的概念是**碰撞频率**，它代表每个分子在单位时间内与其他分子碰撞的次数。显然，碰撞频率在宏观上也只具有统计意义，我们应取它的平均值 $\bar{Z}$，它的倒数代表分子的平均飞行时间 $\bar{\tau}$，有

$$\bar{\lambda} = \bar{v}\,\bar{\tau} = \frac{\bar{v}}{\bar{Z}}$$

分子的平均自由程和碰撞频率是由气体的性质和状态决定的，下面研究它们与哪些因素有关。如图 6-8 所示，为了确定 $\bar{Z}$，我们设想跟踪一个分子，比如说分子 A，数一数它在一段时间 t 内与多少个分子相碰。对于碰撞过程来说，重要的是分子间的相对运动。所以为了简单起见，我们认为其他分子都静止不动，分子 A 以平均相对速率 $\bar{u}$ 运动。

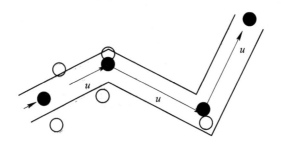

图 6-8　分子运动模型

在分子 A 行进的过程中，显然只有中心与 A 的中心之间相距小于或等于两分子半径之和，即一个分子直径的那些分子才可能与 A 相碰。因此可设想以分子 A 的中心运动的轨迹为轴线，以分子的直径 d 为半径作一个曲折的圆柱体，凡是中心在此圆柱体内的分子都会与 A 相碰，其余分子都不与 A 相碰。

圆柱体的截面积 $\sigma = \pi d^2$，即分子的碰撞截面。在时间 t 内分子走过路程 $\bar{u}t$，相应圆柱体的体积为 $\sigma\bar{u}t$。若以 n 代表单位体积内分子数，即分子数密度，则在此圆柱体内的分子数，亦即 A 与其他分子的碰撞次数为 $n\sigma\bar{u}t$，于是碰撞频率为

$$\bar{Z} = \frac{n\sigma\bar{u}t}{t} = n\sigma\bar{u}$$

从而平均自由程为

$$\bar{\lambda} = \frac{\bar{v}}{n\sigma\bar{u}}$$

剩下的问题就是求 $\bar{v}$ 和 $\bar{u}$ 之比。

如图 6-9 所示，设相互碰撞的两分子的速度分别为 $\boldsymbol{v}_1$ 和 $\boldsymbol{v}_2$，其间夹角为 θ。相对速度 $\boldsymbol{u}$

等于两者矢量差：$\boldsymbol{u}=\boldsymbol{v}_1-\boldsymbol{v}_2$，按三角关系，有

$$u^2 = v_1^2 + v_2^2 - 2v_1 v_2 \cos\theta$$

取统计平均值：

$$\overline{u^2} = \overline{v_1^2} + \overline{v_2^2} - 2\,\overline{v_1 v_2 \cos\theta}$$

因 $\overline{v_1^2}=\overline{v_2^2}=\overline{v^2}$，$\overline{v_1 v_2 \cos\theta}=0$（两分子运动方向是随机的），得 $\overline{u_2}=2\,\overline{v^2}$，即

$$\frac{\sqrt{\overline{v^2}}}{\sqrt{\overline{u^2}}} = \frac{\overline{v}}{\overline{u}} = \frac{1}{\sqrt{2}}$$

于是平均自由程公式化为

$$\lambda = \frac{1}{\sqrt{2}n\sigma} = \frac{1}{\sqrt{2}n\pi d^2}$$

此式首先由麦克斯韦给出，可称为麦克斯韦平均自由程公式。

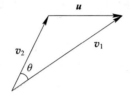

图 6-9 分子运动的相对速度

第7章　热　力　学

7.1　热力学过程

当热力学系统的状态随时间变化时，我们就说系统经历了一个**热力学过程**。设系统原来处于一个平衡态，外界的影响破坏了它，在新的外界条件下，经过一定的时间又达到一个新和平衡态。由一个平衡态的破坏到一个邻近的新的平衡态的建立所需的时间叫作**弛豫时间**。

系统从某一平衡态开始，经过一系列变化后到达另一平衡态，如果这过程中所经历的状态全都可以近似地看作平衡态，则这样的过程叫作**准静态过程**，也叫作平衡过程。如果中间状态为非平衡态，这样的过程称为**非静态过程**。一个热力学过程能否看作准静态过程需由具体情况来确定。总的来说，如果外界条件变化所需时间比系统弛豫时间长得多，那么在外界条件变化的时间内，系统有充足的时间达到平衡态。这样的过程就可近似看作准静态过程。

7.1.1　准静态过程的功和热

本章研究的过程，除指明为非静态过程外，都是准静态过程。对于一定量的气体来讲，状态参量 p、V、T 中只有两个是独立的，所以给定任意两个参量的值，就确定了一个平衡态。因而 p-V 图线上的一个点可用来代表一个平衡态，一条连续曲线就代表一个准静态过程，下面我们先来求准静态过程的功。

1. 气体体积变化时的功

如图 7-1 所示，当活塞压缩气体而移动一微小距离 $\mathrm{d}l$ 时，外界对活塞所做的元功为

$$\mathrm{d}W' = p_e S \mathrm{d}l = -p_e \mathrm{d}V$$

对无摩擦的准静态过程，$p = p_e$，则

$$\mathrm{d}W' = -p\mathrm{d}V$$

系统对外界做功为

$$\mathrm{d}W = p\mathrm{d}V$$

图 7-1　气体体积变化时的功

如果系统的状态以其他参量表示时，功的表示式也随之不同。例如，使用化学电源提供电流时，以电源为热力学系统，系统对外界做功 $\mathrm{d}W = -\varepsilon \mathrm{d}q$。在讨论液体的表面现象时，外力的功为 $\mathrm{d}W' = \alpha \mathrm{d}S$。如果元功用 $\mathrm{d}W = Y\mathrm{d}y$ 来表示，如 $p\mathrm{d}V$、$F\mathrm{d}l$、$\alpha \mathrm{d}S$、$E\mathrm{d}q$ 等，则称 Y 为广义力，y 为广义位移，$\mathrm{d}W = Y\mathrm{d}y$ 为**广义功**。

如图 7-2 所示，系统经过一个有限的准静态过程，体积由 V_1 变为 V_2，系统对外界所

做的功可通过

$$W = \int_{V_1}^{V_2} p \mathrm{d}V$$

计算。在 p-V 图中，这一功的几何意义是曲线下的面积。

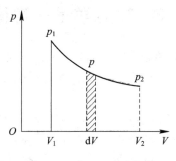

图 7-2   由 p-V 图求功

特别指出：功是一个过程量，只给定初态和终态，并不能确定过程的功，经过不同过程，功的数值不同。

2. 热量

我们已经知道，焦耳的工作证实了一定量的功在使一系统的平衡态发生确定的变化上所起的作用是和一定的热量相当的。根据焦耳的热功当量实验得出

$$1 \text{ cal} = 4.18 \text{ J}$$

传热和做功在能量的改变上是等效的，但又有很大的区别。做功通常涉及能量形式的转化，而传热只是能量的转移。

在知道物质的热容或比热的情况下，可以用热容量法来计算准静态过程中的热量变化：

$$\mathrm{d}Q = \nu C_m \mathrm{d}T \quad （\nu，摩尔数；C_m，摩尔热容）$$

$$\mathrm{d}Q = Mc\mathrm{d}T \quad （M，质量；c，比热容）$$

7.1.2   内能

焦耳做过的大量实验表明：在各种不同的绝热过程中（即系统没有和外界进行热传递的过程），不论采取何种做功的方式，使系统的状态从一确定的平衡态 1 改变到另一确定的平衡态 2，实验测得功的数值都相同，也就是说，所做的功与实施绝热过程的方式无关，而由平衡状态 1 和平衡状态 2 完全决定。

在绝热过程中，系统做功只决定于初态与终态，而与具体方式的选择无关。事实证明：每一状态都存在一个由状态本身决定的物理量，而上述功等于这个物理量的变化量

$$E_2 - E_1 = W'_a$$

这个物理量叫作系统的内能，内能就是系统内的能量。实践表明，要改变一个热力学系统的状态，也即改变它的内能，可通过做功和传热两种方式。功和热都是与过程相关的，我们不能说系统某个平衡状态有多少功或有多少热，但可以说该平衡状态有多少内能。

从微观上看，热力学系统由大量的分子、原子或其他粒子组成，这些粒子在做永不停歇的无规则热运动，且粒子之间还存在与它们彼此距离相关的相互作用。那么组成热力学

系统的微观粒子的动能和势能之和决定了系统的内能，改变粒子间的平均相对距离意味着体积的变化，分子运动的剧烈程度与温度有关。前一章的讨论中，提到理想气体的内能只由温度决定，这是因为分子间没有相互作用的势能导致的。

7.2　热力学第一定律

在一般情况下，系统与外界并未绝热隔离，它们之间的相互作用可有做功和热传递两种方式。设经过某一过程，外界对系统做功 W'，同时有热量 Q 传入系统，系统从平衡态 1 变为平衡态 2，则

$$E_2 - E_1 = Q + W' \quad 或 \quad E_2 - E_1 = Q - W$$

$Q > 0$ 表示系统吸热，$Q < 0$ 表示系统放热。对于微小过程

$$dE = dQ + dW' \quad 或 \quad dE = dQ - dW$$

上述数学表达式即为热力学第一定律。

热力学第一定律表述为：系统内能的改变等于它吸收的热量和外界对系统所做的功之和；或系统吸收的热量一部分用来对外做功，一部分用来增加系统的内能。

热力学第一定律是能量守恒定律在涉及热现象宏观过程中的具体表述。因此，热力学第一定律也可表述为：第一类永动机是不可能造成的。

7.2.1　理想气体的内能

焦耳于 1845 年为了探讨气体内能的性质，对多种气体进行了气体向真空膨胀的实验——气体的自由膨胀过程。

如图 7-3 所示，两个相通的容器 A 和 B，以开关 C 隔开，A 中充满气体，B 抽成真空。整个装置浸没在水槽中，由温度计测水的温度。当 C 突然打开时，A 中气体向 B 扩散，实现自由膨胀过程，如果气体膨胀后温度变化，则可通过水温的变化观察到，实验结果表明气体的温度没有变化。

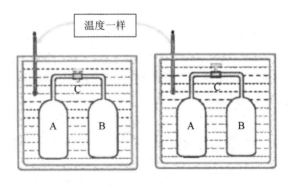

图 7-3　气体向真空自由膨胀实验

气体由 A 冲入 B，由于 B 中原为真空，因此气体的整体不对外做功，$W = 0$；实验又测得水温未变，说明气体与水（外界）无热量交换，$Q = 0$。由热力学第一定律可得 $E_2 = E_1$。实

验证明，虽然气体的体积变了，但内能不变，即内能只是温度的函数而与体积无关。即 $E = E(T)$，它被称为焦耳定律。

至此，我们可以给出理想气体的完整定义：严格遵守 $pV = \nu RT$ 和 $E = E(T)$ 的气体称为理想气体。此处 T 为理想气体温标指示的温度。

焦耳-汤姆孙效应

实际气体的分子间存在相互作用力，气体膨胀，分子间距离增大，将导致势能变化，所以气体内能除和温度有关外还应与体积有关，即 $E = E(T, V)$。1852 年焦耳和汤姆孙做的多孔塞实验就证实了这一点。

焦耳实验使用的气体接近理想气体，但仍还是实际气体。由于水的热容比气体热容大得多，气体膨胀时即使温度有微小的变化也不容易由温度计测出。后来，改进的焦耳-汤姆孙实验将气体的一次性膨胀改为连续膨胀。

如图 7-4 所示，在一个绝热良好的管子 L 中，装置一个由多孔物质做成的塞子 H，多孔塞对气体有较阻滞作用，使气体不容易很快通过它，因而形成一个稳定的流动，在两边维持一定的压强差。多孔塞左边维持较高的压强 p_1，右边为较低的压强 p_2，用温度计测量两边的温度 T_1 和 T_2。这种在绝热条件下气体从恒定的高压经过多孔塞有节制地转变到恒定的低压的膨胀过程叫作绝热节流膨胀过程，简称节流过程。

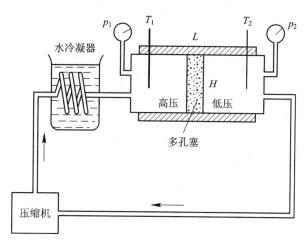

图 7-4 焦耳-汤姆孙实验

如图 7-5 所示，设有一定量的高压气体通过多孔塞，左边参量为 p_1、T_1、V_1，通过多孔塞后，参量变为 p_2、T_2、V_2。外界做功为

$$W = p_1 V_1 - p_2 V_2$$

因为绝热过程 $\Delta Q = 0$，于是

$$\Delta E = E_2 - E_1 = p_1 V_1 - p_2 V_2$$

对于理想气体，$\Delta E = \nu C_{V,m} \Delta T$，$pV = \nu RT$，故有

$$C_{V,m} \Delta T = R(T_1 - T_2) = -R \Delta T$$

即

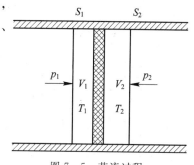

图 7-5 节流过程

$$(C_{V,m}+R)\Delta T=0$$

于是

$$\Delta T=0$$

说明理想气体在节流过程前后温度不变，但实验表明实际气体经节流过程后温度可以升高也可以降低。一般气体如氮气、氧气、空气等，在常温下节流后温度降低，称为**焦-汤制冷效应**；但对于氦和氢等气体，在常温下节流后温度反而升高，称为**焦-汤制温效应**。但是当温度低于 205 K 时，氢气节流膨胀后温度也将降低。实验证明，任何气体在小于某一特征压强的任一个压强下，都有一个特定的温度，叫作该压强下的上转换温度。在这压强下，若气体温度高于该温度，则有致温效应；否则有致冷效应。

焦耳-汤姆孙实验说明，实际气体不能看成理想气体，其内能不仅是温度的函数，而且是体积的函数。

7.2.2 热容

在一定过程中，当物体的温度升高 1 K 时所吸收的热量称为这个物体在该给定过程中的热容。若过程中物体的体积不变，则为定容热容；而对等压过程，则为定压热容。

$$C=\lim_{\Delta T \to 0}\frac{\Delta Q}{\Delta T}=\frac{dQ}{dT}$$

$$C_V=\left(\frac{\partial E}{\partial T}\right)_V$$

$$C_p=\left(\frac{dQ}{dT}\right)_p=\left[\frac{\partial(E+pV)}{\partial T}\right]_p$$

1. 气体的摩尔热容

以 1 mol 物质作为热力学系统，它的热容叫作摩尔热容。表 7-1 列出了实验测得的一些常见气体定压、定容摩尔热容的值。

表 7-1 一些常见气体定压、定容摩尔热容的实验值

分子类型	气体种类	$C_{p,m}$	$C_{V,m}$	$C_{p,m}-C_{V,m}$	$\gamma=\dfrac{C_{p,m}}{C_{V,m}}$
单原子	He	20.9	12.5	8.4	1.67
	Ar	21.2	12.5	8.7	1.70
双原子	H_2	28.8	20.7	8.1	1.39
	N_2	28.6	20.8	7.8	1.38
	CO	29.3	21.2	8.1	1.38
	O_2	28.9	20.9	8.0	1.38
三原子及以上	H_2O	36.2	27.8	8.4	1.30
	CH_4	35.6	27.3	8.3	1.30
	$CHCl_3$	72.0	63.6	8.4	1.13
	C_2H_5OH	87.5	79.1	8.4	1.11

从表中可看出：

（1）单原子分子气体 $C_{p,m} \approx 21\ \text{J} \cdot \text{mol}^{-1} \cdot \text{K}^{-1}$，$C_{V,m} \approx 12.5\ \text{J} \cdot \text{mol}^{-1} \cdot \text{K}^{-1}$；双原子分子气体 $C_{p,m} \approx 29\ \text{J} \cdot \text{mol}^{-1} \cdot \text{K}^{-1}$，$C_{V,m} \approx 21\ \text{J} \cdot \text{mol}^{-1} \cdot \text{K}^{-1}$，三原子以上的分子组成的气体，分子结构复杂，以上共性不存在。

（2）单原子分子气体 $\gamma = C_{p,m}/C_{V,m} \approx 5/3$，叫作气体的热容比；双原子分子这一数值大约为 $7/5$。

（3）不论是简单的分子或是复杂的分子，都有

$$C_{p,m} - C_{V,m} \approx 8.3\ \text{J} \cdot \text{mol}^{-1} \cdot \text{K}^{-1}$$

（4）撇开具体气体的特性，可以认为，对于理想气体，单原子型 $C_{p,m} = \dfrac{5}{2}R$，$C_{V,m} = \dfrac{3}{2}R$，$\gamma = \dfrac{5}{3}$；双原子型（包括空气）$C_{p,m} = \dfrac{7}{2}R$，$C_{V,m} = \dfrac{5}{2}R$，$\gamma = \dfrac{7}{5}$。

2. 迈耶公式

对于理想气体，内能 $E = E(T)$，其摩尔定容热容和摩尔定压热容可表示为

$$C_{V,m} = \frac{\mathrm{d}E}{\mathrm{d}T}$$

$$C_{p,m} = \frac{\mathrm{d}E}{\mathrm{d}T} + p\left(\frac{\partial V_m}{\partial T}\right)_p$$

对于 1 mol 理想气体有

$$V_m = \frac{RT}{p}, \quad \left(\frac{\partial V_m}{\partial T}\right)_p = \frac{R}{p}$$

代入前式得

$$C_{p,m} = C_{V,m} + R$$

即为迈耶公式。

7.2.3 热力学第一定律应用于理想气体

理想气体是热学里最简单的模型，因为它有状态方程 $pV = \nu RT$ 和内能 $E = E(T)$ 与体积无关的简单性质。理想气体也是热学里最重要的模型，因为它的所有热学性质都可以具体地推导出来。有了这样一个具体的例子，对我们理解和思考热学的一般问题，对处理实际气体都大有帮助。下面我们把热力学第一定律运用到理想气体这个模型上，推导出各种热力学过程中状态参量之间的关系（过程方程）、做功和热传递的情况等。最常用的过程有等容过程，等压过程、等温过程、绝热过程。

如图 7-6 所示，等容与等压过程在 p-V 图上都表示为一条直线。等容过程中，由于外界做功为零，外界传入的热量全部用来增加系统的内能。于是有

$$Q = E_2 - E_1 = \nu C_{V,m}(T_2 - T_1)$$

在等压过程中，系统对外做功

$$W = \int_{V_1}^{V_2} p\,\mathrm{d}V = p(V_2 - V_1)$$

$$Q = E_2 - E_1 + W = \nu C_{V,m}(T_2 - T_1) + p(V_2 - V_1)$$
$$= \nu C_{V,m}(T_2 - T_1) + \nu R(T_2 - T_1)$$
$$= \nu C_{p,m}(T_2 - T_1)$$

理想气体在**等温过程**中遵从关系式:

$$pV = 常数$$

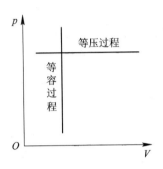

图 7-6 等容与等压过程

所以每一等温过程在 p-V 图上对应一条双曲线,称为等温线。

因为理想气体的内能只与温度有关,所以理想气体在等温过程中内能不变,吸收的热量将全部用来对外做功

$$Q = W = \int_{V_1}^{V_2} p\,\mathrm{d}V = \nu RT \int_{V_1}^{V_2} \frac{\mathrm{d}V}{V} = \nu RT \ln \frac{V_2}{V_1}$$

功 W 在数值上等于 p-V 图中曲线下的面积。

如果系统在整个过程中始终不和外界交换热量,则这种过程称为**绝热过程**。

在绝热过程中,因为 $Q=0$,所以

$$E_2 - E_1 = -W = \nu C_{V,m}(T_2 - T_1)$$

理想气体在准静态绝热的微小过程中

$$p\,\mathrm{d}V = -\nu C_{V,m}\,\mathrm{d}T$$

由状态方程 $pdV = \nu RT$ 得

$$p\,\mathrm{d}V + V\,\mathrm{d}p = \nu RT$$

所以

$$(C_{V,m} + R)p\,\mathrm{d}V = -C_{V,m}V\,\mathrm{d}p$$

因 $C_{V,m} + R = C_{p,m}$,$\dfrac{C_{p,m}}{C_{V,m}} = \gamma$,积分得

$$pV^\gamma = 常量$$

这就是在准静态过程中系统压强和体积间的关系式,称为**泊松公式**。

如图 7-7 所示,过同一点的绝热线和等温线的斜率都是负的。

$$pV^\gamma = 常量$$

$$\frac{\mathrm{d}p}{\mathrm{d}V} = -\gamma \frac{p}{V}$$

$$pV = 常量$$

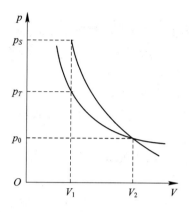

图 7 - 7　等温与绝热过程

$$\frac{\mathrm{d}p}{\mathrm{d}V} = -\frac{p}{V}$$

因 $\gamma > 1$，故过同一点的绝热线斜率的绝对值，大于等温线斜率的绝对值，所以，绝热线比等温线陡些。对于这一点可以解释如下：当气体经由上述两曲线交点所代表的状态 (V_0, p_0) 继续压缩同样的体积时，若经过等温过程，则其压强的增大 $p_T - p_0$ 完全是由于体积的缩小；而经过绝热过程，除了体积的缩小而同样增大压强外，温度升高又使压强更增大一些，即有 $p_S > p_T$。

由泊松公式容易导出在理想气体的准静态绝热过程中 V 和 T 的关系式

$$TV^{\gamma-1} = 常量，\qquad \frac{p^{\gamma-1}}{T^\gamma} = 常量$$

我们还可以求出准静态绝热过程中系统对外界所做的功

$$W = \int_{V_1}^{V_2} p\,\mathrm{d}V = \int_{V_1}^{V_2} p_1 V_1^\gamma \frac{1}{V^\gamma}\mathrm{d}V = \frac{p_1 V_1}{\gamma-1}\Big[1 - \Big(\frac{V_1}{V_2}\Big)^{\gamma-1}\Big]$$

或

$$W = \frac{1}{\gamma}(p_1 V_1 - p_2 V_2)$$

7.2.4　循环过程与卡诺循环

在生产技术上需要将热功转换过程持续下去，这就需要利用循环过程。系统从某个状态出发，经过一系列过程，最后回到原来的状态，并不断重复的过程叫作循环过程。执行这一循环的物质系统称为工作物质，或工质。各种热机都是利用工作物质经过循环过程把热量转化为功的。由于工质的内能是状态的单值函数，工质经历一个循环过程回到原来出发时的状态时，内能也应该恢复为出发时的能量。所以循环过程的重要特征是 $\Delta E = 0$。

如果工质所经历的循环过程中各个中间过程都是准静态过程，则整个过程就是准静态过程，可以用 p-V 图上一条连续的闭合曲线来描述。如图 7-8 所示循环是由等温过程 AB、等压过程 BC 和绝热过程 CA 三个分过程所组成的。各分过程的热功转换情形如下：依热机工程的习惯，热量的符号 Q 均表示热量的绝对值，吸热记为 $+Q$，放热则记为 $-Q$。W 用来表示气体对外界所做的功。

（1）$A{\rightarrow}B$ 过程中，等温膨胀，气体自热源吸热 Q_1，并全部用来对外界做功 W_1。功的大小可用图中 ABV_2V_1A 的面积表示。

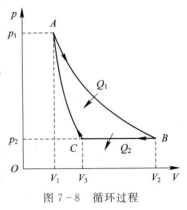

（2）$B{\rightarrow}C$ 过程中，等压压缩，气体对外界做功 $W_2 < 0$，气体向低温热源放热 Q_2，同时内能减小，根据热力学第一定律有

$$-Q_2 = E_C - E_B + W_2$$

功 W_2 的大小可用图中 BCV_3V_2B 的面积表示。

（3）$C{\rightarrow}A$ 过程中，绝热压缩，气体对外界做功 $W_3 < 0$，系统和外界没有热量交换，外界对气体的功全部用来增加系统的内能

$$-W_3 = E_A - E_C$$

功的大小也可用图中 CAV_1V_3C 的面积表示。

图 7 - 8　循环过程

注意：当用曲线下图形面积表示功，并且包含面积的界线依顺时针方向进行时，面积取正值，所表示的系统的功 $W > 0$，否则，相反。如此，在上述完成一次循环 $ABCA$ 时系统吸收的净热量

$$Q_1 - Q_2 = W_1 + (E_C - E_B) + W_2 = W_1 + W_2 + W_3 = W$$

W 就是循环所包围的面积，循环沿顺时针进行，表示系统做正功。这种沿顺时针方向进行的循环叫作正循环，是热机的循环；沿逆时针进行的循环，外界做正功，叫作逆循环。

热机的效率。为了说明一个循环，工质吸入的热量中有多大部分转变为功。热机的效率定义为

$$\eta = \frac{W}{Q_1} = \frac{Q_1 - Q_2}{Q_1} = 1 - \frac{Q_2}{Q_1}$$

如图 7 - 9 所示为热机和制冷机的示意图。在制冷机的循环中，外界对气体做功 W'，使工质从低温热源处吸热 Q_2，在高温热源处放热 Q_1，故有

$$W' = Q_1 - Q_2$$

制冷系数为

$$\varepsilon = \frac{Q_2}{W'}$$

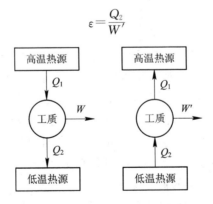

图 7 - 9　热机和制冷机

1824 年法国工程师卡诺研究了一个特殊而重要的循环——两个可逆等温过程和两个可逆绝热过程组成的循环,如图 7 - 10 所示,称为卡诺循环。卡诺循环的研究和下一章将学习的卡诺定理解决了有关热机效率的问题。

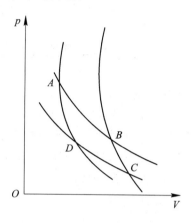

图 7 - 10 卡诺循环

$A \rightarrow B$,等温膨胀,吸热

$$Q_1 = \nu R T_1 \ln \frac{V_2}{V_1}$$

$C \rightarrow D$,等温压缩,放热

$$Q_2 = \nu R T_2 \ln \frac{V_4}{V_3}$$

$B \rightarrow C$,绝热膨胀,$T_1 V_2^{\gamma-1} = T_2 V_3^{\gamma-1}$,即

$$\frac{V_2}{V_3} = \left(\frac{T_2}{T_1}\right)^{1/(\gamma-1)}$$

$D \rightarrow A$,绝热压缩,$T_2 V_4^{\gamma-1} = T_1 V_1^{\gamma-1}$,即

$$\frac{V_1}{V_4} = \left(\frac{T_2}{T_1}\right)^{1/(\gamma-1)}$$

故

$$\frac{V_2}{V_1} = \frac{V_3}{V_4}$$

工作物质在一次循环中从外界吸收的净热量为

$$Q_1 - Q_2 = \nu R (T_1 - T_2) \ln \frac{V_2}{V_1}$$

由于工作物质经历一次循环后回到原来状态,内能不变,吸收的净热等于对外界所做的功 W。由于任意循环的效率为

$$\eta = \frac{W}{Q_1} = \frac{Q_1 - Q_2}{Q_1}$$

根据上面的计算,以理想气体为工作物质的卡诺循环的效率为

$$\eta = \frac{Q_1 - Q_2}{Q_1} = \frac{T_1 - T_2}{T_1}$$

其只与两个热源的温度有关。

卡诺循环逆向运动时，得到制冷系数为

$$\varepsilon = \frac{T_2}{T_1 - T_2}$$

7.3　热力学第二定律

热力学第一定律指出了热力学过程中的能量守恒关系。然而是不是所有满足第一定律的热力学过程都可以发生呢？热量可以自发地从高温物体传送到低温物体，水可以自发地从高处往低处流，在一桶清水中滴入一滴墨水，墨水很快扩散到全部清水中。但相反的过程：热量自发地从低处传递到高处，水从低处往高处流，混合在清水的墨水自发汇聚成墨滴……都不曾发生。这涉及自然过程的方向问题。

7.3.1　热力学第二定律的两种表述

在研究热机的效率过程中，由于

$$\eta = 1 - \frac{Q_2}{Q_1}$$

似乎 Q_2 是多余的，是一种浪费，人们期待一种理想的状况：$Q_2 = 0$，热机的效率就可以达到 100%。这时，我们用海水作为热源，从海水中吸热用来对外做功，哪怕使海水降低 0.01K，就能使全世界所有机器运转 1000 年。

然而长期的实践表明，这是做不到的。1851 年，开尔文总结出了一条重要规律：**不可能从单一热源吸收热量，使之完全变为有用的功而不产生其他的影响**。这就是后来称为热力学第二定律的**开尔文表述**。注意"不产生其他影响"的约束条件，气体吸热等温膨胀是可以对外做功的，但气体的体积变化了，有"其他影响"。

开尔文的表述是从热机效率极限问题出发总结而来的，1850 年德国物理学家克劳修斯从制冷机效率出发提出：**热量不可能自动地由低温物体传向高温物体**。这是热力学第二定律的**克劳修斯表述**。两种"不可能"的表述可用图 7-11 表示。

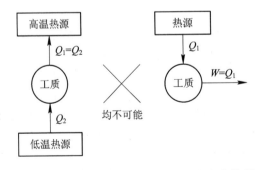

图 7-11　热力学第二定律的开尔文表述与克劳修斯表述

两种表述的等效性。开尔文表述和克劳修斯表述分别揭示了功转变为热及热传递的不可逆性。它们是两类不同的现象，表述也不相同，只有两种表述等价的情况下，才可把它们同时称为热力学第二定律。下面用反证法来证明，即证明：若克劳修斯表述不正确的话，那么开尔文表述也不正确；同样若违背开尔文表述，克劳修斯表述也可违背。如图 7-12(a) 所示，假设违反克劳修斯表述的制冷机在，一次循环过程能自动从低温热源处吸收 Q_2 的热量传送到高温热源。那么借助它，我们在这样的两个热源间设计一台热机，使它单次循环从高温吸收热量 Q_1，而向低温热源放出热量 Q_2。对外做功 $W=Q_1-Q_2$，两台机器共同运行时，总的效果是，低温热源的热量不增不减，机器只从高温热源处吸走了 Q_1-Q_2 的热量，并全部用来对外做功。显然，这是违背热力学第二定律的开尔文表述的。图 7-12(b) 描述了违背开尔文表述的情况，也会违背克劳修斯表述。因而，这两种表述是等效的。事实上，热力学第二定律还可以有其他许多种表述，它们之间都是等效的。它反映了自然界的一条基本法则。

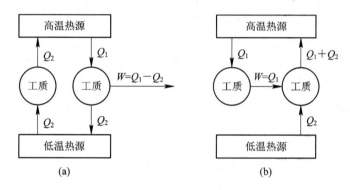

图 7-12　两种表述的等效性

热力学第二定律是自然界的一条客观规律，一切违背热力学第二定律的设想都是失败的，如果把违背开尔文表述的热机叫作第二类永动机，那么热力学第二定律也可以表述为：第二类永动机是不可能制造出来的。

7.3.2　热现象过程的不可逆性

1. 热力学第二定律的实质

一个系统可以自动地从某一初态变化到某个末态，但其逆过程却不一定能自动进行，我们把热力学过程，按其逆向性质分为可逆过程和不可逆过程。

设一个系统，由某一状态出发，经过一过程到达另一状态，如果存在一个逆过程，能使系统和外界同时完全复原，则原来的过程称为可逆过程；反之，如果其逆过程做不到这一点，即任何方法都不能使系统和外界同时完全复原，则原来的过程称为不可逆过程。

人们分析发现，不可逆的根本原因是：① 系统内部出现了非平衡因素，如有限的压强差、密度差、温差等；② 存在耗散效应，如摩擦、黏滞、电阻效应等。因而，只有无耗散的准静态过程才是可逆过程。这也是过程可逆的充要条件。

耗散过程就是有用功自发地无条件地转变为热的过程，因为功与热的相互转换是不可逆的，故有耗散的过程是不可逆的。另外，只有始终同时满足力学、热学、化学平衡条件的过程才是准静态的。由此可见，任何一不可逆过程中必包含有四种不可逆因素中的一种或几种。这四种不可逆因素是：耗散不可逆因素、力学不可逆因素(对于一般的系统，系统内部各部分之间的压强差不是无穷小)、热学不可逆因素(系统内部各部分之间的温度差不是无穷小)、化学不可逆因素(对于任一化学组成,在系统内部各部分之间的差异不是无穷小)。

经验和理论都证明,凡是包含热现象的宏观过程都是不可逆的。由于在实际过程中热现象的不可避免,在自然界中不存在可逆过程。可逆过程只是一个理想模型,**自然界中所发生的一切宏观过程都是不可逆的**。这就是热力学第二定律的实质。

2. 可用能量与不可用能量

热力学第一定律主要从数量上说明功和热量的等价性,第二定律却从转换能量的质的方面来说明功与热量的本质区别,从而揭示自然界中普遍存在的一类不可逆过程。人类所关心的是可用能量。但是吸收的热量不可能全部用来做功,任何不可逆过程的出现,总伴随有"可用能量"被贬值为"不可用能量"的现象发生。例如两个温度不同的物体间的传热过程,其最终结果无非它们的温度相同。若不是两个物体之间直接接触,而是借助一部可逆卡诺热机,把温度较高及温度较低的物体分别作为高温及低温热源,在卡诺热机运行过程中,两个物体温度渐渐接近,最后达到热平衡,在这过程中可输出一部分有用功。但是若使两个物体直接接触而达到热平衡,由上述那部分有用能量就白白浪费了。

7.3.3 卡诺定理

为了提高热机的效率,卡诺从理论上进行了研究,提出了热机理论中非常重要的卡诺定理,它的具体内容如下:

(1)在相同的高温热源和相同的低温热源之间工作的一切可逆热机,其效率都相等,与工作物质无关。

(2)在相同的高温热源和相同的低温热源之间工作的一切不可逆热机,其效率都不可能大于在同样条件下工作的可逆热机的效率。

卡诺定理中所讲的热源都是温度均匀的恒温热源。下面我们用热力学第一定律和第二定律结合来证明卡诺定理。

证明:如图 7-13 所示,设甲机不可逆,乙机可逆,调节两热机,$W=W'$。用甲机正循环输出的功去推动乙机的逆循环。若甲机效率 $\eta=W/Q_1$ 大于乙机效率 $\eta'=W'/Q_1'$,则 $Q_1<Q_1'$,从而 $Q_2<Q_2'$,于是甲、乙两机的联合装置在一个循环中将热量 $Q_2'-Q_2$ 从 T_2 送入 T_1 而无其他影响,这就违背了克劳修斯表述。所以只能有 $\eta\leqslant\eta'$。这就证明了定理中的第(2)部分。进一步,如果甲机也可逆,则按上述同样步骤,令乙机做正循环,开动甲机的逆循环,同理可得

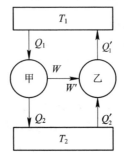

图 7-13 卡诺定理的证明

$$\eta' \leqslant \eta$$

而前面已证得的 $\eta \leqslant \eta'$ 仍然成立,故只能是 $\eta = \eta'$。此即为定理的第(1)部分。

卡诺定理的扩展:

(1) 在相同的高温热源和相同的低温热源之间工作的一切不可逆热机,其效率均小于在同样条件下工作的可逆热机的效率。

(2) 可逆循环过程的效率,不可能大于工作于它所经历的最高热源温度与最低热源温度之间的可逆卡诺循环的效率。

(3) 任意循环过程的效率,不可能大于工作于它所经历的最高热源温度与最低热源温度之间的可逆卡诺循环的效率。

7.3.4 热力学温标

根据卡诺定理,工作于两个恒温热源之间的一切可逆热机的效率与工作物质的性质无关,只由两个恒温热源的温度决定。恒温热源最本质的特征是温度。所以热机效率 $\eta = 1 - \dfrac{Q_2}{Q_1}$,从而 $\dfrac{Q_2}{Q_1}$ 应当仅与热源的温度有关。开尔文引入一个新的温标 T',将两个热源温度 T_1' 与 T_2' 之比定义为工作于这两个热源之间的卡诺热机所吸收的热量 Q_1 与放出的热量 Q_2 之比,即令

$$\frac{T_2'}{T_1'} = \frac{Q_2}{Q_1}$$

温标 T' 称为热力学温标或开尔文温标。显然,热力学温标是由卡诺循环的效率来定义的,卡诺循环却是与工作物质无关的,所以热力学温标与测温物质的性质无关。

根据

$$\eta = 1 - \frac{Q_2}{Q_1} = 1 - \frac{T_2}{T_1} = 1 - \frac{T_2'}{T_1'}$$

可知

$$\frac{T_2'}{T_1'} = \frac{T_2}{T_1}$$

这表明热力学温标中两个温度的比值等于理想气体温标中两个温度的比值。只要选定热力学温标的参考点(水的三相点)与理想气体温标的一致(273.16 K),则在理想气体温标的测温范围内两个温标就完全符合了,即 $T = T'$,以后我们不再区分。

绝对零度的定义:若一个卡诺循环在两个热源间工作,传给低温热源的热量为零,则这个低温热源的温度为绝对零度。绝对零度不能达到是热力学第三定律的一种表述。

7.3.5 熵增加原理

热力学第二定律指出了涉及热现象的宏观过程进行的方向问题,即只能朝某个自然的方向进行。如何来确定这个方向?克劳修斯证明了热力学系统处于平衡态时在一个态函数——熵,可由熵的特性来判断过程进行的方向和限度。

1. 克劳修斯等式和不等式

在一个可逆的卡诺循环中,设高温热源和低温热源的温度分别为 T_1 和 T_2。把系统与外界的

热量交换统一记为Q(吸热Q取正值,放热Q取负值),由卡诺定理,可逆卡诺循环的效率

$$\frac{Q_1 + Q_2}{Q_1} = \frac{T_1 - T_2}{T_1}$$

可得

$$\frac{Q_1}{T_1} + \frac{Q_2}{T_2} = 0$$

上式称为克劳修斯等式,表明在可逆卡诺循环中**热温比**之和为零。同理可推得,对不可逆卡诺循环$\frac{Q_1}{T_1} + \frac{Q_2}{T_2} < 0$ 称为克劳修斯不等式。

一般地,对于任意循环,可以把它看成是系统与一系列热源连续作热接触而完成的。这一系列热源的温度为T_1,T_2,T_3,…,系统从其中分别吸热dQ_1,dQ_2,dQ_3,…,对外做功dW_1,dW_2,dW_3,…,经过与这一系列热源接触后回到初始状态,从而完成一个循环,可以证明任意循环中热温比之和

$$\sum_i \frac{dQ_i}{T_i} \leqslant 0$$

如果一系列热源的数目无限增多,则温度T成为连续变量,可用积分代替求和,即

$$\oint \frac{dQ}{T} \leqslant 0$$

式中的等号对应可逆循环,为克劳修斯等式。说明在任意可逆循环中,热温比的环路积分等于零;不等号对应不可逆循环,为克劳修斯不等式。

2. 熵

现在证明热力学系统的平衡态存在一个态函数——熵。设系统的两个平衡态A和B可用两个可逆过程AcB和BdA连接,从而构成一个可逆循环过程$AcBdA$,如图7-14所示。对此循环根据克劳修斯等式有

$$\oint \frac{dQ}{T} = \int_{AcB} \frac{dQ}{T} + \int_{BdA} \frac{dQ}{T} = 0$$

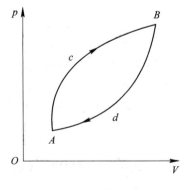

图 7-14 态函数——熵

由于过程可逆,故

$$\int_{AdB} \frac{dQ}{T} = -\int_{BdA} \frac{dQ}{T}$$

代入上式则得到

$$\int_{AcB} \frac{\mathrm{d}Q}{T} = \int_{AdB} \frac{\mathrm{d}Q}{T}$$

由于 c 和 d 是连接任意两个平衡态 A 和 B 的任意两个可逆过程，这就证明了热温比的积分 $\int_A^B \frac{\mathrm{d}Q}{T}$ 只由初、终两平衡态 A 与 B 决定而与所经历的过程无关，这个结论对任意两个平衡态 A 与 B 均成立。这说明热力学系统的平衡态存在一个态函数，此态函数在初、终两个平衡态间的增量，用平衡态 A 至平衡态 B 的任一可逆过程的热温比的积分来度量。此态函数称为熵，记为 S，则有

$$S_B - S_A = \int_A^B \frac{\mathrm{d}Q}{T}$$

即为态函数熵的定义式。式中 S_A 和 S_B 分别表示熵在初态 A 和终态 B 的量值。若取 A 态为参考态，其熵值 S_A 为指定常量，则任一平衡态 B 的熵值为

$$S_B = \int_A^B \frac{\mathrm{d}Q}{T} + S_A$$

因为对于热力学问题，重要的只是两个平衡的熵差，所以 S_A 的选取并不是最重要的。上式即为可逆过程热力学第二定律的数学表述的积分形式。

对于微小的可逆过程，则有

$$\mathrm{d}S = \frac{\mathrm{d}Q}{T} \quad 或 \quad \mathrm{d}Q = T\mathrm{d}S$$

此式为微分形式。

热力学系统初、终两个平衡态间的熵的增量的计算：任选一个连接初、终态的可逆过程作热温比的积分，积分过程的选取以计算方便为原则。

注意：在确定了参考点 A 的熵值的条件下，对确定的平衡态有确定的熵值，与通过什么过程到达这一状态无关。当系统从某一平衡态经不可逆过程到达另一平衡态时，可以设计一个方便连接这两个态的可逆过程来计算这两个态的熵差。

在平衡态下熵值与系统的质量成正比，具有可加性，是广延量。与此相应，不可加的是强度量，如压强、温度等。

3. 熵增加原理

当系统处于非平衡态时，可以把系统分成许多小部分，并认为每一个部分自身处于平衡态（局域平衡），在这种局域平衡近似适用的条件下，利用熵是广延量而具有可加性的性质，定义广义熵为各小部分熵的和，即

$$S = S_1 + S_2 + S_3 + \cdots$$

对于一个小过程，不论初态、终态是否为平衡态，可以证明有

$$\mathrm{d}S > \frac{\mathrm{d}Q}{T} \quad （不可逆过程）$$

$$\mathrm{d}S = \frac{\mathrm{d}Q}{T} \quad （可逆过程）$$

如果系统是绝热系统或孤立系统，则 $\mathrm{d}Q = 0$，因而

$$\mathrm{d}S \geqslant 0$$

此式称为**熵增加原理**。它指出，绝热或孤立系统的熵永不减小，可逆过程的熵值不变，不可逆过程则朝着熵增加的方向进行。

根据熵增加原理可以作出判断：绝热系统中的不可逆过程和孤立系统中的自发过程总是朝着熵增加的方向进行，孤立系统达到平衡态时熵达到最大值。熵增加原理为判断这些过程进行的方向和孤立系统中过程进行的限度提供了共同的判据。

7.3.6　应用题解

例 7.3.1　理想气体的自由膨胀过程是等温过程还是绝热过程？从同样的初态(p_0，V_0)出发膨胀到体积 $2V_0$，系统达到的终态与等温或绝热过程一样吗？若不一样，怎样才能使系统通过准静态过程达到自由膨胀的状态？

解　理想气体的自由膨胀过程既是等温的，又是绝热的，但不是准静态过程。而我们前面讲的等温、绝热过程都是准静态的。

理想气体自由膨胀过程的终态压强为 $p = p_0/2$，温度$T = T_0$。通过准静态等温过程达到的终态与自由膨胀过程的一样，从而内能的变化相同($\Delta U = 0$)，但做功和吸热的情况不同。在自由膨胀过程中，$Q = W = 0$，而在准静态等温过程中$Q = -W = \nu RT_0 \ln 2 = p_0 V_0 \ln 2 > 0$。

通过准静态绝热过程达到的终态压强 $p = p_0/2^\gamma < p_0/2$，温度为 $T = T_0/2^{\gamma-1} < T_0$。要回到自由膨胀的终态，需要通过等容过程加热 $Q = C_V T_0(1 - 1/2^{\gamma-1})$，使系统从$T_0/2^{\gamma-1}$升温到 T_0。在前段绝热过程中系统对外做功 $W' = -W = p_0 V_0(1-1/2^{\gamma-1})/(\gamma-1) = C_V T_0(1-1/2^{\gamma-1})$，在前后相继的两过程(绝热和等容)中$W+Q=0$，在这一点上与自由膨胀或准静态等温过程一样。体现了内能是态函数的特征，与过程无关。

例 7.3.2　1.0 g 氮气原来的温度和压强分别为 423 K 和 5.07×10^5 Pa，经准静态绝热膨胀后，体积变为原来的两倍，求在这过程中气体对外所做的功。

解　由

$$pV = \nu RT = \frac{m}{M}RT \quad (M = 0.028 \text{ kg/mol})$$

可得

$$V_1 = \frac{mRT}{p_1 M} = \frac{1 \times 10^{-3} \times 8.31 \times 423}{5.07 \times 10^5 \times 2.8 \times 10^{-2}} = 2.48 \times 10^{-4} \text{ m}^3$$

按题意 $V_2 = 2V_1 = 4.96 \times 10^{-4}$ m³，根据泊松方程

$$p_2 V_2^\gamma = p_1 V_1^\gamma, \quad \gamma = 7/5$$

$$p_2 = p_1 \left(\frac{V_1}{V_2}\right)^\gamma = 5.07 \times 10^5 \cdot \left(\frac{1}{2}\right)^{1.4} \approx 1.92 \times 10^5 \text{ Pa}$$

代入绝热过程功的表达式得

$$A = \frac{1}{\gamma - 1}(p_1 V_1 - p_2 V_2) = 76.3 \text{ J}$$

例 7.3.3　一定量的理想气体经过下列准静态循环过程：① 由状态 V_1、T_A绝热压缩到状态 V_2、T_B；② 由状态 V_2、T_B经等容吸热过程到状态 V_2、T_C；③ 由状态 V_2、T_C经绝热膨胀到状态 V_1、T_D；④ 由状态V_1、T_D经等容放热过程到状态V_1、T_A。求此循环的效率。

解 先画出循环过程的 $p-V$ 图如图 7-15 所示。对于两绝热过程，有

$$\frac{T_B}{T_A}=\left(\frac{V_1}{V_2}\right)^{\gamma-1},\quad \frac{T_C}{T_D}=\left(\frac{V_1}{V_2}\right)^{\gamma-1}$$

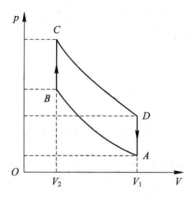

图 7-15 循环过程 $p-V$ 图

由此得

$$\frac{T_B}{T_A}=\frac{T_C}{T_D}=\frac{T_C-T_B}{T_D-T_A}$$

对于两等容过程，有

$$Q_1=C_V(T_C-T_B),\quad Q_2=C_V(T_D-T_A)$$

于是

$$\eta=\frac{Q_1-Q_2}{Q_1}=1-\frac{Q_2}{Q_1}=1-\frac{T_D-T_A}{T_C-T_B}=1-\frac{T_A}{T_B}=1-\left(\frac{V_2}{V_1}\right)^{\gamma-1}$$

引入压缩比 $r=\dfrac{V_1}{V_2}$，则

$$\eta=1-\frac{1}{r^{\gamma-1}}$$

例 7.3.4 如图 7-16 所示，在体积为 V 的密闭大瓶口上插一根截面积为 S 的竖直玻璃管，质量为 m 的光滑小球置于玻璃管中作气密接触，形成一个小活塞。给小球一个上下的小扰动，求它振动的角频率 ω。

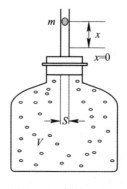

图 7-16 例 7.3.4 图

解 当小球处于平衡位置时瓶内的压强为 $p=p_0$（大气压）$+mgS$。当它偏离平衡位置时，瓶内气体因收缩或膨胀而升温或降温，同时压强增大或减小，形成恢复力使小球上下振动。由于气体的导热性能很差，振动又较快，过程可看作是绝热的。但压强的涨落是以声速传播的，传遍整个大瓶体积所需的时间远比小球振动的周期短，过程又可看作是准静态的。故 pV^γ＝常量，取其微分得

$$V^\gamma \mathrm{d}p + \gamma pV^{\gamma-1} = 0$$

即

$$\mathrm{d}p = -\gamma p\frac{\mathrm{d}V}{V}$$

其中 $\mathrm{d}V=S\mathrm{d}x$，$\mathrm{d}x$ 为小球偏离平衡位置的距离。作用在小球上的恢复力为

$$\mathrm{d}F = S\mathrm{d}p = -\frac{\gamma pS^2}{V}\mathrm{d}x = -K\mathrm{d}x$$

可见，振动是简谐的，其角频率为

$$\omega = \sqrt{\frac{\gamma pS^2}{mV}}$$

例 7.3.5 设理想气体的热容量为常量，它经可逆等温过程从状态 (p_1,V_1) 到达状态 (p_2,V_2)，求熵的变化。

解

$$\Delta S = S_2 - S_1 = \int_1^2 \frac{\mathrm{d}Q}{T}$$
$$= \int_1^2 \frac{C_V\mathrm{d}T + p\mathrm{d}V}{T}$$
$$= \nu R\ln\frac{V_2}{V_1} = -\nu R\ln\frac{p_2}{p_1}$$

例 7.3.6 水的比定压热容为 $c_p=4.19\times10^3$ J·K^{-1}·kg^{-1}，在定压下将 1 kg 水从 $T_1=273$ K，加热到 $T_2=373$ K，求熵的变化。

解 设想有一系列温度彼此相差无限小的恒温热源，这些热源的温度分布在 T_1 和 T_2 之间，利用这一系列热源，设计一个等压可逆过程使水升温，则

$$\Delta S = S_2 - S_1 = \int_{T_1}^{T_2}\frac{\mathrm{d}Q}{T} = \int_{T_1}^{T_2}\frac{mc_p\mathrm{d}T}{T}$$
$$= mc_p\ln\frac{T_2}{T_1} = 1.31\times10^3 \text{ J/K}$$

第 8 章　固体和液体*

在通常情况下,物质存在三种不同的聚集态:气态、固态(晶态和非晶态)和液态。固态和液态同属凝聚态,它其实还包括液晶、高分子化合物等。气体和液体统称为流体,因为它们都具有流动性。

除去纯物质外,在生产生活中还常遇到另一大类物质——溶体,液态的溶体就是溶液,它和纯溶剂又有一些不同的性质。

在极高的温度、极强的电磁场中或极稀薄的情况下,气体往往由离子、电子和中性粒子组成,它们具有不同于一般气体的许多性质,被称为等离子体,等离子体有时也被称为是物质的第四态。

在天文观测中,发现宇宙中存在一些密度极大的天体,比如处于恒星发展阶段后期的中子星,它们的密度接近原子核的密度,在重离子碰撞实验中的某个短暂时间内,也出现过这种极高密度极高温度的状态——夸克胶子等离子体,常称为物质的第五态。

作为基础课程的热学,没有较多的篇幅对以上这些“特殊”的物质形态进行讨论。本章仅对固体和液体的一些性质进行简单介绍。

8.1　物质的热学性质

8.1.1　热膨胀

定义在恒定压强下温度每升高 1 K,由单一物质构成的物体的体积增量和物体原体积之比为该物质(材料)的体胀系数(β);固体某一取向的长度增量和原长度之比为该固体在该取向上的线胀系数(α)。

$$\beta = \frac{\Delta V/V_0}{\Delta T} = \frac{1}{V_0}\frac{\Delta V}{\Delta T}$$

$$\alpha = \frac{\Delta L/L_0}{\Delta T} = \frac{1}{L_0}\frac{\Delta L}{\Delta T}$$

极限情况下

$$\beta = \frac{1}{V}\left(\frac{\partial V}{\partial T}\right)_p, \quad \alpha = \frac{1}{L}\left(\frac{\partial L}{\partial T}\right)_p$$

对于理想气体

$$V = \frac{\nu RT}{p}, \quad \beta = \frac{1}{V}\left(\frac{\partial V}{\partial T}\right)_p = \frac{1}{T}$$

8.1.2　压缩性

若仅讨论化学纯物质系统在压强作用下体积的变化,它的体积是压强和温度的函数,

$V = V(p, T)$。定义等温压缩系数

$$\kappa_T = -\frac{1}{V}\left(\frac{\partial V}{\partial p}\right)_T$$

定义绝热压缩系数

$$\kappa_S = -\frac{1}{V}\left(\frac{\partial V}{\partial p}\right)_S$$

8.1.3　热传导

实验证明,在一直棒中传导的热量 Q 是和棒的截面积 S,棒中沿轴向的温度梯度 $\frac{\Delta T}{\Delta x}$ 和传导的时间 τ 成正比的,写成等式有

$$Q = -\kappa\frac{\Delta T}{\Delta x}S_\tau$$

8.1.4　电阻温度系数

物质的热学性质不仅限于该物质系统的体积、温度和压强的变化。实验证明导体的电阻值是温度的函数,把温度每升高 1℃,导体电阻值的增量与它的电阻值的比叫作电阻温度系数 γ

$$R_t = R_0[1 + \gamma(t - t_0)]$$

$$\gamma = \frac{1}{R}\left(\frac{\mathrm{d}R}{\mathrm{d}t}\right)_{t_0}$$

8.2　液体的分子现象

液体分子的间隙较气体的小,分子间的相互作用较气体的强,宏观上和固体相似不易被压缩;液体分子的运动较固体自由,宏观上和气体相似具有流动性。因液体的分子聚集状态不同于固体和气体,就表现出许多宏观性质:表面张力、液体对固体的润湿和不润湿、弯曲液面内外压强差、毛细现象、溶解、扩散、渗透等。

8.2.1　表面张力

1. 表面张力现象

液体与气体接触的表面,有收缩成最小的趋势,叫作表面张力现象。如图 8-1 所示,当用针扎破沾满液膜的框时,收缩的表面张力将原来自由的细线拉紧。

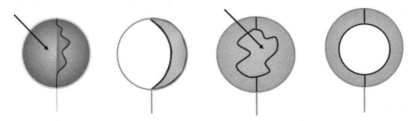

图 8-1　表面张力现象

表面张力的大小可以用表面张力系数 α 来描述,如图 8-2 所示,设想在液面上画一长度为 ΔL 的线段 MN,则表面张力的作用表现在线段两边液面以一定的拉力 $f(f')$ 相互作用,$f(f')$ 与 ΔL 垂直,大小与 ΔL 成正比,即

$$f(f')=\alpha\Delta L$$

表面张力系数表示单位长度直线段两侧液面的相互拉力。

从能量的角度来看,表面系数反映了液面贮存能量的本领。为了讨论的方便,我们设想一沾有液膜的金属丝框,如图 8-3 所示。

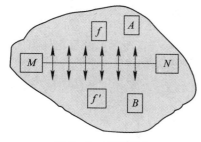

图 8-2　表面张力

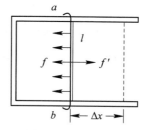

图 8-3　金属丝框

不考虑重力作用,保持温度不变,用外力 f' 缓慢拉动长为 l 的边框 ab 向右移动 Δx,由于过程进行相当缓慢,外力与液面两侧的表面张力平衡,外力所做的功

$$\Delta W = f'\Delta x = 2\alpha l\Delta x = \alpha\Delta S$$

式中,系数 2 是因为一个液膜有两个液面,液膜的拉力应等于一个液面拉力的 2 倍。由此可见,表面张力系数 α 在数值上还可表示为等温过程中增加单位表面积时外力所做的功。外力所做的功以表面能的形式贮存在液面内。

2. 表面张力的本质

表面张力的本质如下:

(1) 液体表面层中分子受到的引力指向液体内;

(2) 表面层中的分子具有大于液体内部分子的势能;

(3) 表面层的分子数密度小于液体内部。

固体和液体分子间相互作用的引力称为附着力。液体本身分子间相互作用的引力称为内聚力。液体与固体接触时,若附着力大于内聚力,则液体浸润固体。

8.2.2　球形液面内外的压强差

在肥皂泡、水中的气泡、液滴以及固体与液体接触的地方,液面都是弯曲的。在某些情况下可能是凸液面,在另一些情况下又可能是凹液面。由于表面张力的存在,液面内和液面外存在一个压强差。这个压强差,称为附加压强 p_s。如图 8-4 所示,在凸面的情形下,附加压强是正的,即液面内部的压强大于液面外的压强(如大气压);在凹面的情形下,附加压强是负的,即液面内部的压强小于液面外部的压强。

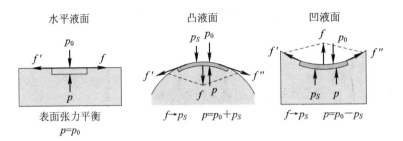

图 8-4　附加压强

下面我们来计算球形液滴内外的压强差。如图 8-5 所示，设想在外力的作用下，小液滴的半径由原来的 R 缓慢变化为 $R+\mathrm{d}R$，外力的大小等于

$$f' = p_s \times 4\pi R^2$$

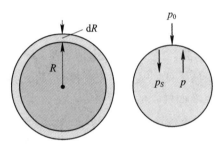

图 8-5　球形液滴内外的压强差

外力所做的功

$$\mathrm{d}W = p_s \times 4\pi R^2 \mathrm{d}R$$

液滴表面能增量

$$\mathrm{d}E = \alpha \mathrm{d}S = \alpha \mathrm{d}(4\pi R^2) = \alpha 8\pi R\mathrm{d}R$$

由功能原理 $\mathrm{d}E = \mathrm{d}W$，得

$$p_s 4\pi R^2 \mathrm{d}R = \alpha 8\pi R\mathrm{d}R \Rightarrow p_s = \frac{2\alpha}{R}$$

则球形凸液面内的压强

$$p = p_0 + \frac{2\alpha}{R}$$

球形凹液面内的压强

$$p = p_0 - \frac{2\alpha}{R}$$

球形膜具有两个球面，膜很薄，可以认为内、外球面的球半径相等。这时，腔内压强比腔外大

$$p_内 - p_外 = \frac{4\alpha}{R}$$

8.2.3　毛细现象

在玻璃板上放一小滴水银,它总是近似球形的,小水银滴能在玻璃上滚动而不沾玻璃。此时我们说水银不浸润玻璃,在清洗过并烘干的玻璃上滴一水滴,水滴不仅不能维持球形,而且要在玻璃上向外扩展,附着在玻璃上形成薄层,此时我们说水浸润玻璃。浸润和不浸润是液体和固体接触处的表面现象。

浸润管壁的液体在细管里升高,而不浸润管壁的液体在细管里降低的现象,称为毛细现象。能够发生毛细现象的管子叫毛细管。我们来研究液体浸润管壁的情形。

如图 8-6 所示,记大气压为 p_0,毛细管的半径为 r,水的密度和表面张力系数分别为 ρ 和 α,接触角为 θ,则液面的曲率半径为 $R = r/\cos\theta$。A 点的压强 $p_A = p_0 - 2\alpha/R$,按流体静力学原理 B 点的压强为 $p_B = p_A + \rho gh = p_C = p_0$。由此可得毛细管内水柱的高度为

$$h = \frac{2\alpha/R}{\rho g} = \frac{2\alpha\cos\theta}{\rho gr}$$

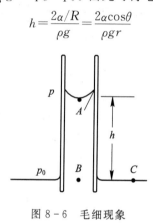

图 8-6　毛细现象

8.3　相　　变

所谓相,指的是系统中物理性质均匀的部分,它以化学组成、分子聚集状态或晶体结构的不同相区分。因此,在冰和水组成的系统中,冰和水分别是一个相。又如,酒精可以溶解于水,水和酒精的溶液只是一个相。处于平衡条件下,在没有外力场作用时,单相系一定是宏观上的均匀系。

如果把一种纯物质(单质或化合物)叫作“元”,那么冰水系统是单元二相系;酒精水溶液是二元单相系。

在不同相之间的相互转变称为相变。在相变时如果体积发生跃变,并且伴有相变潜热,这种相变叫作一级相变。如果在相变时体积不发生变化,也没有潜热吸收或放出,而有其他性质的突变,如定压热容 C_p、膨胀系数 β、等温压缩系数 κ_T 等的突变,这种相变叫作二级相变。在临界温度下的气、液相变属于二级相变。一些物质在没有外磁场的条件下,由正常导电性向超导性的转变也属于二级相变。

8.3.1　一级相变的普遍特征

1. 体积变化

在液相转变为气相时，气相的体积总是大于液相的体积（临界状态两者相等）。在固相转变为液相时体积变化不大。对于大多数物质来讲，熔解时增大，但也有小数物质，如水、铋等，熔解时体积反而减小。

2. 潜热

在准静态的相变过程中，物质吸收或放出热量而温度不发生变化，这种热量因而被称为相变潜热。单位质量物质液、气相变潜热叫汽化热，液、固相变潜热叫熔解热。

在相变过程中设 u_1 和 u_2 分别表示 1 相和 2 相单位质量的内能，v_1 和 v_2 分别表示 1 相和 2 相的比体积，根据热力学第一定律，单位质量物质在等温等压条件下由 1 相转变为 2 相时，所吸收的热量 l 为

$$l = (u_2 - u_1) + p(v_2 - v_1)$$

l 是单位质量的相变潜热。由上式可见相变潜热可以分为两部分，$u_2 - u_1$ 表示两相的内能之差，称为内潜热；$p(v_2 - v_1)$ 表示相变时克服外部压强所做的功，称为外潜热。

例 8.3.1　在外界压强 $p = 1.013 \times 10^5$ Pa时，水的沸点（汽点）为 100 ℃，这时汽化热 $l = 2.26 \times 10^6$ J/kg。已知这时水蒸气的比体积 $v_2 = 1.673$ m³/kg，水的比体积 $v_1 = 1.04 \times 10^{-3}$ m³/kg，求内潜热和外潜热。

解　外潜热为

$$p(v_2 - v_1) = 1.1013 \times (1.673 - 0.001) \approx 1.69 \times 10^5 \text{ J/kg}$$

内潜热为

$$u_2 - u_1 = l - p(v_2 - v_1) = 2.09 \times 10^6 \text{ J/kg}$$

8.3.2　气液相变

物质由气相转变为液相的过程叫作凝结，相反的过程叫作汽化。液体的汽化有蒸发和沸腾两种形式。蒸发是发生在液体表面的汽化过程，任何温度下都在进行。沸腾是在整个液体内部发生的汽化过程，只在沸点下才能进行。虽然如此，但从相变的机制来看，两者并无根本区别，在沸腾时相变仍在气液分界面上以蒸发的方式进行，只是液体内部大量涌现小气泡，因而大大增加了气液之间的分界面。

1. 蒸发和凝结

从微观上看，蒸发就是液体分子从液面跑出的过程。由于分子从液面跑出去时，要通过液体表面层的分子引力场，这就不仅要在表面层中克服引力做功，而且还要在离开液面后的相当于表面层厚度的一层空间中克服引力做功。所以能跑出去的只是那些平动动能较大的分子。这样，如果不从外界补充能量。蒸发的结果将使留在液体中的分子的平均平动动能变小，从而使液体温度降低。

另一方面，液面外的蒸气分子在无规则运动中，有机会遇到液面，碰撞了液体分子，因而失掉一部分动能而不能再脱离液面，就成为液体分子，从宏观上看就是蒸气又凝结成

液体。

影响开口容器中单位时间内液体蒸发量的因素：表面积，温度，通风。

密闭容器中液体的蒸发：饱和状态，饱和蒸气压与蒸气所占的体积无关，也和在同一空间中有无其他气体无关。

弯曲液面附加蒸气压：饱和蒸气压的大小还与液面的形状有关。分析指出这个附加蒸气压在凹面是为负，凸面时为正。

2. 凝结核

在蒸气凝结的最初阶段，形成的液滴很小，相应的饱和蒸气压就很大。因此，有时蒸气压超过正常饱和蒸气压几倍也不凝结，这种现象叫作过饱和。这种蒸气叫作过饱和蒸气。过饱和蒸气是不稳定的，是处于一种亚稳态。但是，在通常条件下，凝结很容易发生，这是由于蒸气中充满了尘埃和杂质等小颗粒，它们起着凝结核的作用，当这些微粒表面凝结上一层液体后，便形成半径大些的液滴，凝结就易于发生。在有凝结核时，蒸气压只需超过饱和蒸气压要约 1%，液滴便可以形成。

3. 沸腾

在一定的压强下，加热液体达到某一温度时，液体内部和器壁上涌现出大量气泡，液体内部剧烈汽化，这种现象称为沸腾。相应的温度称为沸点。吸附在器壁上和溶在液体内的气泡内压强有四个来源：饱和蒸汽压，气体压强，弯曲液面附加压强，表面张力附加压强。液体沸腾的条件是饱和蒸气压和外界压强相等。

沸腾时，液体内部和器壁上的小气泡起着所谓汽化核的作用，它使周围液体在其中汽化。久经煮沸的液体，因为缺乏气泡作为汽化核，所以加热到沸点以上还不沸腾，这种液体称为过热液体。要防止暴沸发生。

4. 汽化曲线

根据实验数据可以在 p-T 图上绘出水的饱和蒸气压随温度变化的曲线。如图 8-7 所示中的 OK 线，这种曲线叫汽化曲线。

图 8-7 中，曲线上的点表示气相与液相平衡共存的状态。由于 p-T 图表示的是处于平衡态的系统状态参量 p 与 T 的关系，如图中的 N 点，系统的压强 p 大于该温度 T 的饱和蒸气压，如果蒸气存在，则一定是过饱和蒸汽，因而系统不可能处于平衡态。所以在 N 点

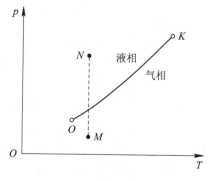

图 8-7 汽化曲线

处于平衡态的系统只能以压强 p 温度 T 的液相单独存在。同样，M 点只能是气相。所以 OK 曲线将两相存在的区域划分出来，叫作汽液二相图。由于沸腾时，外界的压强就等于饱和蒸气压，对应的温度就是沸点，所以汽化曲线也能表示出沸点和外界压强的关系。

8.3.3　固液相变

1. 熔解与凝固

物质从固相转变为液相的过程称为熔解；从液相转变为固相的过程称为结晶或凝固。在一定的压强下，晶体要升高到一定的温度才熔解，这温度称为熔点。在熔解过程中温度保持不变，但要吸热。熔解单位质量物质所需的热量称为熔解热。

对晶体来说，熔解是粒子由规则排列转向不规则排列的过程，实质上就是由长程有序转为长程无序的过程，熔解热是破坏点阵结构所需的能量，因此熔解热可以用来衡量晶体中结合能的大小。

2. 熔解曲线

对于一定的外界压强，在熔点时固液两相平衡共存。低于熔点时处于平衡态的物质系统以固相存在，高于熔点时则以液相存在。

因此，在 p-T 图中画出熔点与外界作用于系统的压强的关系，就可以表示固液两相平衡共存的状态。如图 8-8 所示，曲线 OL 称为熔解曲线，OL 的左方是固相区域，OL 与 OK 之间是液相区域。OL 与 OK 的交点称为三相点。它即在熔解曲线上又在汽化曲线上，因此气相、液相和固相三相平衡共存。利用水的三相点作为固定点来标定热力学温标和理想气体温标，可避免标定温度（如水的沸点，冰的熔点）对压强的依赖关系。

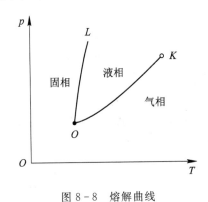

图 8-8　熔解曲线

8.3.4　实际气体的等温线

1. 实验发现

在非常温或非常压下，实际气体一般不能再看成理想气体。1869 年，安德鲁在研究二氧化碳的等温压缩曲线时，发现在不同的温度下进行的压缩过程具有显然不同的特征：

（1）在温度较低时，如 13 ℃ 的二氧化碳，压强增大，体积被压缩，达到图 8-9 所示的 A 点时，容器中开始出现液体。图中的 GA 段表示气体的等温压缩过程。达到 A 点后，再压缩，在减小体积的同时，压缩却不再变化，同时容器中的液体量增加。直到气体全部变为液体时的 B 点为止。所以 AB 是气液共存的等温等压液化过程。到达 B 点后如果继续压缩，压强迅速增大，如图中 BD 段所示，为液体的等温压缩过程。

（2）随着温度的升高，等温线上平台部分变短。当温度较高时，压缩气体会达到一种特定的状态 K，这时气态的密度和液态的密度相等，液体和气体间没有界面，是气液不分的状态，因而观察不到气态向液态的转变。若进一步等温压缩，在 KL 段上的每一点也都是气液不分的，但若温度稍升即见气态，温度稍降即见液态。

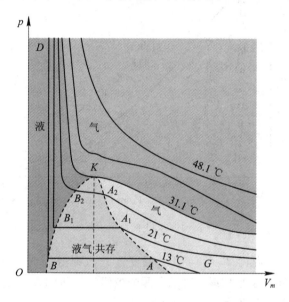

图 8-9 CO_2 的实际等温线

2. 物质的临界状态

在图 8-9 中，横轴表示摩尔体积。A、A_1、A_2 是等温压缩气体时液化开始点，B、B_1、B_2 是液化终了点。随着温度的升高，液化开始点向左移，即气态的摩尔体积逐渐变小，而液化终了点向右移，即液态的摩尔体积逐渐变大，前者因温度升高使饱和汽密度加大，后者因热膨胀而使液态的体积变大。两态摩尔体积差将随温度的增大而缩小。最后，温度升高到一特定值，液化开始点与液化终了点重合于 K 点。

当等温线的平直部分正好缩成一点时的温度，对于二氧化碳是 31.1℃（304.3 K），称为该气体的临界温度，与临界温度相对应的等温线称为临界等温线。临界等温线上的 K 点是一个水平拐点，即有

$$\frac{\mathrm{d}p}{\mathrm{d}V_m}=0, \qquad \frac{\mathrm{d}^2 p}{\mathrm{d}V_m^2}=0$$

临界等温线上斜率为零的点 K 称为该气体的临界点，临界点所对应的状态称为临界点。它的状态参量是临界压强 p_K 和 $V_{m,K}$ T_K、k_K、$V_{m,K}$ 并称为临界参量。

3. 范德瓦耳斯等温线

对于 1 mol 气体，范德瓦耳斯方程为

$$\left(p+\frac{a}{V_m^2}\right)(V_m-b)=RT$$

　　如果温度取一个定值 T，在 p-V_m 图上可作出一条曲线。取不同的 T 值能得一系列曲线。如图 8-10 所示，列出了二氧化碳不同温度下的一系列范德瓦耳斯等温线。

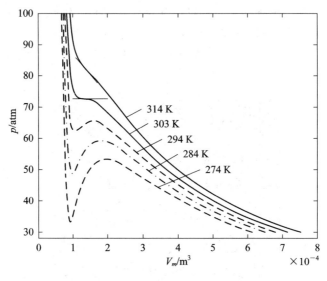

图 8-10　CO_2 的范氏等温线

　　由图可见，存在一个温度 $T_K\approx303$ K，温度 $T>T_K$ 时等温线不可能有水平切线；温度 $T<T_K$ 时等温线上两处有水平切线，表示有两个极值；T_K 等温线有一个水平切线。

　　由范德瓦耳斯方程，在 $T=T_K$ 时

$$p=\frac{RT_K}{V_m-b}-\frac{a}{V_m^2}$$

求对 V_m 的一、二阶导数

$$\left(\frac{\partial p}{\partial V_m}\right)_{T_K}=-\frac{RT_K}{(V_m-b)^2}+\frac{2a}{V_m^3}$$

$$\left(\frac{\partial^2 p}{\partial V_m^2}\right)_{T_K}=\frac{2RT_K}{(V_m-b)^3}-\frac{6a}{V_m^4}$$

在 K 处

$$\left(\frac{\partial p}{\partial V_m}\right)_{T_K}=0,\quad \left(\frac{\partial^2 p}{\partial V_m^2}\right)_{T_K}=0$$

由

$$-\frac{RT_K}{(V_m-b)^2}+\frac{2a}{V_m^3}=0$$

$$\frac{2RT_K}{(V_m-b)^3}-\frac{6a}{V_m^4}=0$$

解得

$$V_{m,K}=3b,\ T_K=\frac{8a}{27Rb},\ p_K=\frac{a}{27b^2}$$

且有

$$\frac{RT_K}{p_K V_{m,K}} = \frac{8}{3} \approx 2.667$$

称为临界系数。

比较图 8-9 与图 8-10 可见，范德瓦耳斯等温线中没有
出现平台部分。我们用图 8-11 来进行一些说明。范氏等温线
与实际等温线不同的是，弯曲部分 $AECFB$ 代替了直线平台
部分 AB。ECF 段表示随压强的变小而体积变小。这是实际
等温过程中观察不到的现象。所以，由气态转变为液态实际
上不可能经过 $AECFB$ 过程。AE 和 FB 段却有现实意义。AE
段表示，虽然蒸气的密度已经超过该温度下饱和气密度，但
仍未发生液化，这是过饱和现象，AE 段上的物态是过饱和蒸
气。同理，BF 段相当于过热液体。它们都是亚稳态。

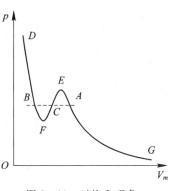

图 8-11　过饱和现象

8.3.5　克拉珀珑方程

汽化过程和熔解过程的 p-T 图中，都反映了压强
随温度的变化情况，它们的斜率 $\dfrac{\Delta p}{\Delta T}$ 有何关系呢？

如图 8-12 所示，设计一个可逆卡诺循环
$BAXYB$，BY 和 AX 为两微小绝热过程。每一循环从高
温热源 T 吸热 Q_1 等于潜热 l。对外做功近似等于 AB ·
$\Delta p = (V_2 - V_1)\Delta p$。当 $\Delta T \to \mathrm{d}T$ 时，功 $A \to (V_2 - V_1)$
$\mathrm{d}p$，已知可逆卡诺循环的效率 $\eta = \Delta T / T$，故有

$$\frac{A}{Q_1} = \frac{\Delta T}{T}$$

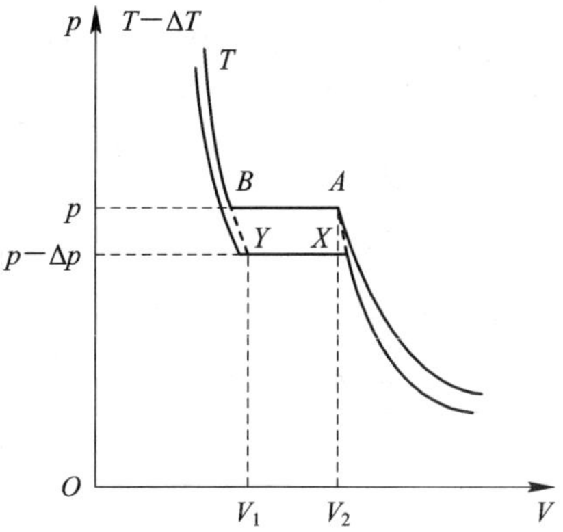

即

$$\frac{(V_2 - V_1)\mathrm{d}p}{l} = \frac{\mathrm{d}T}{T}$$

图 8-12　克拉珀珑方程的推导

得

$$\frac{\mathrm{d}p}{\mathrm{d}T} = \frac{1}{T(V_2 - V_1)}$$

上式称为克拉珀珑方程，适用于所有的一级相变过程。

利用克拉珀珑方程可以讨论沸点随压强的变化关系。令 1 相为液相，2 相为气相。当液
相转变为气相时，$l > 0$，$V_2 > V_1$，因此

$$\frac{\mathrm{d}p}{\mathrm{d}T} = \frac{l}{T(V_2 - V_1)}$$

这说明，沸点随压强的增加而升高，随压强的减小而降低。

也可以讨论熔点随压强的关系。令 1 相为固相，2 相为液相，研究 1 相熔解为 2 相的情
况。由克拉珀珑方程，若 $V_2 > V_1$，则 $\dfrac{\mathrm{d}p}{\mathrm{d}T} > 0$，若 $V_2 < V_1$，则 $\dfrac{\mathrm{d}p}{\mathrm{d}T} < 0$，也就是说，如熔解时体

积膨胀，则熔点随压强的增加而升高；如熔解时体积缩小，则熔点随压强的增加而降低。

液体汽化时，恒有 $l>0$，$V_2>V_1$，所以 $\dfrac{\mathrm{d}p}{\mathrm{d}T}>0$，汽化曲线的斜率恒为正值。晶体熔解时，对于一般晶体，$l>0$，$V_2>V_1$，所以 $\dfrac{\mathrm{d}p}{\mathrm{d}T}>0$，熔解曲线斜率亦为正值，不过因为 V_2-V_1 在熔解时远较汽化时为小，故熔解曲线较陡；对于小数晶体，如冰、铋等 $l<0$，$V_2<V_1$，所以 $\dfrac{\mathrm{d}p}{\mathrm{d}T}<0$，熔解曲线斜率为负值，其绝对值也比汽化曲线的斜率大。

8.3.6　固气相变　三相图

物质从固相直接转化为气相的过程称为升华，从气相直接转化为固相的过程称为凝华，在压强比三相点的压强低时，将固体加热，固体直接转变为气体，而不经过液态的阶段。常温常压下，碘化钾、干冰(晶体 CO_2)、硫、磷等都有显著的升华现象。实际上，即压强比三相点高，在任何温度下，固体表面也有分子跑到空间去，发生升华现象。

固体、气体平衡共存的状态在 p-T 上由升华曲线表示。图 8-13 画出了相交于一点 O 的水的汽化曲线 OK、熔解曲线 OL 和升华曲线 OS，O 点为水的三相点。这样的 p-T 图以三条相变曲线分隔为三个相，叫三相图。

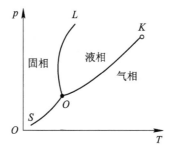

图 8-13　三相图

第9章 静 电 场

电磁学是研究电磁现象的产生、运动及其规律的学科，即研究电荷、电荷间相互作用、电场与磁场的性质及其规律的科学，主要包括静电场、恒磁场和变化的电磁场三个主要的部分，本书将用三章的篇幅来分别进行介绍。

相对于观察者静止的电荷叫静电荷，由静电荷产生的场称为静电场，静电场不随时间变化，也没有能量的传输，但它是理解电磁相互作用的基础。

9.1 电场与高斯定理

9.1.1 电荷的认识

人类对电的认识是在长期实践活动中不断发展、逐步深化的，经历了一条漫长而曲折的道路。回顾中学物理知识，我们已经了解到以下基本事实：

(1) 电荷是物质基本属性之一，有两种不同的电荷属性。同种电荷之间相互排斥，异种电荷之间相互吸引。历史上人们规定用丝绸摩擦过的玻璃棒所带电荷为正电荷，用毛皮摩擦过的橡胶棒所带电荷为负电荷。

(2) 1897 年英国科学家汤姆逊(J. J. Thomson)在实验中发现了电子，从而揭示了通过摩擦使物体带电的实质正是物体间得失电子所引起的。**电荷并不能凭空产生，也不能无故消失，它只能从一个物体转移到另一个物体或从物体一端移动到另一端。**这就是电荷守恒定律。电荷守恒定律是电磁现象中的基本定律之一。

(3) 1907—1913 年，美国科学家密立根(R. A. Miliken)通过油滴实验，发现油滴所带电量并不连续，而是一个最小单元的整数倍，这个最小单元即电子的电量，其值为

$$e = 1.60217733 \times 10^{-19} \quad (单位：C)$$

从而确认了电荷的量子化。

注意：粒子物理标准模型认为：构成物质的夸克带有 $\pm \frac{1}{3}e$、$\pm \frac{2}{3}e$ 的分数电荷，但目前单独存在的夸克尚未在实验中发现。

(4) 带电体所带的电量与运动的运动状态无关，也与参考系无关。宏观分析时，电荷常是数以亿计的电子电荷 e 的组合，故可不考虑其量子化的事实，而认为电荷量 q 可任意连续取值。

(5) 带电体所带的电量与运动的运动状态无关，也与参考系无关。

现在，人类早已进入电气化时代，与电有关的电子电气已进入千家万户。人们对于电力、电子的应用研究也已经形成了许多的学科门类。但静电场的基本规律仍然是相关学科的理论基础。

9.1.2　电力、库仑定律

电荷之间的相互作用，是宇宙中四种基本作用之一。如图 9-1 所示，真空中，两个点电荷之间的作用力于 1785 年由法国物理学家库仑定量测定为：

$$F_{12} = e_R \frac{q_1 q_2}{4\pi\varepsilon_0 R_{12}^2} = \frac{q_1 q_2 R_{12}}{4\pi\varepsilon_0 R_{12}^3}$$

（1）力的大小与两电荷的电荷量成正比，与其距离的平方成反比；

（2）力的方向沿 q_1 和 q_2 连线方向，同性电荷相排斥，异性电荷相吸引；

（3）$F_{21} = -F_{12}$，满足牛顿第三定律。

在远离电荷的空间，当我们放入一个试验电荷时，我们可能会观察到该电荷受到了电力的作用，把同一个试验电荷放在不同的空间位置，它受到的电力可能也不同。于是我们认为该空间存在某种特殊的物质——电场。它是传递电荷相互作用的媒介，也是客观存在的一种物质形式。它的强度可以通过试验电荷所受的静电力与该试验电荷的电量之比来定义。即空间某点的**电场强度**定义为置于该点的单位点电荷受到的作用力，简称为场强，即

$$E = \frac{F}{q_0} \quad (q_0 \text{ 为试验正电荷}) \tag{9.1}$$

根据上述定义，真空中静止点电荷 q 激发的电场强度为

$$E = \frac{1}{4\pi\varepsilon_0} \frac{q}{r^2} r_0 \tag{9.2}$$

为了简化公式，如图 9-2 所示，取场源点电荷 q 所在位置为坐标原点，指向观察点的有向线段为观察点的位置矢量 r，r_0 为矢径 r 方向的单位矢量。q 为正电荷时，E 与 r 同方向；q 为负电荷时，E 与 r 方向相反。式(9.2)表明点电荷的电场具有球对称性：在以 q 为中心的每一个球面上，各点电场强度的大小相等；正电荷的电场强度方向垂直球面向外，负电荷的电场强度方向垂直球面向里。

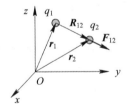 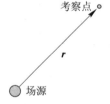

图 9-1　两个点电荷之间的力　　　图 9-2　点电荷的场强

前面电场强度虽然是根据试验电荷的受力情况来定义的，但电场强度却是与试验电荷无关的，空间某一点处是否放置试验电荷，电场强度都存在。静电场的一个重要特征：对放入其中的电荷有力的作用

$$F = qE$$

真空中多个点电荷激发的电场强度既可以通过式(9.1)由单位点电荷所受到的合力来求，也可由各个点电荷分别产生的电场的矢量叠加来确定。

$$E = \frac{\sum\limits_i F_i}{q_0} = \sum\limits_i E_i = \sum \frac{1}{4\pi\varepsilon_0} \frac{q_i}{r_i^2} r_{i0} \tag{9.3}$$

对于电荷是连续分布的情况，可以把带电体分割成无限多个电荷元 $\mathrm{d}q$，$\mathrm{d}q$ 在场点 P 产生的电场强度 $\mathrm{d}\boldsymbol{E}$ 与点电荷电场强度相同，由式(9.2)知

$$\mathrm{d}\boldsymbol{E} = \frac{\mathrm{d}q}{4\pi\varepsilon_0 r^2}\boldsymbol{r}_0$$

$\boldsymbol{r}_0$ 为电荷元 $\mathrm{d}q$ 到 P 点的矢径 $\boldsymbol{r}$ 方向的单位矢量，根据电场强度叠加原理，带电体在 P 点总的电场强度为

$$\boldsymbol{E} = \int_V \mathrm{d}\boldsymbol{E} = \int_V \frac{\mathrm{d}q}{4\pi\varepsilon_0 r^2}\boldsymbol{r}_0 \tag{9.4}$$

实际带电系统的电荷分布形态常有以下几种形式。

1. 体分布

如图 9-3 所示，电荷连续分布于体积 V 内，需用电荷体密度来描述其分布，有

$$\rho(\boldsymbol{r}) = \lim_{\Delta V \to 0}\frac{\Delta q(\boldsymbol{r})}{\Delta V} = \frac{\mathrm{d}q(\boldsymbol{r})}{\mathrm{d}V}$$

其单位为：$\mathrm{C/m^3}$（库仑/米^3）。根据电荷密度的定义，若已知某空间区域 V 中的电荷体密度，则区域 V 中的总电量 q 为

$$q = \int_V \rho(\boldsymbol{r})\mathrm{d}V$$

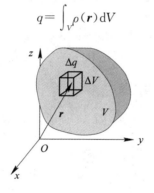

图 9-3　电荷体分布

2. 面分布

如图 9-4 所示，电荷分布在薄层上，当仅考虑薄层外，距薄层的距离要比薄层的厚度大得多处的电场，而不分析和计算该薄层内的电场时，可将该薄层的厚度忽略，认为电荷是面分布。面分布的电荷可用电荷面密度表示，为

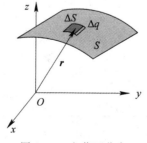

图 9-4　电荷面分布

$$\sigma(\boldsymbol{r}) = \lim_{\Delta S \to 0} \frac{\Delta q(\boldsymbol{r})}{\Delta S} = \frac{\mathrm{d}q(\boldsymbol{r})}{\mathrm{d}S}$$

单位：C/m^2（库仑/米^2）。若已知某空间曲面 S 上的电荷面密度，则该曲面上总电量 q 为

$$q = \int_S \sigma(\boldsymbol{r})\,\mathrm{d}S$$

3. 线分布

如图 9-5 所示，电荷分布在细线上，当仅考虑细线外，距细线的距离要比细线的直径大得多处的电场，而不分析和计算线内的电场时，可将线的直径忽略，认为电荷是线分布。线分布的电荷可用电荷线密度表示，为

$$\lambda(\boldsymbol{r}) = \lim_{\Delta l \to 0} \frac{\Delta q(\boldsymbol{r})}{\Delta l} = \frac{\mathrm{d}q(\boldsymbol{r})}{\mathrm{d}l}$$

单位：C/m（库仑/米）。若已知某空间曲线 l 上的电荷线密度，则该曲线上总电量 q 为

$$q = \int_C \lambda(\boldsymbol{r})\,\mathrm{d}l$$

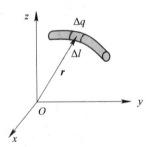

图 9-5　电荷线分布

当电荷所在区域是均匀分布时，以上的体密度、面密度、线密度分布为对应的常量 ρ、σ 和 λ。

例 9.1.1　两个等值异号的点电荷 $+q$ 和 $-q$ 组成的点电荷系，当它们之间的距离 l 比起所讨论问题中涉及的距离 r 小得多时，这一对点电荷系就称为电偶极子。由负电荷 $-q$ 指向正电荷 $+q$ 的矢径 $\boldsymbol{l}$ 称为电偶极子的轴，ql 称为电偶极矩，简称为电矩，用 $\boldsymbol{p}$ 表示，即 $\boldsymbol{p} = q\boldsymbol{l}$。求真空中电偶极子周围的电场强度。

解　如图 9-6 所示，取电偶极子的中心为坐标原点，$\boldsymbol{l}$ 方向为 z 轴正方向。

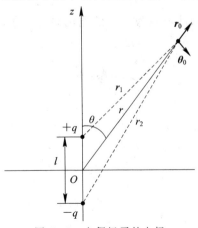

图 9-6　电偶极子的电场

由于显然的对称性，采用球坐标，且只需考虑纸平面内的情况即可。

$$\boldsymbol{E}=\boldsymbol{E}_{+}+\boldsymbol{E}_{-}=\frac{q}{4\pi\varepsilon_0}\left(\frac{\boldsymbol{r}_1}{r_1^3}-\frac{\boldsymbol{r}_2}{r_2^3}\right)$$

因为

$$\boldsymbol{r}_1=\boldsymbol{r}-\frac{1}{2}\boldsymbol{l}, \quad \boldsymbol{r}_2=\boldsymbol{r}+\frac{1}{2}\boldsymbol{l}$$

因而

$$r_1^2=r^2+\frac{1}{4}l^2-\boldsymbol{r}\cdot\boldsymbol{l}, \quad r_2^2=r^2+\frac{1}{4}l^2+\boldsymbol{r}\cdot\boldsymbol{l}$$

$$r_1^3=r^3\left(1+\frac{1}{4r^2}l^2-\frac{\boldsymbol{r}\cdot\boldsymbol{l}}{r^2}\right)^{3/2}, \quad r_2^3=r^3\left(1+\frac{1}{4r^2}l^2+\frac{\boldsymbol{r}\cdot\boldsymbol{l}}{r^2}\right)^{3/2}$$

$$r_1^{-3}\approx r^{-3}\left(1+\frac{3}{2}\frac{\boldsymbol{r}\cdot\boldsymbol{l}}{r^2}\right), \quad r_2^{-3}\approx r^{-3}\left(1-\frac{3}{2}\frac{\boldsymbol{r}\cdot\boldsymbol{l}}{r^2}\right)$$

所以

$$
\begin{aligned}
\boldsymbol{E}&=\frac{q}{4\pi\varepsilon_0 r^3}\left[\boldsymbol{r}_1-\boldsymbol{r}_2+(\boldsymbol{r}_1+\boldsymbol{r}_2)\frac{3}{2}\frac{\boldsymbol{r}\cdot\boldsymbol{l}}{r^2}\right]\\
&=\frac{1}{4\pi\varepsilon_0 r^3}\left[-\boldsymbol{p}+3(\boldsymbol{r}_0\cdot\boldsymbol{p})\boldsymbol{r}_0\right]\\
&=\frac{p}{4\pi\varepsilon_0 r^3}(2\cos\theta\boldsymbol{r}_0+\sin\theta\boldsymbol{\theta}_0)
\end{aligned}
\tag{9.5}
$$

讨论：(1) 电偶极子轴线延长线上，$\theta=0,180°$，$\cos\theta=\pm1$，$\sin\theta=0$，所以 $\boldsymbol{E}=\dfrac{2\boldsymbol{p}}{4\pi\varepsilon_0 r^3}$；

(2) 电偶极子中垂线上，$\theta=90°$，$\cos\theta=0$，$\sin\theta=1$，所以 $\boldsymbol{E}=\dfrac{p\boldsymbol{\theta}_0}{4\pi\varepsilon_0 r^3}$。**注：** $\boldsymbol{r}_0$ 是指从 O 指向考察点 P 的单位矢量，$\boldsymbol{\theta}_0$ 是与 $\boldsymbol{r}_0$ 垂直的单位矢量。

9.1.3 几种典型连续电荷分布的电场强度

下面我们用电场叠加原理来求几种典型连续电荷分布的电场强度。

1. 均匀带电直线段的电场强度

如图 9-7 所示，取带电直线为 x 轴，其中点为坐标原点。设 P 点到 L 的垂直距离为 a，P 点到 L 两端的连线与 x 轴正方向的夹角分别为 θ_1 和 θ_2。在线段 l 处取线元 $\mathrm{d}l$，电荷元为 $\mathrm{d}q=\lambda\mathrm{d}l=\dfrac{q}{L}\mathrm{d}l$，$\mathrm{d}q$ 在 P 点产生的电场强度 $\mathrm{d}\boldsymbol{E}$ 的方向如图所示，大小为

$$\mathrm{d}E=\frac{1}{4\pi\varepsilon_0}\frac{\lambda\mathrm{d}l}{r^2}$$

r 为 P 点到 $\mathrm{d}l$ 的距离，$\boldsymbol{r}$ 与 x 正向的夹角为 θ，则有

$$\mathrm{d}E_x=\mathrm{d}E\cos\theta, \quad \mathrm{d}E_y=\mathrm{d}E\sin\theta$$

因为 $x-l=a\cot\theta$，$\mathrm{d}l=\dfrac{a_\mathrm{d}\theta}{\sin^2\theta}$，$r=\dfrac{a}{\sin\theta}$，所以有

$$E_x=\int_{\theta_1}^{\theta_2}\frac{\lambda}{4\pi\varepsilon_0 a}\cos\theta\mathrm{d}\theta=\frac{\lambda}{4\pi\varepsilon_0 a}(\sin\theta_2-\sin\theta_1)\tag{9.6}$$

$$E_y = \int_{\theta_1}^{\theta_2} \frac{\lambda}{4\pi\varepsilon_0 a} \sin\theta d\theta = \frac{\lambda}{4\pi\varepsilon_0 a}(\cos\theta_1 - \cos\theta_2) \tag{9.7}$$

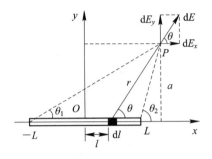

图 9-7 均匀带电直线的场强

讨论: 当 λ 为常量, $L \to \infty$ 时, $\theta_1 = 0$, $\theta_2 = \pi$, 则有

$$E_x = 0, \quad E_y = \frac{\lambda}{2\pi\varepsilon_0 a}$$

2. 均匀带电圆环轴线上的电场强度

设圆环半径为 a, 带电 q。如图 9-8 所示, 取环的轴线为 z 轴, 轴上 M 点与环心的距离为 z, 在圆环上取线元 dl, 它与 M 点的距离为 r, 有 $dq = \lambda dl = \frac{q}{2\pi a} dl$。$dE$ 在 z 轴方向的分量为

$$dE_z = \frac{\lambda dl}{4\pi\varepsilon_0 r^2} \cos\theta$$

dE 在与 z 轴垂直方向的分量由于对称性相消总和为零。所以 M 点的总电场强度的方向一定沿 z 轴, 即有

$$\begin{aligned}
E = \int_l dE_z &= \int_l \frac{\lambda dl}{4\pi\varepsilon_0 r^2} \cos\theta \\
&= \int_l \frac{\lambda dl}{4\pi\varepsilon_0 r^2} \frac{z}{r} \\
&= \frac{z}{4\pi\varepsilon_0 r^3} \int_0^{2\pi a} \lambda dl \\
&= \frac{qz}{4\pi\varepsilon_0 (a^2 + z^2)^{3/2}} \tag{9.8}
\end{aligned}$$

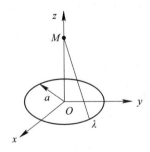

图 9-8 均匀带电圆环轴线上的场强

3. 均匀带电的环形薄圆盘轴线上任意点的电场强度

如图 9-9 所示，环形薄圆盘的内半径为 a、外半径为 b，电荷面密度为 σ。为了利用上面带电圆环的计算结果，在环形薄圆盘上取半径为 r、宽度为 dr 的一个细圆环。其所带的电量为 $dq = \sigma 2\pi r dr$，它在圆盘轴线上点 $P(0, 0, z)$ 处产生的电场强度为

$$dE = \frac{\sigma 2\pi r dr z}{4\pi\varepsilon_0 (r^2 + z^2)^{3/2}} = \frac{4 dr \sigma z}{2\varepsilon_0 (r^2 + z^2)^{3/2}}$$

方向沿 z 轴。则整个环形圆盘电荷在 P 点处产生的总的电场强度为

$$E = \frac{\sigma z}{2\varepsilon_0} \int_a^b \frac{r dr}{(r^2 + z^2)^{3/2}} = \frac{\sigma z}{2\varepsilon_0} \left[\frac{1}{(z^2 + a^2)^{1/2}} - \frac{1}{(z^2 + b^2)^{1/2}} \right] \tag{9.9}$$

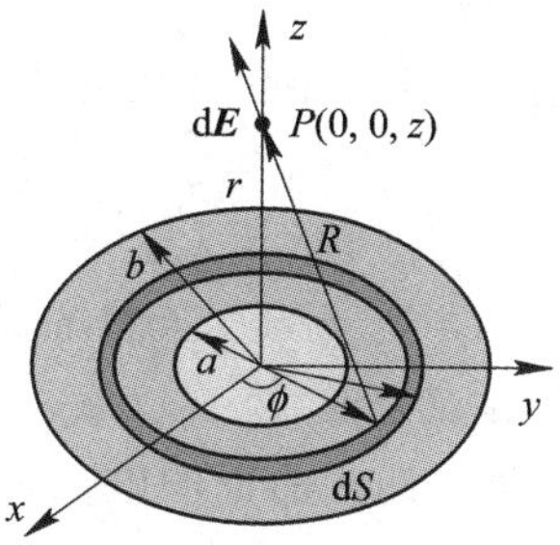

图 9-9 均匀带电环形薄圆盘轴线上的场强

讨论：当 $a = 0$，$b \to \infty$ 时

$$E = \frac{\sigma}{2\varepsilon_0}$$

即无限大均匀带电的平面所产生的电场是一个与平面对称且垂直于平面的均匀电场。

9.1.4 高斯定理及其应用

1. 电场线

我们虽然可以在电场中某个位置放入试验电荷，通过测量试验电荷所受到的电场力情况来了解该处的电场强度，但对于电场在给定空间的分布情况，需要测量出所有不同位置处的电场强度，如图 9-10 所示标记了用试验电荷法测得的一对等量点电荷周围空间的一些电场强度数据。箭头的方向表示该处电场的方向，箭头的长短反映场强的大小。为了更加直观、形象地展示空间任意点的电场情况，我们引进电场线。

如图 9-11 所示，电场线上每一点的切线方向都与该点电场强度 E 的方向相同。此外，电场强度的大小用该点处电场线的疏密表示，即规定：在电场中任一点处，通过垂直于 E 的单位面积的电场线的数目正比于该点处电场强度 E 的量值。因而，电场线还有以下性质：

（1）总是起自正电荷（或从无穷远来），终止于负电荷（或去往无穷远），既不闭合也不无故中断。

（2）任何两条电场线不相交，因为静电场中每一点的电场强度都是唯一的。

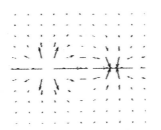

图 9 - 10　两个等量异号电荷周围的电场分布　　　　图 9 - 11　两个等量异号电荷的电场线

2. 电通量

垂直通过某个表面的物理量，叫作这种物理量的通量(flux)。比如液体流过某个截面的流量。同样地，我们定义通过电场中任一给定面的电场强度总量称为通过该面的电通量。常用符号 Φ_e 表示。

$$\Phi_e = ES$$

穿过一个平面的电通量和该平面与电场强度矢量的夹角有关。如图 9 - 12 所示，第一种情况下通过矩形表面的电通量就是简单的 E 乘以 S，第二种情况是零，最后一种是 ES 乘以 $\cos 60°$。而计算非均匀电场中通过任一曲面的电通量时，要把该曲面划分为很多个面元。如图 9 - 13 所示，一个无限小的面元 dS 的法线 n 与电场强度 E 的夹角为 θ，则通过该面元的电通量为

$$d\Phi_e = E \cdot dS$$

通过曲面 S 的总电通量等于通过各面元的电通量之和，即

$$\Phi_e = \int_S E \cdot dS \tag{9.10}$$

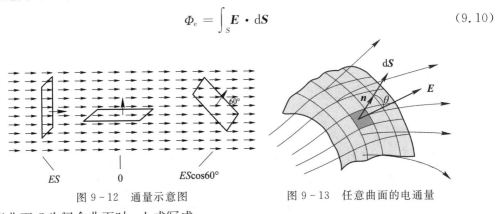

ES　　　　　　0　　　　　$ES\cos 60°$

图 9 - 12　通量示意图　　　　　　图 9 - 13　任意曲面的电通量

当曲面 S 为闭合曲面时，上式写成

$$\Phi_e = \oint_S E \cdot dS \tag{9.11}$$

此时规定，面元 dS 的法线 n 的正向为指向闭合面的外侧，因此，穿出曲面的电通量为正，进入里面的电通量为负。

3. 高斯定理

静电场中，穿过一个封闭曲面的电通量有一个非常重要的性质。下面我们先从计算一个简单球形闭合曲面的电通量开始讨论。如图 9 - 14 所示，一个点电荷。用一个半径为 R 球形封闭面包住，让电荷处于球心。球面微元 dS 方向沿径向向外，因为电场的方向也是沿

径向的。所以电场强度与面元法向平行，$\cos\theta=1$。通过整个闭合球面 S 的电通量因而为

$$\Phi_e = \oint_S \mathrm{d}\Phi_e = \oint_S \boldsymbol{E} \cdot \mathrm{d}\boldsymbol{S} = \oint_S \frac{Q}{4\pi\varepsilon_0 R^2}\mathrm{d}S = \frac{Q}{4\pi\varepsilon_0 R^2}\oint_S \mathrm{d}S = \frac{Q}{\varepsilon_0}$$

它和距离 R 无关，这并不奇怪。因为闭合曲面的作用不过是把空间分为里面和外面，如果是空气不间断地往外流，不论球多么大，那么流出任意球面的气流总是一定的。所以通量和球的大小无关，通量是由中心的电荷决定的。

　　如果我们选择其他的形状，不是球形，如图 9-15 所示，去掉两块，那么它的气流量也会完全一样，得到这个结果，不一定要选择球形，可以选择任何形状古怪的完全封闭曲面，包住这个电荷，同样能得到完全一样的结果。如果在封闭曲面里存在更多电荷，由于不同电荷的电场是可以叠加的，矢量叠加。这个关系显然也适用于曲面中任意选取的电荷组合。其次，如果点电荷 q 在闭合曲面 S 之外，则从该点电荷发出的每一条电场线要么不穿过闭合面，要么从一边穿入，另一边穿出。穿出穿入相互抵消，对整个闭合曲面的电通量的总贡献为零！这样，我们得到了静电场的一个重要定理——**高斯定理**。

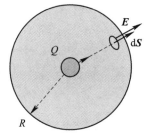 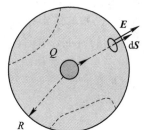

图 9-14　封闭球面的电通量　　　　　　图 9-15　不规则封闭面的电通量

通过真空静电场中任一闭合面的电通量 Φ_e，等于包围在该闭合面内的电荷代数和除以 ε_0。 电通量与曲面外电荷无关。用公式表示为

$$\Phi_e = \oint_S \boldsymbol{E} \cdot \mathrm{d}\boldsymbol{S} = \frac{\sum q_i}{\varepsilon_0} \tag{9.12}$$

　　高斯定理是静电场的基本定理，当穿过闭合曲面的电通量不为零时，可以通过持续缩小闭合曲面的方法，找到电场的源。从而说明，静电场是一个有源场，电场线起始于正电荷，终止于负电荷，电荷就是它的源。利用高斯定理，可以较方便地来求一些具有规则几何分布的带电体周围的电场强度。下面我来讨论几个典型实例。

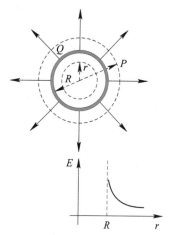

图 9-16　均匀带电球面的场强分布

4. 高斯定理的应用举例

　　例 9.1.2　如图 9-16，求真空中均匀带电球面的场强分布。已知球面半径为 R，带电量为 Q。

　　解　由于电荷分布的球对称性。离球心距离相等的点应该具有相同大小的电场强度。而且方向也只能

在半径方向上。没有特殊的方向，没有特殊的位置。即空间电场强度的分布也是球对称的。

设空间某点 P 到球心的距离为 r，取以球心为中心，r 为半径的闭合球面 S 为高斯面，则 S 上的面元 $\mathrm{d}\boldsymbol{S}$ 的法线 $\boldsymbol{n}$ 与面元处电场强度的方向相同，且高斯面上各点电场强度大小相等。所以

$$\oint_S \boldsymbol{E} \cdot \mathrm{d}\boldsymbol{S} = \oint_S E\,\mathrm{d}S = E\oint_S \mathrm{d}S = E4\pi r^2$$

根据高斯定理，上述积分只与封闭在高斯面内的电荷量有关。当 P 点在带电球面内 $(r<R)$ 时，半径为 r 的高斯面内没有电荷区 $\sum q_i = 0$，因而 $\boldsymbol{E}=0$。当 P 点在带电球面外 $(r>R)$ 时，$\sum q_i = Q$，则有

$$E4\pi r^2 = \frac{Q}{\varepsilon_0} \Rightarrow \boldsymbol{E} = \frac{Q}{4\pi\varepsilon_0 r^2}\boldsymbol{r}_0$$

即等效于在球心处放置点电荷 Q 所产生的电场。图9-16的下部综合给出了空间电场的分布情况。

例 9.1.3 求真空中均匀带电球体的场强分布。如图 9-17 所示，已知球体半径为 a，电荷密度为 ρ_0。

解 依照前例的讨论，由电荷分布的对称性可知电场强度分布也必然是球对称的，方向总是沿着半径的方向。根据高斯定理：

（1）球外点的场强

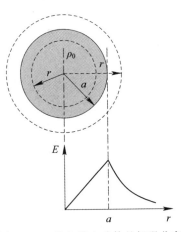

$$\oint_S \boldsymbol{E} \cdot \mathrm{d}\boldsymbol{S} = \frac{q}{\varepsilon_0} = \frac{1}{\varepsilon_0}\cdot\frac{4}{3}\pi a^3 \rho_0$$

$$\Rightarrow E = \frac{\rho_0 a^3}{3\varepsilon_0 r^2} \quad (r > a)$$

（2）球内点的场强

$$\oint_S \boldsymbol{E} \cdot \mathrm{d}\boldsymbol{S} = \frac{1}{\varepsilon_0}\int_V \rho_0\,\mathrm{d}V$$

图 9-17　均匀带电球体的场强分布

$$\Rightarrow 4\pi r^2 E = \frac{1}{\varepsilon_0}\cdot\frac{q}{4\pi a^3/3}\cdot\frac{4}{3}\pi r^3$$

$$\Rightarrow E = \frac{\rho_0 r}{3\varepsilon_0} \quad (r \leqslant a)$$

其综合电场分布如图 9-17 所示的下部分布曲线。

例 9.1.4 求真空中无限大均匀带平面的场强分布。如图 9-18 所示，已知电荷面密度为 σ。

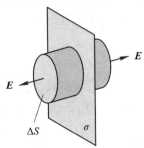

图 9-18　无限大均匀带平面的场强分布

解 本题电荷分布在一个无限大平面内。由于电荷分布的对称性，找不出任何理由，让电场强度的方向不与电荷所在平面垂直。如图 9 - 18 所示选择闭合圆柱面作为高斯面，由于该圆柱面侧面的电通量为零。根据高斯定理

$$\oint_S \boldsymbol{E} \cdot \mathrm{d}\boldsymbol{S} = 2E\Delta S = \frac{\sigma \Delta S}{\varepsilon_0} \Rightarrow \boldsymbol{E} = \frac{\sigma}{2\varepsilon_0}\boldsymbol{n}$$

可见，无限大带电平面两侧的电场是匀强电场。这与我们前面用电场叠加原理求得的结果是一致的。当带电平面不是无限大，在靠近平面的中心区域，相对来说，仍然可以把该平面看作是无限大平面，比如平行板电容器的中间，在忽略边缘效应时，可以当作匀强电场近似处理。

例 9.1.5 求真空中无限长均匀带电圆柱面的场强分布。如图 9 - 19 所示，已知圆柱面的半径为 R，单位长度所带的电量为 λ。

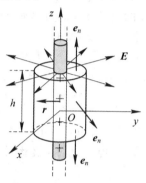

图 9 - 19 无限长均匀带电圆柱面的场强分布

解 本题电荷分布在一个呈轴对称的无限长圆柱面上，可以确定其产生的电场也必然具有轴对称，即离圆柱面轴线垂直距离相等的各点电场强度大小相等，方向垂直于圆柱面，选取与圆柱面同轴的闭合柱形高斯面，计算通过该高斯面的电通量

$$\oint_S \boldsymbol{E} \cdot \mathrm{d}\boldsymbol{S} = \int_{侧面} \boldsymbol{E} \cdot \mathrm{d}\boldsymbol{S} + \int_{上底} \boldsymbol{E} \cdot \mathrm{d}\boldsymbol{S} + \int_{下底} \boldsymbol{E} \cdot \mathrm{d}\boldsymbol{S}$$

$$= \int_{侧面} \boldsymbol{E} \cdot \mathrm{d}\boldsymbol{S} = 2\pi r h E$$

根据高斯定理，这一通量等于闭合高斯面所含的电荷的代数和除以 ε_0。当高斯面在圆柱面内部时，即当 $r < R$ 时，包含在高斯面内的电荷为零，所以 $E = 0$。当 $r > R$ 时，由

$$2\pi r h E = \lambda \times h \Rightarrow E = \frac{\lambda}{2\pi\varepsilon_0 r}$$

可见，无限长均匀带电圆柱面外各点的电场强度与全部电荷集中在其轴线上的均匀带电直线的电场一样。

总结： 从以上的例子我们可以看出，能用高斯定理求解电场强度的问题，其电荷分布必须具有一定的对称性。求解这类问题的一般步骤：

（1）分析电荷的对称性，对应分析电场的对称性（常见的是中心对称、面对称、轴对称）。

（2）选取一个合适的高斯面，使得或者在该高斯面的某一部分曲面上的 $\boldsymbol{E}$ 值为常数，或者使某一部分曲面上的 $\boldsymbol{E}$ 与它们的法线方向处处垂直。

（3）由高斯定律求 $\boldsymbol{E}$：

$$\oint_S \boldsymbol{E} \cdot \mathrm{d}\boldsymbol{S} = \frac{\sum_S Q_i}{\varepsilon_0}$$

9.2　环路定理与电势

9.2.1　电场力的功

静电场的一个重要特征是对放入其中的电荷有力的作用。当电荷在电场力的作用下运动而产生动能的改变时，我们说电场力对电荷做了功。静电场力做功有什么特点呢？

如图 9-20 所示，在点电荷 q 的电场中，试验电荷 q_0 从 A 点经任意路径运动到 B 点。在路径中任一点附近的元位移 $\mathrm{d}\boldsymbol{l}$ 中，电场力做的功

$$\mathrm{d}W = \boldsymbol{F} \cdot \mathrm{d}\boldsymbol{l} = q_0 \boldsymbol{E} \cdot \mathrm{d}\boldsymbol{l} = q_0 E \mathrm{d}l\cos\theta = q_0 E \mathrm{d}r$$

将点电荷的电场强度公式代入，并积分即可求得 q_0 从 A 点运动到 B 点时电场力做的总功为

$$W_{AB} = \int_A^B \mathrm{d}W = \int_{r_A}^{r_B} \frac{1}{4\pi\varepsilon_0} \frac{qq_0}{r^2} \mathrm{d}r = \frac{qq_0}{4\pi\varepsilon_0}\left(\frac{1}{r_A} - \frac{1}{r_B}\right)$$

r_A、r_B 是试验电荷 q_0 在始末位置相对于源电荷 q 的距离。可见，点电荷中电场力对试验电荷所做的功，只取决于始末位置，与位置变化的路径无关。这是典型的保守力特点。

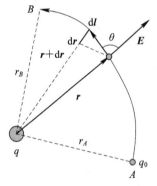

图 9-20　电场力做的功

根据电场的叠加原理，上述结论也很容易推广到任意带电体产生的电场。因而可以得到结论：**在静电场中，电场力对放入其中的电荷所做的功，只与电荷所处始末位置处的电场强度以及放入电荷的电量有关，而与运动路径无关。**这说明静电力是保守力，静电场是保守场。静电场的这一特性还可以用所谓的环路定理来描述。即当试验电荷在静电场中的运动路径为一闭合回路时，由于始末位置相同，或者说位置实际上没有变化，那么静电力做功必然等于零，即

$$\oint_l \boldsymbol{E} \cdot \mathrm{d}\boldsymbol{l} = 0 \tag{9.13}$$

静电场中，电场强度 E 沿任意闭合回路的积分等于零，称为静电场的环路定理。

9.2.2　电势

某个物理量，如果对任意路径的积分只与始末位置有关。这意味着：在不同的位置，存

在一个由位置决定的另一物理量——势（potential）。如重力加速度 g 是一个只与地理位置有关的反映引力强度的物理量，它在空间两点 A、B 之间的如下积分

$$U_{AB} = \int_A^B \boldsymbol{g} \cdot \mathrm{d}\boldsymbol{l} = g(h_A - h_B)$$

表示两点间的**地势**差。在静电场中，这一物理量叫**电势**。确定某一点 P 的电势，需要选定一个参考的零电势点，那么以下积分就表示 P 点的电势

$$U_p = \int_p^{\text{零电势点}} \boldsymbol{E} \cdot \mathrm{d}\boldsymbol{l} \tag{9.14}$$

若无特别声明，**通常规定无穷远处为电势零点**，则电场中某点 P 的电势即为电场强度**矢量沿任意路径从 P 到无穷远处的积分**。显然，静电场中任意两点间的电势差是一个与参考点无关的量

$$U_{AB} = U_A - U_B = \int_A^B \boldsymbol{E} \cdot \mathrm{d}\boldsymbol{l} \tag{9.15}$$

在电路分析中，两点间的电势差也称为电压。电势和电势差的单位都是伏特，符号为 V。

有了电势的定义，可将电场力做功表示为

$$W = \int_A^B q_0 \boldsymbol{E} \cdot \mathrm{d}\boldsymbol{l} = q_0(U_A - U_B) = E_{pA} - E_{pB}$$

$E_{pA} = qU_A$，$E_{pB} = qU_B$ 是与位置相关的能量，分别称电荷 q 在 A 点和 B 点的电势能。上式表明，在静电场中移动电荷时，电场力所做的功等于电势能的减小。

9.2.3 电势的计算

静电场中任一点的电势，通常可用两种方法来计算：一种方法是在已知电场强度分布，或已知电荷分布可较易求得电场分布的情况下，利用电势的定义来求电势；另一种方法是利用常见电荷分布的电势公式，根据电势叠加的方法来求。前者称为"积分法"，后者称为"叠加法"。下面我们分别举例来说明。

1. 根据电势的定义来计算

真空点电荷电场中，离场源电荷距离为 r 的点 A 处的电势

$$U_A = \int_r^\infty \frac{1}{4\pi\varepsilon_0} \frac{q}{r^2} \mathrm{d}r = \frac{q}{4\pi\varepsilon_0 r} \tag{9.16}$$

匀强电场中两点的电势差

$$U_{AB} = \boldsymbol{E} \cdot \Delta \boldsymbol{L} = E\Delta L\cos\theta = Ed \tag{9.17}$$

d 是沿着电场线方向的距离。

真空中，均匀带电球面内外空间的电势：前面我们求过均匀带电球面内外空间的电场强度分布

$$\boldsymbol{E} = \begin{cases} 0 & r < R \\ \dfrac{Q}{4\pi\varepsilon_0 r^2} & r > R \end{cases}$$

因而

$$U_A = \begin{cases} \int_r^R \boldsymbol{0} \cdot \mathrm{d}\boldsymbol{l} + \int_R^\infty \dfrac{Q}{4\pi\varepsilon_0 r^2}\mathrm{d}r = \dfrac{Q}{4\pi\varepsilon_0 R} & r < R \\[4mm] \int_r^\infty \dfrac{Q}{4\pi\varepsilon_0 r^2}\mathrm{d}r = \dfrac{Q}{4\pi\varepsilon_0 r} & r > R \end{cases}$$

可以发现，球面外的任意一点的电势等效于球面电荷集中于球心的点电荷所产生的电势，球面内任意一点的电势为常数，等于球面上的电势。在 $r=R$ 的球面上，尽管电场强度有跳跃，但电势却是连续的。

2. 根据电势叠加原理来计算

当空间电场是多个场源引起时，根据电场强度叠加原理

$$\boldsymbol{E} = \boldsymbol{E}_1 + \boldsymbol{E}_2 + \cdots + \boldsymbol{E}_n$$

$$U_p = \int_p^\infty \boldsymbol{E} \cdot \mathrm{d}\boldsymbol{l} = \int_p^\infty \boldsymbol{E}_1 \cdot \mathrm{d}\boldsymbol{l} + \int_p^\infty \boldsymbol{E}_2 \cdot \mathrm{d}\boldsymbol{l} + \cdots + \int_p^\infty \boldsymbol{E}_n \cdot \mathrm{d}\boldsymbol{l} = U_1 + U_2 + \cdots + U_n$$

U_1、U_2、$\cdots$、U_n 分别对应为 $\boldsymbol{E}_1$、$\boldsymbol{E}_2$、$\cdots$、$\boldsymbol{E}_n$ 单独存在时在 P 点引起的电势。即电势也满足叠加原理。由于电势是标量，它的叠加就是代数和。因而当单个电场引起的电势已经有结论时，用电势叠加原理求总的电势是非常方便的。

例 9.2.1　如图 9-21 所示，真空中一带电量为 q 的点电荷被三个以点电荷为中心的均匀带电球面所包围。已知三个球面的半径分别为 R_1、R_2 和 R_3，带电量分别为 Q_1、Q_2 和 Q_3，求空间电势分布。

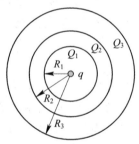

图 9-21　球面电势分布

解　三个同心球面把空间分隔成四个部分，分别为 I 区，$r<R_1$；II 区，$R_1<r<R_2$；III 区，$R_2<r<R_3$；IV 区，$R_3<r$。利用前面单个球面电势分布的结果，根据电势叠加原理，我们很容易得到各个区域的电势表达式

$$U = \begin{cases} \dfrac{q}{4\pi\varepsilon_0 r} + \dfrac{Q_1}{4\pi\varepsilon_0 R_1} + \dfrac{Q_2}{4\pi\varepsilon_0 R_2} + \dfrac{Q_3}{4\pi\varepsilon_0 R_3} & r < R_1 \\[4mm] \dfrac{q+Q_1}{4\pi\varepsilon_0 r} + \dfrac{Q_2}{4\pi\varepsilon_0 R_2} + \dfrac{Q_3}{4\pi\varepsilon_0 R_3} & R_1 < r < R_2 \\[4mm] \dfrac{q+Q_1+Q_2}{4\pi\varepsilon_0 r} + \dfrac{Q_3}{4\pi\varepsilon_0 R_3} & R_2 < r < R_3 \\[4mm] \dfrac{q+Q_1+Q_2+Q_3}{4\pi\varepsilon_0 r} & R_3 < r \end{cases}$$

9.2.4　电场强度与电势的关系

对于给定的静电场，其电场分布和电势分布都是确定的，在描述电场的性质方面完全等价。前面我们讨论了，由已知电场分布，通过积分可得到电势分布。在有些问题中，如果已经知道或容易求得电势分布，如何得到电场分布呢？下面我们来讨论这样的过程

$$电场 \underset{?}{\overset{积分}{\rightleftharpoons}} 电势$$

对于匀强电场，两点间的电势降落为

$$U_A - U_B = -\Delta U = \int_A^B \boldsymbol{E} \cdot \mathrm{d}\boldsymbol{l} = E\Delta l \cos\theta = Ed \Rightarrow E = \frac{\Delta U}{d}$$

对于一般的电场，电场中总有一些电势相同的点，将这些点连接起来组成的面，叫**等势面**。如图 9-22 所示，如果我们对等势面的画法作出如下规定：电场中任意两个等势面之间的电势差都相等。那等势面的疏密也可以用来描述电场的强度：等势面密的地方电场强度也大。因此电场强度与等势面之间存在关联。

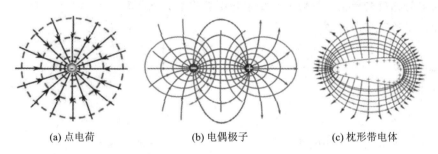

(a) 点电荷　　　　　　　(b) 电偶极子　　　　　　　(c) 枕形带电体

图 9-22　几种电荷周围空间的电场线与等势面

1. 等势面和电场线处处正交

在等势面上将试验电荷 q_0 从 a 移动 $\mathrm{d}l$ 到 b 点，则静电力做功

$$\mathrm{d}W = q_0 \boldsymbol{E} \cdot \mathrm{d}\boldsymbol{l} = q_0(U_a - U_b)$$

由于 a、b 在同一等势面上，$U_a = U_b$，因此 $\mathrm{d}W = 0$。而 E、$\mathrm{d}l$ 均不为零，唯有 $\boldsymbol{E} \perp \mathrm{d}\boldsymbol{l}$，即等势面与电场线正交。

2. 沿着电场线方向电势降低

如果让正电荷 q_0 沿着电场线方向从一个等势面 A 移动到另一个相距为 d 的等势面 C，则电场力做功为

$$\mathrm{d}W = q_0 \boldsymbol{E} \cdot \mathrm{d}\boldsymbol{l} = Ed = q_0(U_A - U_C)$$

因为 $Ed > 0$，所以 $U_A - U_C > 0$，即 $U_A > U_C$。电场线总是指向电势降落的方向。在静电场中取两个相距很近的等势面，其电势分别为 U 和 $U + \mathrm{d}U$，且 $\mathrm{d}U > 0$。在等势面 A 上引一法线 $\boldsymbol{n}_0$，如图 9-23 所示，因等势面相隔很近，可认为该法线也垂直于等势面 B。且附近场强也可认为是均匀的。由于电场线总是与等势面正交且指向电势降低的方向。当试验电荷 q_0 从 A 点移动 $\mathrm{d}l$ 到 C 点时，场强在 $\mathrm{d}l$ 方向上的分量

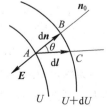

图 9-23　近距等势面

为 E_l，电场力做功为

$$dW = q_0(U_A - U_C) = q_0\boldsymbol{E} \cdot d\boldsymbol{l} = E_l dl = -q_0 dU$$

即有

$$E_l = -\frac{dU}{dl} \tag{9.18}$$

$\dfrac{dU}{dl}$ 称为电势沿 l 方向的方向导数。

式(9.18)表明：**电势沿任意方向的方向导数的负值等于电场强度在该方向的分量。**因为两等势面间沿法线方向的距离最短，所以方向导数有一个最大值，即沿着电场线的方向，电势降落最快。这样，我们可以定义一个矢量——**电势梯度**：其大小为 $\dfrac{dU}{dn}$，方向指向电势升高的方向，即

$$\nabla U = \frac{dU}{dn}\boldsymbol{n}_0$$

于是我们得到了从电势分布情况求电场的方法，即**在电场中任一点的电场强度矢量，等于该点电势梯度的负值，负号表示场强与电势梯度方向相反。**其单位为"伏特/米"，与由库仑定律给出的"牛顿/库仑"是一致的：

$$\frac{伏特}{米} = \frac{焦耳}{库仑 \cdot 米} = \frac{牛顿 \cdot 米}{库仑 \cdot 米} = \frac{牛顿}{库仑}$$

在直角坐标系中

$$\boldsymbol{E} = -\nabla U = -\left(\frac{\partial U}{\partial x}\boldsymbol{i} + \frac{\partial U}{\partial y}\boldsymbol{j} + \frac{\partial U}{\partial z}\boldsymbol{k}\right) \tag{9.19}$$

式(9.19)给出了电场与电势的微分关系。要注意的是：电场中某点的场强并非与该点的电势值相联系，而是与电势在该点的空间变化率相联系。

9.3 静电场中的导体与介质

前面我们的讨论都局限在真空中。当电场中存在其他物质时，它们与静电场之间会产生相互作用，这种相互作用通常都是通过静电感应或介质极化来表现的，本节我们来讨论这方面的问题。

9.3.1 静电场中的导体

1. 导体的静电平衡

导体的特点是其内部存在大量的自由电荷。对金属导体而言，就是自由电子。本书主要讨论金属导体。在没有外电场时，自由电子做热运动在导体内部均匀分布，整个导体对外不显电性。若将导体放入场强为 $\boldsymbol{E}_0$ 的外电场中，如图 9-24 所示，导体内的自由电子将在外电场的作用下，逆电场线方向运动，并在左侧堆积，从而右侧等效地留下等量的正电荷。这一现象称为**静电感应**。这个过程一直进行下去，直至导体外表面两侧的感应电荷产生的附加电场 $\boldsymbol{E}'$ 与外电场 $\boldsymbol{E}_0$ 大小相等，方向相反，从而完全抵消时为止。此时导体内的总电场

$$\boldsymbol{E} = \boldsymbol{E}_0 + \boldsymbol{E}' = 0$$

电子不再发生定向运动。这时，我们就说导体达到了**静电平衡**。实际上，这个过程所需时间非常短(约 10^{-6} s)。一般来说，附加电场 E' 不仅可以使导体内部的合场强为零，而且也影响原来的电场 E_0，改变其电场分布。根据上面的讨论，导体达到静电平衡的条件是：

（1）导体内部不再有电荷的定向运动，从而内部场强处处为零；

（2）导体表面的场强处处与表面垂直，否则电子将沿表面做定向运动。

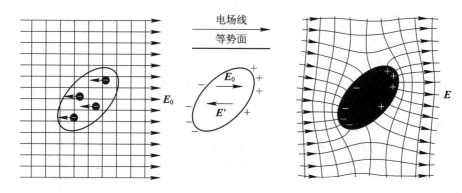

图 9 - 24　放入静电场中的导体达到静电平衡的过程

2. 静电平衡时的导体

根据电场强度与电势的关系，处于静电平衡的导体，必定是一个等势体，其表面是一个等势面。此外，其电荷分布还有以下特点：

（1）导体的净电荷只能分布在其外表面。由于导体内部电场强度处处为零，通过任意闭合曲面的电通量也必然为零，按照高斯定理，该曲面包含的净电荷也一定为零。当所取的曲面足够小，小到该闭合曲面所围的体积几乎只是一个点时，其包含的净电荷仍然是零，即导体内部不可能有净电荷存在。如果导体带电，这些电荷只能分布在其表面上。

（2）导体表面的电荷面密度，与靠近导体表面附近处的电场强度大小之间有以下关系

$$E = \frac{\sigma}{\varepsilon} \tag{9.20}$$

如图 9 - 25 所示，在导体表面取一硬币型高斯面，其嵌入在导体内部的下底面上电通量等于零。同时，由于硬币很薄(其厚度可以趋于零)，而导体表面的电场强度方向是垂直于表面的。因而穿过硬币侧面的电通量也等于零。穿过上表面的电通量等于 $E \cdot \Delta S$。根据高斯定理，它等于被高斯面包围的电荷量($\sigma \Delta S$)的 $\frac{1}{\varepsilon_0}$。

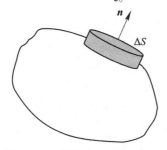

图 9 - 25　导体表面的电荷密度

这说明，导体表面附近的电场强度与表面处的电荷面密度成正比。在尖端表面处，由于电荷面密度大，因而场强特别强，导体表面附近空气中少量的残留带电离子在强电场作用下激烈运动，与空气分子碰撞从而使后者电离，产生大量新的离子，出现空气导电现象——尖端放电。

3. 静电屏蔽

1）屏蔽外电场

由于处于静电平衡的导体，它的电荷只能分布在其外表面，导体内部是不可能有电场的。因而一个封闭的导体壳，就像一条护城河一样，把外部电场阻断在了导体的外表面。从外部射向导体的电场线，全部终止在了表面上。而由导体壳表面发出的电场线也只能射向无穷远，不能射向导体里面。因而空腔导体可以起到屏蔽外部电场的作用。

2）屏蔽内电场

封闭导体壳能否屏蔽腔内的电场呢？要使腔内电荷发出的电场线不能传送到导体壳的外部，只需将导体腔接地。使静电感应产生的外表面电荷流向大地。从而把腔内带电体对外界的影响全部清除。显然，接地的导体壳也能屏蔽外部电场，如图 9-26 所示，左腔称为外屏蔽，右腔可实现全屏蔽。

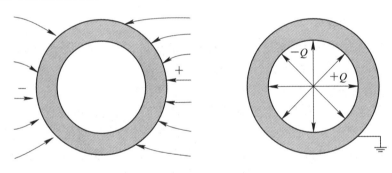

图 9-26　静电屏蔽现象

9.3.2 · 静电场中的介质

凡绝缘的物质均称为电介质。电介质的内部没有可以自由移动的电荷，因而不具有导电性。但在外电场的作用下，电介质中的束缚电荷会受到影响，产生所谓的极化现象。

在电介质的原子中，电子与原子核结合得十分紧密，电子不易脱离原子核而处于束缚状态，原子间因共价键结合成分子。如图 9-27 所示，在有些分子内部，如 H_2、N_2、CO_2、CH_4 等，全部正电荷的中心与全部负电荷的中心重合，这类分子称为无极分子。还有一些分子，如 H_2O、HCl、NH_3 等，分子的正负电荷的中心不重合，称为有极分子。在无外电场时，无极分子因正、负电荷的中心重合，有极分子因热运动，其取向完全混乱，因而整体上都不显电性。但在外加电场作用下，如图 9-28 所示，无极分子中的正负电荷分别受到不同方向的电场力作用，产生相对位移，形成感生电矩，这种极化方式称为位移极化。而有极分子在外电场中会产生一定的转动，使其取向发生变化，叫取向极化。

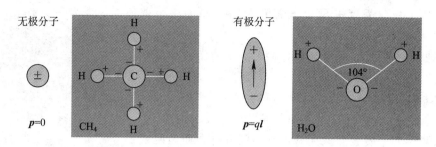

图 9-27　电介质分类：有极分子和无极分子

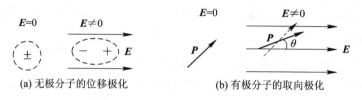

图 9-28　电介质的极化

1. 极化强度

当介质处于极化状态时，电介质内部任一宏观小、微观大的体积元 ΔV 内，分子电偶极矩的矢量和不会相互抵消，即 $\sum \boldsymbol{p}_i \neq 0$。我们定义介质中单位体积内分子电偶极矩的矢量和为极化强度矢量 $\boldsymbol{P}$

$$\boldsymbol{P} = \lim_{\Delta V \to 0} \frac{\sum_i \boldsymbol{p}_i}{\Delta V} = n\boldsymbol{p}$$

n 为单位体积内的电偶极子对数。极化强度与电场强度有关，其关系一般比较复杂。在线性、各向同性的电介质中的任一点，极化强度 $\boldsymbol{P}$ 与电场强度 $\boldsymbol{E}$ 方向相同且大小成正比，即

$$\boldsymbol{P} = \chi_e \varepsilon_0 \boldsymbol{E}$$

$\chi_e (>0)$ 称为电介质的电极化率。如果电介质为均匀介质，则 χ_e 处处相同。

2. 极化电荷

当介质处于极化状态时，一方面它的内部会出现未被抵消的电偶极矩，这是通过极化强度 $\boldsymbol{P}$ 来描述的；另一方面，在电介质内部可能出现净余的极化电荷分布，同时在电介质的表面上有面分布的极化电荷。电介质产生的一切宏观效果都是通过极化电荷来体现的。

在电介质内任意作一闭合面 S，只有电偶极矩穿过 S 的分子对 S 内的极化电荷有贡献。如图 9-29 所示，当分子电偶极矩穿过小面元 $\mathrm{d}S$ 后，将在封闭圆柱面内留下一个负电荷，由于极化而穿过 $\mathrm{d}S$ 的束缚电荷为

$$\mathrm{d}q' = -qnl\mathrm{d}S\cos\theta = -P\mathrm{d}S\cos\theta = -\boldsymbol{P} \cdot \mathrm{d}\boldsymbol{S}$$

对于任意封闭曲面有

$$Q' = \oint_S \boldsymbol{P} \cdot \mathrm{d}\boldsymbol{S} \tag{9.21}$$

该公式表达了极化强度矢量 P 与极化电荷分布的一个普遍关系。

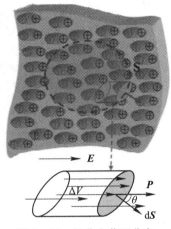

如果把闭合曲面取在电介质体内,由于前面的束缚电荷移出时后面还有束缚电荷补充进来,可以证明,如果介质是均匀的,其体内不会出现净余的束缚电荷。对于非均匀介质,其体内是可能有极化电荷的。本书只讨论均匀介质的情况。

如果紧贴电介质表面取闭合曲面,则只有介质内的曲面有电荷穿过到达介质的表面形成极化电荷,其面密度为

$$\sigma' = P \cdot n_0 = P_n$$

图 9-29　极化电荷面分布

3. 电位移矢量、介质中的高斯定理

介质的极化过程包括两个方面:

(1) 外加电场的作用使介质极化,产生极化电荷;

(2) 极化电荷反过来激发电场,两者相互制约,并达到平衡状态。无论是自由电荷,还是极化电荷,它们都激发电场,服从同样的库仑定律和高斯定理。

介质中的电场应该是外加电场和极化电荷产生的电场的叠加,应用高斯定理得到

$$\oint_S E \cdot dS = \frac{1}{\varepsilon_0}(Q + Q') \tag{9.22}$$

极化电荷 Q' 也是产生场的通量源。介质中的电场是自由电荷和极化电荷共同激发的结果。

将式(9.21)代入整理可得

$$\oint_S (\varepsilon_0 E + P) dV = Q$$

引入电位移矢量(单位为 C/m^2)$D = \varepsilon_0 E + P$,则有

$$\oint_S D \cdot dS = Q \tag{9.23}$$

这就是介质中的高斯定理:**穿过任意闭合曲面电位移矢量 D 的通量等于该曲面包含自由电荷的代数和**。对于各向同性线性电介质,电位移矢量与电场强度的关系可表示为

$$D = \varepsilon_0 E + \chi_e \varepsilon_0 E = (1 + \chi_e) \varepsilon_0 E = \varepsilon_r \varepsilon_0 E = \varepsilon E$$

ε 称为介质的介电常数,ε_r 称为介质的相对介电常数。

9.4　电容和电场能

9.4.1　电容器和电容

"容器"一词是从盛装液体的器具中引申而来。用来储存水的容器,叫水容器;用来储存热量的容器,叫热容器;用来储存电荷和电能(电势能)的容器,叫电容器。水容器装入水后,水位升高,同样多的水倒入不同的水容器,水位升高越小的,储存本领大;热容器加入热量后,温度升高,同样多的热量,存入不同的热容器,我们常称温度升高小的热容器储存热量本领大;同样的道理,电容器储存电量后,电势升高,相同电量使电容器升高的电势越

小的，反映其储存电量的本领大。因此，我们用"容"用来描述容器储存物质的能力，以上分别叫"水容（或库容）""热容"和"电容"，统一用公式定义如下：

$$容（Capacity） = \frac{量（Quantity）}{高（height）}$$

这里的"高"，水容器中指水位变化的高低，热容器中指温度变化的高低，电容器中相应指电势变化的高低。现代技术中，电容器早已不再是简单的储能装置了，主要利用它的这种电量与电势的关系，通过调节电量达到控制电势的作用。电容器广泛应用于电子设备的电路中：

（a）在电子电路中，利用电容器来实现滤波、移相、隔直、旁路、选频等作用；

（b）通过电容、电感、电阻的排布，可组合成各种功能的复杂电路；

（c）在电力系统中，可利用电容器来改善系统的功率因数，以减少电能的损失和提高电气设备的利用率。

电容是电容器的一种基本属性，由组成电容器的导体系统的几何尺寸、形状和及周围电介质的特性等因素决定。尽管我们计算时，用"设想"电容器储存有电量 Q，计算其电势，再求二者之比得到。但它的电容是不依赖于电容器是否充有电量。根据上面的定义，我们知道：

（1）孤立导体的电容。孤立导体的电容定义为所带电量 q 与其电势 U 的比值，即

$$C = \frac{q}{U}$$

（2）两个导体 A 和 B 组成的电容器，设想它们带等量异号电荷（$\pm q$）时，可计算得到其电容为

$$C = \frac{q}{U_{AB}} = \frac{q}{|U_A - U_B|}$$

计算电容的步骤：

（1）假定两导体上分别带电荷 $+q$ 和 $-q$；

（2）计算两导体间的电场强度 E；

（3）由 $U = \int_1^2 \boldsymbol{E} \cdot \mathrm{d}\boldsymbol{l}$，求出两导体间的电位差；

（4）求比值 $C = q/U$，即得出所求电容。

例 9.4.1　如图 9 - 30 所示，同心球形电容器的内导体半径为 a、外导体半径为 b，其间填充介电常数为 ε 的均匀介质。求此球形电容器的电容。

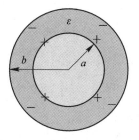

图 9 - 30　球形电容器

解　设内导体的电荷为 q,则由介质中的高斯定理可求得内外导体间的电位移矢量

$$\boldsymbol{D}=\frac{q}{4\pi r^2}\boldsymbol{r}_0$$

电场强度 $\boldsymbol{E}=\dfrac{\boldsymbol{D}}{\varepsilon}$,同心导体球面间的电势差

$$U_{ab}=\int_a^b \boldsymbol{E}\cdot\mathrm{d}\boldsymbol{r}=\frac{q}{4\pi\varepsilon}\left(\frac{1}{a}-\frac{1}{b}\right)=\frac{q}{4\pi\varepsilon}\frac{b-a}{ab}$$

球形电容器的电容

$$C=\frac{q}{U_{ab}}=\frac{4\pi\varepsilon ab}{b-a}$$

当 $b\to\infty$ 时,$C=4\pi\varepsilon a$,此为孤立导体球的电容。

9.4.2　静电场的能量

静电场最基本的特征是对放入其中的电荷有作用力,这表明静电场具有能量。静电场的能量来源于建立电荷系统的过程中外界克服阻力所做的功。任何形式的带电系统,都要经过从没有电荷分布到某个最终电荷分布的建立(或充电)过程。在此过程中,外加电源必须克服电荷之间的相互作用力而做功。如果充电过程进行得足够缓慢,就不会有能量辐射,充电过程中外加电源所做的总功将全部转换成电场能量,或者说电场能量就等于外加电源在此电场建立过程中所做的总功。我们据此来讨论静电场的能量。

1. 带电体系的静电能

设系统从零开始充电,最终带电量为 q、电势为 U。充电过程中某一时刻的电荷量为 αq、电位为 $\alpha U(0<\alpha\leqslant 1)$。当 α 增加为 $(\alpha+\mathrm{d}\alpha)$ 时,外电源做功为 $\alpha U(q\mathrm{d}\alpha)$。对 α 从 0 到 1 积分,即得到外电源所做的总功为

$$\int_0^1 \alpha Uq\,\mathrm{d}\alpha=\frac{1}{2}qU$$

根据能量守恒定律,此功也就是电量为 q 的带电体具有的电场能量 W_e,即

$$W_e=\frac{1}{2}qU \tag{9.24}$$

对于电荷体密度为 ρ 的体分布电荷,体积元 $\mathrm{d}V$ 中的电荷 $\rho\mathrm{d}V$ 具有的电场能量为

$$\mathrm{d}W_e=\frac{1}{2}\rho U\mathrm{d}V$$

故体分布电荷的电场能量为

$$W_e=\frac{1}{2}\int_V \rho U\mathrm{d}V \tag{9.25}$$

对于面分布电荷,电场能量为

$$W_e=\frac{1}{2}\int_S \sigma U\mathrm{d}S \tag{9.26}$$

对于多导体组成的带电系统,则有

$$W_e=\frac{1}{2}\sum_i^N U_i\left(\oint_{S_i}\sigma_i\mathrm{d}S\right)=\frac{1}{2}\sum_i^N U_i q_i \tag{9.27}$$

式中，q_i 是第 i 个导体所带的电荷，U_i 是第 i 个导体的电势。

2. 电场能量

上面讨论给出的静电能公式都是由电荷和电势联合给出的。这容易给人一个印象，似乎静电能是吸附在电荷上的。在不随时间变化的静电场中，由于电荷与电场同时存在，我们的确无法分辨电能究竟是与电荷相关联还是与电场相关联。但以后我们将看到，在随时间迅速变化的电磁场中，电场可以脱离电荷而传播到很远的地方去。大量事实表明，电场的能量是分布于(或定域于)电场所在的整个空间的。因此，上述静电能公式应该可以用描述电场的物理量 $\boldsymbol{E}$ 或 $\boldsymbol{D}$ 来表示。

为简单起见，我们通过平行板电容器这个特例来说明这一点，按照前面的讨论，当极板上充有自由电荷 Q 时，电容器储存的能量为

$$W_e = \frac{1}{2}QU$$

设电容器极板面积为 S，两极板间距为 d，其间充满介电常数为 ε 的介质。根据介质中的高斯定理，极板间的电位移矢量大小与极板电荷的关系为

$$D = \sigma = \frac{Q}{S} \quad \Rightarrow \quad Q = DS$$

两板间电势差 $U = Ed$。代入公式(9.24)得

$$W_e = \frac{1}{2}QU = \frac{1}{2}DESd = \frac{1}{2}DEV$$

式中，$V = Sd$ 正是极板间电场所占空间的体积。上式表明，静电能分布在电容器两极板间的电场中。单位体积内的电场能 $w_e = W_e/V$ 称为电场能量密度，根据上面的讨论

$$w_e = \frac{1}{2}DE \tag{9.28}$$

这里电场能量密度的表达式虽然是通过平行板电容器中均匀电场的特例推导出来的，但它们却是普遍成立的。当电场不均匀时，总电能应该用积分计算

$$W_e = \frac{1}{2}\int_V \boldsymbol{D} \cdot \boldsymbol{E}\,\mathrm{d}V \tag{9.29}$$

积分区域为电场所在的整个空间。对于线性、各向同性介质，则有

$$w_e = \frac{1}{2}\boldsymbol{D} \cdot \boldsymbol{E} = \frac{1}{2}\varepsilon\boldsymbol{E} \cdot \boldsymbol{E} = \frac{1}{2}\varepsilon E^2 \tag{9.30}$$

$$W_e = \frac{1}{2}\int_V \boldsymbol{D} \cdot \boldsymbol{E}\,\mathrm{d}V = \frac{1}{2}\int_V \varepsilon\boldsymbol{E} \cdot \boldsymbol{E}\,\mathrm{d}V = \frac{1}{2}\int_V \varepsilon E^2\,\mathrm{d}V \tag{9.31}$$

例 9.4.2　真空中，半径为 a 的球形空间均匀分布着体电荷密度为 ρ 的电荷，试求电场能量。

解　方法一：利用式(9.31)计算。

根据电荷分布的对称性，由高斯定律求得电场强度大小为

$$E_1 = \frac{\rho r}{3\varepsilon_0} \quad (r < a)$$

$$E_2 = \frac{\rho a^3}{3\varepsilon_0 r^2} \quad (r > a)$$

方向沿半径方向。故

$$W_e = \frac{1}{2}\int_{V_1}\varepsilon_0 E_1^2\,\mathrm{d}V + \frac{1}{2}\int_{V_2}\varepsilon_0 E_2^2\,\mathrm{d}V$$

$$= \frac{1}{2}\int_0^{2\pi}\int_0^{\pi}\int_0^{a}\varepsilon_0\left(\frac{\rho r}{3\varepsilon_0}\right)^2\sin\theta\mathrm{d}\theta\mathrm{d}\varphi\mathrm{d}r + \frac{1}{2}\int_0^{2\pi}\int_0^{\pi}\int_a^{\infty}\varepsilon_0 r^2\left(\frac{\rho a^3}{3\varepsilon_0 r^3}\right)^2\sin\theta\mathrm{d}\theta\mathrm{d}\varphi\mathrm{d}r$$

$$= \frac{2\pi\rho^2 a^5}{45\varepsilon_0} + \frac{2\pi\rho^2 a^5}{9\varepsilon_0} = \frac{4\pi\rho^2 a^5}{15\varepsilon_0}$$

方法二：先求出电势分布再利用式(9.24)计算。

$$U_1 = \int_r^a \boldsymbol{E}_1 \cdot \mathrm{d}\boldsymbol{r} + \int_a^{\infty}\boldsymbol{E}_2 \cdot \mathrm{d}\boldsymbol{r} = \int_r^a\frac{\rho r}{3\varepsilon_0}\mathrm{d}r + \int_a^{\infty}\frac{\rho a^3}{3\varepsilon_0 r^2}\mathrm{d}r = \frac{\rho a^2}{2\varepsilon_0} - \frac{\rho r^2}{6\varepsilon_0}\quad(r < a)$$

$$U_2 = \int_r^{\infty}\boldsymbol{E}_2 \cdot \mathrm{d}\boldsymbol{r} = \int_r^{\infty}\frac{\rho a^3}{3\varepsilon_0 r^2}\mathrm{d}r = \frac{\rho a^3}{3\varepsilon_0 r}\quad(r \geqslant a)$$

故

$$W_e = \frac{1}{2}\int_V \rho U\mathrm{d}V = \frac{1}{2}\int_0^{2\pi}\int_0^{\pi}\int_0^{a}\rho U_1 r^2\sin\theta\mathrm{d}\theta\mathrm{d}\varphi\mathrm{d}r$$

$$= \frac{\rho}{2}\int_0^{2\pi}\mathrm{d}\varphi\int_0^{\pi}\sin\theta\mathrm{d}\theta\int_0^{a}\left(\frac{\rho^2 a^2}{2\varepsilon_0} - \frac{\rho^2 r^2}{6\varepsilon_0}\right)r^2\,\mathrm{d}r$$

$$= \frac{4\pi\rho^2 a^5}{15\varepsilon_0}$$

第10章 恒 磁 场

10.1 磁及磁感应强度

10.1.1 磁现象及其电本质

人类最早发现磁现象是从磁铁开始的。中国是世界上最早发现磁现象的国家，早在战国末年就有磁铁的记载，中国古代的四大发明之一的司南（指南针）就是其中之一，指南针的发明为世界的航海业做出了巨大的贡献。北宋的沈括在他的笔记体巨著《梦溪笔谈》第一次明确地记载了指南针，还指出了地磁偏角的存在。书中写道："方家以磁石磨针锋，则能指南，然常微偏东，不全南也"。

磁体能够吸引铁、钴、镍等物质。任何磁体都有两个吸引力最强的部位，叫作磁极。一端称为北极（N极），另一端称为南极（S极）。实验证明，同名磁极相互排斥，异名磁极相互吸引。地球可以看成一个巨大的磁体，地磁的 N 极在地理南极附近，S 极在地理北极附近。

历史上很长一段时期里，人们对磁现象和电现象的研究都是彼此独立进行的。直到 19 世纪初，一系列重要的发现促使人们开始认识到电与磁之间有着不可分割的关系。

1819—1820 年，丹麦科学家奥斯特发表了他多年研究的成果——电流的磁效应。如图 10-1所示，当水平闭合回路断开，没有电流流过导线时，磁针在地球磁场的作用下沿南北取向，但当导线中通过电流时，磁针就会发生偏转，而且改变电流的方向，磁针偏转的方向倒转过来。奥斯特实验表明，电流可以对磁铁施加作用力。

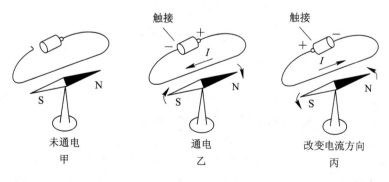

图 10-1 奥斯特实验：电流的磁效应

　　反过来，磁铁是否也会对电流施加作用力呢？如图 10-2 所示，把一段直导线水平地悬挂在 U 形磁铁两极间，通电流后，导线就会移动。这表明，磁铁的确可以对载流导线产生作用。此外，还发现，电流与电流之间也有相互作用力。例如把两根细直导线平行地悬挂起来。当电流通过导线时，便可发现它们之间的这种相互作用：当电流方向相同时，它们相互吸引，当电流方向相反时，它们相互排斥。

　　再看一个实验：如图 10-3 所示，将一块条形磁铁用一个弹簧连接悬挂起来，其下端正对一通电的螺线管。实验结果有：

　　(a) 闭合开关，通以如图 10-3 所示电流，磁铁向上运动，挤压弹簧；

　　(b) 改变电流方向，磁铁向下运动，弹簧被拉长；

　　(c) 电流越大，弹簧形变越剧烈。

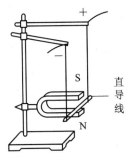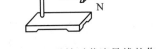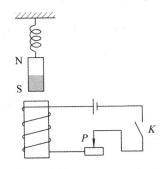

图 10-2　磁铁对载流导线的作用　　　　图 10-3　通电螺线管与条形磁铁间的作用

　　上述实验表明：通电螺线管本身就像一条磁棒一样，一端相当于 N 极，另一端相当于 S 极。螺线管和条形磁铁之间的这种相似性，启发人们提出这样的问题：磁铁和电流是否在本质上是一致的呢？19 世纪杰出的法国科学家安培提出了这样一个假说：组成磁铁的最小单元(磁分子)就是环形电流。若这样一些分子环流定向地排列起来，在宏观上就会显示出 N、S 极来，如图 10-4 所示。

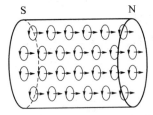

图 10-4　安培分子环流假说

　　应当指出，在安培那个年代，人们还不了解原子的结构，因此也不能解释物质内部的分子环流是怎样形成的。现在我们已清楚地知道，原子有带正电的原子核和绕原子核高速旋转的电子组成，电子还有自旋，这些都是"分子环流"的来源。

　　由此得到：无论是导线中的电流还是磁铁，它们的本源都是电荷的运动。简单地说：**一切磁现象的本质都是电**。或者说磁的相互作用本质上是电流与电流之间的相互作用。

10.1.2　磁感应强度

这一节，我们首先来讨论电流与电流之间的相互作用问题。正像点电荷之间相互作用的库仑定律是静电场的基本规律一样，电流之间的相互作用规律也是恒磁场的基本规律。

1. 安培定律

安培对电流的磁效应进行了大量的实验研究，在 1821—1825 年，设计并完成了电流相互作用的精巧实验，得到了电流相互作用力公式，称为安培定律。

实验表明，真空中的载流回路 C_1 对载流回路 C_2 的作用力（见图 10-5）为

$$\boldsymbol{F}_{12} = \frac{\mu_0}{4\pi} \oint_{C_1} \oint_{C_2} \frac{I_2 \mathrm{d}\boldsymbol{l}_2 \times (I_1 \mathrm{d}\boldsymbol{l}_1 \times \boldsymbol{R}_{12})}{R_{12}^3} \tag{10.1}$$

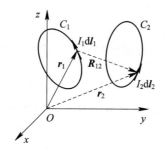

图 10-5　电流间的相互作用

载流回路 C_2 对载流回路 C_1 同样存在作用力且 $\boldsymbol{F}_{21} = -\boldsymbol{F}_{12}$，即满足牛顿第三定律。

2. 磁感应强度

我们前面讨论指出，电流与电流的相互作用是通过磁场来传递的。这意味着在电流周围空间存在磁场，磁场再对放入其中的电流产生力的作用。对上述电流间作用力可以理解为：载流回路 C_1 对载流回路 C_2 的作用力是回路 C_1 中的电流 I_1 产生的磁场对回路 C_2 中的电流 I_2 的作用力，即有

$$\boldsymbol{F}_{12} = \oint_{C_2} I_2 \mathrm{d}\boldsymbol{l}_2 \times \left(\frac{\mu_0}{4\pi} \oint_{C_1} \frac{I_1 \mathrm{d}\boldsymbol{l}_1 \times \boldsymbol{R}_{12}}{R_{12}^3} \right) \tag{10.2}$$

仿照电场强度的定义

$$\boldsymbol{E} = \frac{\boldsymbol{F}}{q}, \quad \boldsymbol{F} = q\boldsymbol{E}$$

我们引入磁感应强度 $\boldsymbol{B}$，可将式(10.2)改写为

$$\boldsymbol{F}_{12} = \oint_{C_2} I_2 \mathrm{d}\boldsymbol{l}_2 \times \boldsymbol{B}_1(\boldsymbol{r}_2) \quad \text{或} \quad \mathrm{d}\boldsymbol{F}_2 = I_2 \mathrm{d}\boldsymbol{l}_2 \times \boldsymbol{B}_1(\boldsymbol{r}_2)$$

$$\boldsymbol{B}_1(\boldsymbol{r}_2) = \frac{\mu_0}{4\pi} \oint_{C_1} \frac{I_1 \mathrm{d}\boldsymbol{l}_1 \times \boldsymbol{R}_{12}}{R_{12}^3} \tag{10.3}$$

即电流 I_1 在电流元 $I_2 \mathrm{d}\boldsymbol{l}_2$ 处产生的磁感应强度。

在上述 $\boldsymbol{B}$ 的定义式中，我们把电流元 $I_2 \mathrm{d}\boldsymbol{l}_2$ 看成试探电流元，用它所受的力 $\mathrm{d}\boldsymbol{F}_2$ 来描述磁场的强度，若只讨论力的大小，则有

$$dF_2 = I_2 dl_2 B \sin\theta$$

其中，θ 为矢量 $\boldsymbol{B}$ 与 $I_2 dl_2$ 电流元之间的夹角。当 $\theta=0$ 或 $\theta=\pi$ 时，$\sin\theta=0$，$dF_2=0$；当 $\theta=\pi/2$ 时，$\sin\theta=1$，dF_2 最大。也就是说，当我们把试探电流元放在磁场中同一位置时，它受到的力还与试探电流的取向有关。在某个特殊的方向以及与之相反的方向上，试探电流元受力为 0，然后将试探电流元转动 90°，受的力将达到最大。我们定义空间这一点的磁感应强度的大小为

$$B = \frac{(dF_2)_{max}}{I_2 dl_2} \tag{10.4}$$

这样，矢量 $\boldsymbol{B}$ 的方向沿试探电流元不受力的方向。按照上述定义，B 的单位是 N/A·m，这个单位有个专门的名称，叫特斯拉，用 T 表示。实际应用中还有另一个常用单位——高斯(Gs)。

$$1 \text{ T} = 10^4 \text{ Gs}$$

3. 毕奥-萨伐尔定律

如图 10-6 所示，对于任意电流回路 C 产生的磁场感应强度

$$\boldsymbol{B}(r) = \frac{\mu_0}{4\pi} \oint_C \frac{I d\boldsymbol{l}' \times (\boldsymbol{r} - \boldsymbol{r}')}{|\boldsymbol{r} - \boldsymbol{r}'|^3} = \frac{\mu_0}{4\pi} \oint_C \frac{I d\boldsymbol{l}' \times \boldsymbol{R}}{R^3} \tag{10.5}$$

我们可以把闭合回路产生的磁感应强度 $\boldsymbol{B}$ 看成是许多电流元 $I d\boldsymbol{l}'$ 产生的磁场感应强度 $d\boldsymbol{B}$ 的叠加。

$$d\boldsymbol{B}(r) = \frac{\mu_0}{4\pi} \frac{I d\boldsymbol{l}' \times \boldsymbol{R}}{R^3} \tag{10.6}$$

式(10.5)和式(10.6)都称为**毕奥-萨伐尔定律**，它是毕奥、萨伐尔于 1820 年根据闭合回路的实验结果，通过理论分析总结出来的。

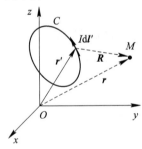

图10-6　毕奥-萨伐尔定律

当导线内部电流有一定分布时，需要对电流分布进行积分。如体电流产生的磁场感应强度

$$\boldsymbol{B}(r) = \frac{\mu_0}{4\pi} \int_V \frac{\boldsymbol{J}(r') \times \boldsymbol{R}}{R^3} dV'$$

面电流产生的磁场感应强度

$$\boldsymbol{B}(r) = \frac{\mu_0}{4\pi} \int_S \frac{\boldsymbol{J}_S(r') \times \boldsymbol{R}}{R^3} dS'$$

4. 几种典型电流分布的磁感应强度

1) 载流直线段的磁感应强度

考虑一段直导线旁任意一点 M 的磁感应强度(见图 10-7)。根据毕奥-萨伐尔定律，任

意电流元 $I\mathrm{d}\boldsymbol{l}$ 在 M 点产生的元磁场 $\mathrm{d}\boldsymbol{B}$ 方向都一致。因此在求总磁感应强度时，只需求 $\mathrm{d}\boldsymbol{B}$ 的代数和。对于有限的一段导线 AB 来说

$$B=\int_A^B \mathrm{d}B=\frac{\mu_0}{4\pi}\int_A^B \frac{I\,\mathrm{d}l\sin\theta}{r^2}$$

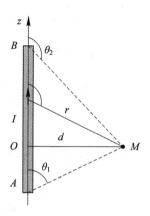

图 10-7 求载流直导线周围的磁场

设 M 点到导线的垂直距离为 d，以垂足 O 处为原点，设电流元 $\mathrm{d}l$ 到 O 点的距离为 l，由图上几何关系可得

$$l=r\cos(\pi-\theta)=-r\cos\theta$$
$$d=r\sin(\pi-\theta)=r\sin\theta$$

消去 r 得 $l=d\cot\theta$，取微分

$$\mathrm{d}l=\frac{d\,\mathrm{d}\theta}{\sin^2\theta}$$

将上面的积分变量 l 换为 θ 后得到

$$B=\frac{\mu_0}{4\pi}\int_{\theta_1}^{\theta_2}\frac{I\sin\theta\,\mathrm{d}\theta}{d}=\frac{\mu_0 I}{4\pi d}(\cos\theta_1-\cos\theta_2) \qquad (10.7)$$

式中 θ_1、θ_2 分别为电流流入端和流出端的 θ 角，方向用右手定则确定。

讨论：（a）若导线无限长，$\theta_1=0$，$\theta_2=\pi$，则

$$B=\frac{\mu_0 I}{2\pi d} \qquad (10.8)$$

（b）若导线为半无限长，即 $\theta_1=\dfrac{\pi}{2}$，$\theta_2=\pi$，或 $\theta_1=0$，$\theta_2=\dfrac{\pi}{2}$，均有

$$B=\frac{\mu_0 I}{4\pi d} \qquad (10.9)$$

2）载流圆环轴线上的磁感应强度

如图 10-8 所示，因为圆环上任意电流元到轴上点 M 的距离相等，所以其在 M 点产生的磁感应强度也相等，但 $\mathrm{d}\boldsymbol{B}$ 的方向与轴线 OM 有一夹角。由于对称性，在垂直于 OM 方向上的分量将相互抵消。余下沿轴线 OM 方向的分量进行代数求和即可，即

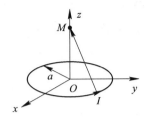

图 10 - 8　载流圆环轴线上的磁感应强度

$$B = \oint \mathrm{d}B\cos\alpha = \oint \frac{\mu_0}{4\pi} \frac{I\mathrm{d}l}{z^2}\sin^2\alpha = \frac{\mu_0 I}{4\pi z^2}\sin^2\alpha\cos\alpha \oint \mathrm{d}l$$

因为

$$\cos\alpha = \frac{R}{\sqrt{R^2+z^2}}, \quad \sin\alpha \frac{z}{\sqrt{R^2+z^2}}, \quad \oint \mathrm{d}l = 2\pi R$$

所以

$$B = \frac{\mu_0}{4\pi} \frac{2\pi R^2 I}{(R^2+z^2)^{3/2}} = \frac{\mu_0 R^2 I}{2(R^2+z^2)^{3/2}} \tag{10.10}$$

讨论：（a）圆心处，$z=0$，则

$$B = \frac{\mu_0 I}{2R} \tag{10.11}$$

（b）当 $z \gg R$ 时，有

$$B = \frac{\mu_0 R^2 I}{2z^3} \tag{10.12}$$

　　轴线以外的磁场计算比较复杂，此处从略。关于磁场的方向，统一用图 10-9 说明如下。对于(a)所示直导线，我们设想用右手握住导线，大拇指指向电流方向，则其他四个手指环绕的方向即是磁感应强度的方向；这种方法也可以用来判别圆环电流产生的磁场方向，如(b)；但对于圆环电流(c)，我们还可以用另一方法，用右手弯曲的四指代表线圈中电流的方向，则伸直的拇指将沿着轴线上磁感应强度的方向。这些方法都称为右手定则。

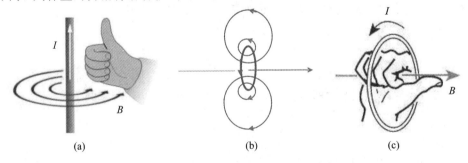

图 10 - 9　用来判断磁感应强度方向的右手定则

10.2　磁的环量与通量

　　磁感应强度 **B** 沿任意闭合环路的积分称为磁感应强度的**环量**。

$$C_m = \oint \boldsymbol{B} \cdot d\boldsymbol{l}$$

磁感应强度 $\boldsymbol{B}$ 沿任意曲面的积分称为磁感应强度的**通量**。

$$\Phi_m = \oint_S \boldsymbol{B} \cdot d\boldsymbol{S}$$

本节我们来讨论这两个量。

10.2.1 安培环路定理

设在真空中有一电流为 I 的无限长直电流，我们来计算 $\boldsymbol{B}$ 在闭合路径 L 上的环量。

（1）闭合路径垂直于电流平面内。如图 10-10 所示，由于磁感应线是以电流为中心的同心圆，$\boldsymbol{B}$ 的方向垂直于半径。在环路上 P 点的线元 $d\boldsymbol{l}$ 的方向不一定与 $\boldsymbol{B}$ 一致。设其夹角为 θ，则需计算 $d\boldsymbol{l}$ 在 $\boldsymbol{B}$ 方向上的投影，由图上几何关系可知

$$\cos\theta dl = rd\varphi$$

而

$$B = \frac{\mu_0 I}{2\pi r}$$

所以

$$\oint \boldsymbol{B} \cdot d\boldsymbol{l} = \int_0^{2\pi} \frac{\mu_0 I}{2\pi r} rd\varphi = \mu_0 I$$

（2）闭合路径不在同一平面内，或者与电流 I 不垂直。如图 10-11 所示，可先将线元 $d\boldsymbol{l}$ 在平行于电流方向和垂直于电流的平面内分解，由于 $\boldsymbol{B} \cdot d\boldsymbol{l}_\perp = 0$，可等效为该路径在垂直于电流平面上的投影，因此仍然有

$$\oint \boldsymbol{B} \cdot d\boldsymbol{l} = \oint \boldsymbol{B} \cdot d\boldsymbol{l}_{/\!/} = \int_0^{2\pi} \frac{\mu_0 I}{2\pi r} rd\varphi = \mu_0 I$$

（3）闭合路径在电流之外。如图 10-12 所示，由载流导线向闭合路径作两条切线交 L 于 A 和 B 两个切点，将 L 分隔成 L_1 和 L_2 的两部分，则有

$$\oint \boldsymbol{B} \cdot d\boldsymbol{l} = \int_{L_1} \boldsymbol{B} \cdot d\boldsymbol{l}_1 + \int_{L_2} \boldsymbol{B} \cdot d\boldsymbol{l}_2 = \int_{L_1} \frac{\mu_0 I}{2\pi r} rd\varphi + \int_{L_2} \frac{\mu_0 I}{2\pi r} rd\varphi = \frac{\mu_0 I}{2\pi}[\varphi + (-\varphi)] = 0$$

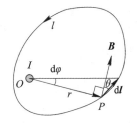

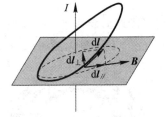

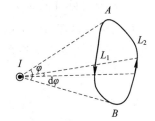

图 10-10 线元 $d\boldsymbol{l}$ 的方向与
磁场方向不一致

图 10-11 环路不与电流垂直

图 10-12 闭合环路在电流之外

当存在多个电流时，由于电流产生磁场的独立性，且磁感应强度在空间满足叠加原理，上述结论仍然成立。即：**真空中恒定磁场沿任意闭合路径的线积分（环量），等于穿过该闭合路径所有电流代数和的** μ_0 **倍，而与路径的形状和大小无关**。这一结论称为**安培环路定理**。它的数学表达式是

$$\oint_l \boldsymbol{B} \cdot \mathrm{d}\boldsymbol{l} = \mu_0 \sum_i I_i \qquad\qquad (10.13)$$

10.2.2　磁场中的高斯定理

和静电场中一样，我们可以通过引入磁感应线的方法来直观形象地描述空间磁感应强度的分布情况：磁感应线上任意点的切线前进方向，代表该点磁感应强度 $\boldsymbol{B}$ 的方向。通过垂直于磁感应强度 $\boldsymbol{B}$ 的单位面积上的磁感应线条数等于该处 B 的大小，即

$$B = \frac{\mathrm{d}N}{\mathrm{d}S}$$

通过任一曲面 S 上的磁感应线条数即为通过该曲面的磁通量

$$\varPhi_\mathrm{m} = \int_S \mathrm{d}N = \int_S \boldsymbol{B} \cdot \mathrm{d}\boldsymbol{S}$$

在国际单位制中，磁通量的单位是韦［伯］(Wb)，则有

$$1\ \mathrm{Wb} = 1\ \mathrm{T} \cdot \mathrm{m}^2$$

由于磁感应线是无头无尾的闭合曲线，对于任意闭合曲面，有多少磁感应线从曲面外进入，这些磁感应线必从另一面上穿出。因而穿过闭合曲面总的通量必然为 0，即有

$$\oint_S \boldsymbol{B} \cdot \mathrm{d}\boldsymbol{S} = 0 \qquad\qquad (10.14)$$

此为真空中恒定磁场的高斯定理的数学表达式。形式上与静电场真空中的高斯定理相似。但二者有本质的区别。如果静电场对闭合曲面的通量不为零，则可以判定曲面内必然有净电荷。有电场线从电荷上发出或在电荷上终止。因为电荷是静电场的源，所以说，静电场是有源场。而磁感应线总是一些闭合曲线，找不到发出或终止磁感应线的"磁荷"（磁单极），说明恒定磁场是无源的。但不少物理学家从理论上预言存在这样的磁荷。但实验上尚未发现令人信服的数据。寻找磁单极仍然是一些科学家的梦想和追求。

10.2.3　利用安培环路定理计算磁场强度

当磁场分布具有一定对称性的情况下，可以利用安培环路定理计算磁感应强度。

1. 载流螺绕环的磁场

均匀密绕在环形管上的线圈形成环形螺线管，称为螺绕环。如图 10-13 所示，当线圈密绕时，可认为磁场几乎全部集中在管内。管内的磁感应线都是同心圆。

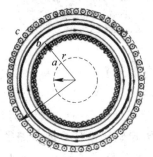

图 10-13　载流螺绕环的磁场

对称性分析：① 离螺绕环中心距离相等的点，其磁场强度必定相等；② 磁感应强度 **B** 也不可能有径向分量，否则就违反无源场的特性。取如图 10－13 所示的三个不同的闭合路径 a、b、c，根据安培环路定理，显然有

$$\oint_a \boldsymbol{B} \cdot \mathrm{d}l = 0, \quad \oint_c \boldsymbol{B} \cdot \mathrm{d}l = 0$$

从而螺绕环线圈的外部空间磁感应强度均为 0，磁场被定域在螺绕环线圈内部。设螺绕环的总匝数为 N，电流强度为 I，当积分路径在螺绕环线圈内部（如 b）时有

$$\oint_b \boldsymbol{B} \cdot \mathrm{d}l = 2\pi r B = \mu_0 N I \Rightarrow B = \mu_0 \frac{N}{2\pi r} I$$

2. 长直密绕螺线管内部磁场

如图 10－14 所示，长直密绕螺线管可等效为一半径无限大的螺线管。在忽略边缘效应的情况下，螺线管外部空间磁感应强度均为 0。设螺线管单位长度的匝数为 n，作如图 10－14所示矩形回路，根据安培定理

$$\oint \boldsymbol{B} \cdot \mathrm{d}l = \int_a^b \boldsymbol{B} \cdot \mathrm{d}l + \int_b^c \boldsymbol{B} \cdot \mathrm{d}l + \int_c^d \boldsymbol{B} \cdot \mathrm{d}l + \int_d^a \boldsymbol{B} \cdot \mathrm{d}l$$
$$= 0 + B \times bc + 0 + 0 = \mu_0 n \times bc I$$
$$\Rightarrow B = \mu_0 n I$$

螺线管的内部为一匀强磁场。

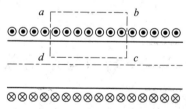

图 10－14 长直密绕螺线管内部磁场

3. 无限大载流平板外的磁场

设电流密度为 j，根据对称性分析，可取安培环路如图 10－15 所示，

$$\oint_C \boldsymbol{B} \cdot \mathrm{d}l = B_1 l + B_2 l = \mu_0 j l$$

由对称性有 $B_1 = B_2 = B$，如取向上方向为正，则有

$$B = \begin{cases} \dfrac{\mu_0 j}{2} & (x>0) \\ -\dfrac{\mu_0 j}{2} & (x<0) \end{cases}$$

4. 无限长载流同轴电缆产生的磁感应强度

根据对称性分析，磁感应线必是一些与载流电缆同轴的圆。选择如图 10－16 所示安培环路，必有

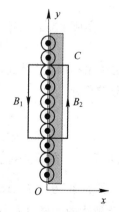

图 10－15 无限大载流平板外的磁场

$$\oint \boldsymbol{B} \cdot d\boldsymbol{l} = B \cdot 2\pi r = \mu_0 \sum I$$

图 10 - 16　无限长载流同轴电缆产生的磁感应强度

设从电缆内芯流入的电流为 I，当回路半径分别取不同的 r 时，根据被回路套接在内的电流的不同，可得

$$B = \begin{cases} \dfrac{\mu_0 r I}{2\pi a^2} & (r < a) \\[3mm] \dfrac{\mu_0 I}{2\pi r} & (a < x < b) \\[3mm] \dfrac{\mu_0 I(r^2 - b^2)}{2\pi r(c^2 - b^2)} & (b < x < c) \\[3mm] 0 & (c < x) \end{cases}$$

10.3　安培力与洛伦兹力

在定义磁感应强度 $\boldsymbol{B}$ 时，我们已经知道载流导线回路在磁场中将受到安培力的作用

$$\boldsymbol{F} = \oint I d\boldsymbol{l} \times \boldsymbol{B}$$

实际上，它是导线回路中的电流元在磁场中受到的安培力

$$d\boldsymbol{F} = I d\boldsymbol{l} \times \boldsymbol{B}$$

的矢量叠加。当载流回路只有一部分在磁场中时，我们实际需要计算的只是对在磁场中部分的积分

$$\boldsymbol{F} = \int I d\boldsymbol{l} \times \boldsymbol{B} \tag{10.15}$$

10.3.1　载流导线在磁场中所受安培力

如图 10 - 17(a)所示，当放入磁场中的通电导线是直导线 ab，且磁场分布均匀时，导线 ab 所受的安培力大小为

$$F = IBab\sin\theta = IBab'$$

ab' 是导线 ab 在垂直于磁场方向的投影，方向垂直纸面向里。在图 10 - 17(b)中，导线 ab 是一段弯曲的电流，但其所有电流元 $Id\boldsymbol{l}$ 在垂直于磁场方向上的投影仍等于 ab'，所以导线 ab 所受安培力仍与甲相同。可以证明，放入匀强磁场中的导线所受的安培力只与这段导线的

两个端点间的距离和电流强度的大小有关，与导线的形状，长短均无关。如图 10 - 17(c) 所示，导线 ab 所受安培力仍然等于 $IBab'$。因而，如果放入匀强磁场中的导线是一个闭合回路，即 ab 两个端点重合，则整个回路所受的安培力必然为零，即在匀强磁场中

$$F = \oint I d\boldsymbol{l} \times \boldsymbol{B} = 0 \tag{10.16}$$

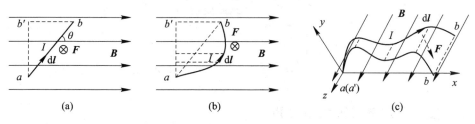

图 10 - 17　磁场对通电导线的作用力

应该指出，对于非匀强磁场，式(10.16)并不成立。必须用式(10.15)进行积分。下面来看两个应用安培定律的例子。

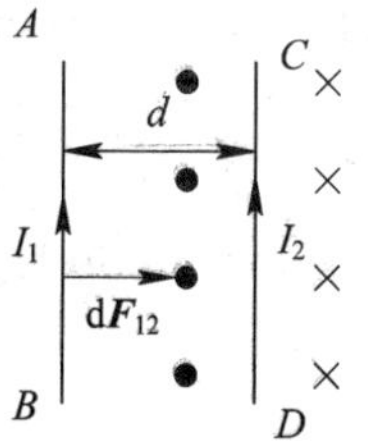

1. 平行电流间的相互作用力

如图 10 - 18 所示，设有两条无限长载流直导线相距为 d，分别通有电流 I_1 和 I_2。在导线 AB 上任取一电流元 $I_1 d\boldsymbol{l}_1$，它受到来自长直导线 CD 的作用力为

$$dF_{12} = B_2 I_1 d l_1$$

式中，B_2 为无限长直导线 CD 的电流在电流元 $I_1 d\boldsymbol{l}_2$ 处产生的磁感应强度，其值为

图 10 - 18　平行电流间的相互作用力

$$B_2 = \frac{\mu_0 I_2}{2\pi d}$$

因而有

$$d\boldsymbol{F}_{12} = \frac{\mu_0 I_1 I_2}{2\pi d} d l_1$$

$d\boldsymbol{F}_{12}$ 的方向在两两平行直导线电流所决定的平面内并指向 CD。导线 AB 上单位长度受力为

$$\frac{d\boldsymbol{F}_{12}}{d l_1} = \frac{\mu_0 I_1 I_2}{2\pi d} \tag{10.17}$$

很显然，导线 CD 上单位长度受到来自导线 AB 的力的大小也是如此。方向指向 AB。根据安培定律，不难判断，同向电流相互吸引，异向电流相互排斥。

在国际单位制中，电流强度的单位就是利用式(10.17)来定义的：**真空中相距为 1 m 的两条限长平行直导线，通以相同大小的电流，当导线上每米长度受力为 2×10^{-7} 牛(N)时，导线上的电流强度被定义为 1 安培(A)。安培是国际单位制中的基本单位之一。**

2. 垂直电流间的相互作用力

如图 10 - 19 所示，载流 I_2 的导线 ab 处于长直电流 I_1 的磁场中，$I_1 \perp I_2$。在导线 ab 上任取一电流元，设电流元到 I_1 的距离为 r，根据安培定律，整个导线 ab 所受的安培力为

$$F = \int_d^{d+L} \frac{\mu_0 I_1}{2\pi r} I_2 \mathrm{d}r = \frac{\mu_0 I_1 I_2}{2\pi} \ln \frac{d+L}{d}$$

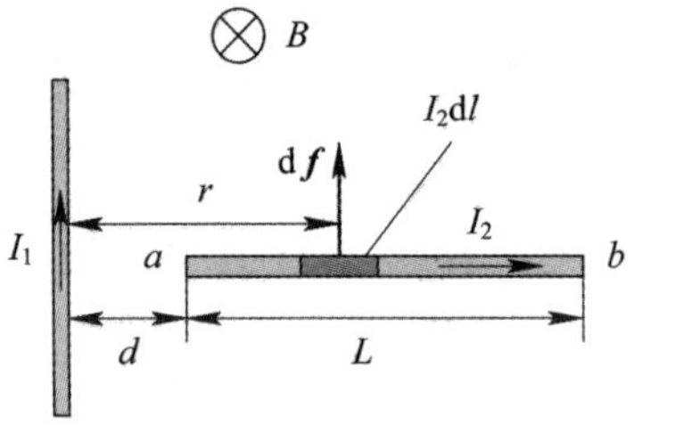

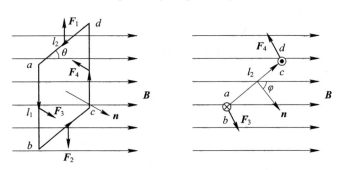

图 10 - 19　垂直电流间的相互作用力

10.3.2　磁场对载流线圈的磁力矩

根据式(10.16)，闭合载流线圈在匀强磁场中所受安培力的合力为零，这意味着线圈作为一个整体，它的质心运动状态不会改变，但它仍可能产生转动状态的改变。

如图 10 - 20 所示，在匀强磁场中有一矩形载流线圈 $abcd$，边长分别为 l_1、l_2，设电流强度为 I，线圈平面与磁场夹角为 θ(线圈法线方向 $\boldsymbol{n}$ 与磁场 $\boldsymbol{B}$ 夹角为 $\varphi = \frac{\pi}{2} - \theta$，右侧为俯视图)，$ab$ 与 cd 边与 $\boldsymbol{B}$ 垂直，则有

$$\boldsymbol{F}_1 = -\boldsymbol{F}_2, \quad \boldsymbol{F}_3 = -\boldsymbol{F}_4$$

图 10 - 20　载流线圈在磁场中受到的磁力矩

$\boldsymbol{F}_1$、$\boldsymbol{F}_2$ 在同一直线上，但 $\boldsymbol{F}_3$、$\boldsymbol{F}_4$ 不共线，故而形成了一对力偶，产生力矩，其大小为

$$M = F_3 l_2 \cos\theta = BI l_1 l_2 \cos\theta = BIS\sin\varphi$$

式中，$S = l_1 l_2$ 为线圈的面积，定义线圈的磁矩

$$\boldsymbol{p}_\mathrm{m} = I\boldsymbol{S} = IS\boldsymbol{n} \tag{10.18}$$

则上述线圈在磁场中所受的力矩可写成矢量形式

$$\boldsymbol{M} = \boldsymbol{p}_\mathrm{m} \times \boldsymbol{B} \tag{10.19}$$

事实上，上式对匀强磁场中任意形状的平面线圈都成立。磁矩的作用等效于一个条形磁铁，如图 10 - 21 所示。

在磁力矩的作用下，磁矩方向有转向与磁场方向相同的趋势。由式(10.19)可知，磁力矩的大小 $M = p_\mathrm{m} B\sin\varphi$，当 $\varphi = 0$，或 $\varphi = \pi$ 时，即线圈法线方向与磁场方向平行或反平行

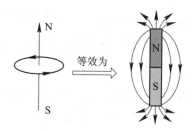

图 10-21　载流线圈等效于一条形磁铁

时，$M=0$，我们称线圈处于平衡位置。但前者叫作稳定平衡，后者叫作不稳平衡。因为当线圈有任何的微小扰动，使绕圈偏离平衡位置后，前者在磁力矩的作用下，仍然会回到平衡位置，后者则回不到 $\varphi=\pi$ 的位置了。当 $\varphi=\dfrac{\pi}{2}$ 时，线圈所受磁力矩最大。

10.3.3　磁力和磁力矩的功

当载流导线或线圈在磁场中受到磁力或磁力矩而运动时，磁力和磁力矩要做功。磁力做功是将电磁能转换为机械能的重要途径，在工程和实际应用中都有非常重要的意义。

1. 磁力对载流导线的功

设长为 l，载流为 I 的导线在磁场中沿切割磁力线方向运动，其所受安培力大小为 $F=IlB$，运动距离 Δx 磁力的功为

$$W=\int F\mathrm{d}x=BIl\Delta x=IB\Delta S=I\Delta\Phi_{m} \tag{10.20}$$

式中，$\Delta\Phi_{m}$ 为载流导线扫过区域内的磁通量或闭合回路因导线运动而发生改变的磁能量。式(10.20)表明：**磁力对运动载流导线的功等于回路中电流与穿过回路所包围面积内磁通量增量的乘积。**

2. 磁力矩对载流线圈的功

载流线圈在匀强磁场中所受合力为零，但可能受到磁力矩的作用。当线圈在磁力矩作用转过 $\Delta\varphi$ 时，磁力矩所做的功为

$$\begin{aligned}W&=\int M\mathrm{d}\varphi=\int p_{m}B\sin\varphi(-\mathrm{d}\varphi)\\&=\int-I\mathrm{d}(SB\cos\varphi)=I\Delta\Phi_{m}\end{aligned} \tag{10.21}$$

结论： 在匀强磁场中，一个任意形状的载流导线与回路(电流不变的情况下)在磁场中改变位置或改变形状时，磁力的功(或磁力矩的功)均可以表达为

$$W=I\Delta\Phi_{m}$$

10.3.4　磁场对运动电荷的作用

1. 安培力的本质

磁场为何对载流导线有力的作用呢？这涉及安培力的本质问题。

如图 10-22 所示，微观上看，电流是带电粒子的定向运动。设导线横截面积为 S，其

内运动电荷的数密度为 n，每个电荷带电量为 q，定向运动的速度为 v，则有

$$I = \frac{dQ}{dt} = \frac{nqSvdt}{dt} = nqSv$$

代入电流元 Idl 在磁场中受到的安培力公式中

$$dF = Idl \times B = (nqSv)dL \times B = (nqSdl) v \times B$$

电流元中带电粒子总数 $dN = nSdl$，则每个运动电荷所受的磁力为

$$f_m = \frac{dF}{dN} = qv \times B \tag{10.22}$$

上式即为洛伦兹力公式，它揭示了电流所受安培力的微观本质，或者说，安培力是洛伦兹力的宏观表现。

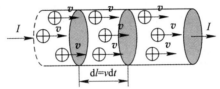

图 10-22　电流的微观解释

2. 带电粒子在磁场中的运动

根据式(10.22)，设有一质量为 m，带电量为 q 的粒子以初速度 v_0 进入均匀磁场 B，在忽略重力的情况下，我们来讨论其运动规律。如图 10-23 所示，带电粒子以平行、垂直和斜入射三种不同的方式进入磁场。当初速度 v_0 与磁场 B 的方向平行时，带电粒子所受洛伦兹力为零，将匀速穿过。当 $v_0 \perp B$ 时，粒子受到大小为 $F = qv_0 B$ 的洛伦兹力作用，力的方向与运动方向垂直，因而粒子将做匀速率圆周运动。其半径可由牛顿第二定律求出。

$$qv_0 B = m\frac{v_0^2}{R} \quad \Rightarrow \quad R = \frac{mv_0}{qB}$$

带电粒子绕圆周运动一周的时间，即其周期为

$$T = \frac{2\pi R}{v_0} = \frac{2\pi m}{qB}$$

可见，粒子运动周期 T 与粒子本身运动速度无关。

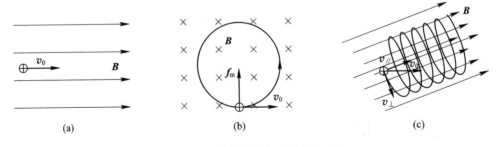

图 10-23　带电粒子在磁场中的运动

当粒子以斜入射方式进入磁场时，可以将初速度 v_0 分解为平行于磁场方向的 $v_{\parallel}$ 和垂直于磁场方向的 $v_{\perp}$，则粒子将做等螺距的螺旋运动，如图 10-23(c)所示。

10.4　磁场中的介质

由于实物物质中分子环流的存在，当在磁场中放入实物物质(介质)时，物质中的分子环流与外加磁场相互作用，一方面介质被磁化，其表面出现宏观磁化电流，另一方面，磁化电流反过来又会改变原来磁场的分布情况。本节我们将结合介质内部结构来讨论这种磁化机制。

10.4.1　分子磁矩及附加磁矩

近代科学实验表明，组成分子或原子中的电子，不仅存在绕原子核的轨道运动，还存在自旋运动，这两种运动都能产生磁效应。为了讨论问题的方便，我们把这两种效应等效于一个圆电流，称为分子环流，它产生的磁矩称为分子磁矩，用 m 表示。下面仅以电子绕核运动为例来定性讨论外磁场对电子轨道磁矩的影响。

设电子在库仑力作用下绕原子核做圆周运动，其速度大小为 v(注意：因为电子带负电，等效圆电流的方向与速度方向相反)。若外磁场 B_0 的方向与电子轨道磁矩 m 的方向平行，如图 10-24(a)所示，此时电子所受的洛伦兹力 $f_m = -ev \times B$ 沿半径方向向外，与原子核对它的静电力 F_e 方向相反。也即总的向心力要减小。为了保持轨道不变，则速度必然减小，等效于产生了一反向附加磁矩 Δm。同理，当外加磁场 B_0 与电子轨道磁矩 m 方向相反时，如图 10-24(b)所示，电子受到的洛伦兹力的方向与 F_e 相同，因而向心力增大，为使轨道稳定，则圆周运动的速度要减小，等效于产生一个与原磁矩方向相同的附加磁矩 Δm。介质内所有分子的这种附加磁矩之和构成了整个介质在外磁场中的附加磁矩

$$\Delta P_m = \sum \Delta m$$

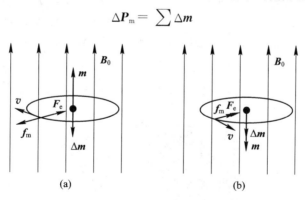

图 10-24　外磁场对电子轨道磁矩的影响

然而，无论是上述哪一种情况，介质受磁场影响所产生的附加磁矩的方向总是与外磁场方向相反的，即表现出"抗磁性"。

10.4.2　顺磁质与抗磁质

尽管磁介质内电子的轨道运动会在外磁场作用下，产生分子附加磁矩，削弱外磁场的影响。但磁介质内的分子还有更多的其他电结构，比如电子的自旋也有磁效应。我们根据

磁介质内部分子的电结构把它们分为有矩分子和无矩分子,它们在外磁场中的表现则完全不同。

对于有矩分子,其每个分子的磁矩不为零,或称固有磁矩不为零。没有外磁场时,由于分子热运动的无规则性,各个分子磁矩的取向完全无序,因而在任一宏观体积元内的合磁矩 $\sum \boldsymbol{P}_\mathrm{m}=0$,不显磁性。当加上外磁场后,分子固有磁矩在磁力矩的作用下向与外磁场方向偏转,即发生取向磁化,从而使磁场增强,这种现象称为顺磁效应,这一类介质因而也称为顺磁介质。应该指出的是,即使是有矩分子,分子圆电流在外磁场中产生的附加磁矩也总是存在的,但相对于取向磁化来说,这一效应要小得多。

对于无矩分子,其每个分子的总磁矩(轨道磁矩与自旋磁矩的矢量和)为零。在外磁场作用下,分子附加磁矩是该介质磁化的唯一原因,前面已知分析得出,其磁化的效果是削弱原磁场的,因而这类介质称为抗磁介质。

10.4.3　磁化强度的描述

从上述讨论可以看出,无论是顺磁质还是抗磁质,磁化前介质内分子的总磁矩为零。而磁化后介质内分子总磁矩将不零。为了描述介质的磁化程度,我们将介质内某点处单位体积内分子磁矩的矢量和定义为该点的磁化强度 $\boldsymbol{M}$

$$\boldsymbol{M}=\lim_{\Delta V \to 0}\frac{\sum \boldsymbol{P}_\mathrm{mi}}{\Delta V}=n\boldsymbol{P}_\mathrm{m} \tag{10.23}$$

磁介质被均匀磁化后,与分子磁矩相对应的圆电流必将进行有规则的排列,从而出现宏观上的磁化电流。如图10-25所示,考察穿过任意围线 C 所围曲面 S 的电流。只有分子电流与围线相交链的分子才对电流有贡献。与线元 $\mathrm{d}l$ 相交链的分子,中心位于如图所示的斜圆柱内,所交链的电流

$$\mathrm{d}I_\mathrm{M}=ni\Delta \boldsymbol{S}\cdot \mathrm{d}l=n\boldsymbol{P}_\mathrm{m}\cdot \mathrm{d}l=\boldsymbol{M}\cdot \mathrm{d}l$$

穿过曲面 S 的磁化电流为

$$I_\mathrm{M}=\oint_C \mathrm{d}I_M=\oint_C \boldsymbol{M}\cdot \mathrm{d}l=\int_S \boldsymbol{J}_\mathrm{M}\cdot \mathrm{d}\boldsymbol{S} \tag{10.24}$$

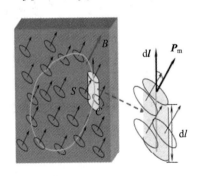

图 10-25　磁化电流与磁化强度的关系

实际上,式(10.24)是普遍成立的,即**磁化强度 M 沿任意闭合回路的环量,等于穿过该回路所包围的磁化面电流的代数和。**

外加磁场使介质发生磁化，磁化导致磁化电流。磁化电流同样也激发磁感应强度，进而影响介质内外磁场的分布。因此总的磁场 $\boldsymbol{B}$ 应是原有外磁场 $\boldsymbol{B}_0$ 与磁介质磁化电流产生的附加磁场 $\boldsymbol{B}'$ 共同叠加的结果，即

$$\boldsymbol{B}=\boldsymbol{B}_0+\boldsymbol{B}'$$

实验表明，当磁场中充满均匀各向同性磁介质时，磁介质中的磁感应强度 $\boldsymbol{B}$ 与原来外磁场的 $\boldsymbol{B}_0$ 存在简单比例关系

$$\boldsymbol{B}=\mu_r\boldsymbol{B}_0$$

μ_r 称为该磁介质的相对磁导率，它是无单位的常数，反映了介质磁化后对磁场的影响程度，它的大小与磁介质的种类或状态有关。对于顺磁质 $\mu_r>1$ 和抗磁质 $\mu_r<1$，但都略等于 1。还有一类以铁为代表的介质，$\mu_r\gg1$ 称为铁磁质，它磁化后能产生与外磁场方向相同的很强的附加磁场。对磁场影响很大，工程技术上应用非常广泛。表 10-1 中列出了一些常见磁介质的相对磁导率，供参考。

表 10-1　几种常见磁介质的相对磁导率

相对磁导率区间	磁介质种类	代　表	相对磁导率
$\mu_r<1$	抗磁质	铋(293K)	$1-16.6\times10^{-6}$
		汞(293K)	$1-2.9\times10^{-5}$
		铜(293K)	$1-1.0\times10^{-5}$
$\mu_r>1$	顺磁质	铝(293K)	$1+1.65\times10^{-5}$
		铂(293K)	$1+26\times10^{-5}$
		气态氧(293K)	$1+344.9\times10^{-5}$
$\mu_r\gg1$	铁磁质	纯铁(最大值)	5×10^3
		硅钢(最大值)	7×10^2
		坡莫合金(最大值)	1×10^5

10.4.4　磁介质中的高斯定理和环路定理

无论是外磁场还是磁化电流产生的附加磁场，磁感应线总是闭合的，所以高斯定理仍然保持原来的形式

$$\oint_S \boldsymbol{B}\cdot\mathrm{d}\boldsymbol{S}=0$$

式中的 $\boldsymbol{B}$ 是总的磁感应强度。

若外磁场 $\boldsymbol{B}_0$ 是由传导电流产生的，介质磁化达到平衡时，介质中的磁感应强度 $\boldsymbol{B}$ 应是所有传导电流与磁化电流共同激励的结果：

$$\oint_C \boldsymbol{B}\cdot\mathrm{d}\boldsymbol{l}=\mu_0\int_S(\boldsymbol{J}+\boldsymbol{J}_M)\cdot\mathrm{d}\boldsymbol{S} \tag{10.25}$$

将磁化电流的表达式(10.24)代入，可得

$$\oint_C \boldsymbol{B}\cdot\mathrm{d}\boldsymbol{l}=\mu_0\left(\int_S \boldsymbol{J}\cdot\mathrm{d}\boldsymbol{S}+\oint_C \boldsymbol{J}_M\cdot\mathrm{d}\boldsymbol{l}\right)$$

定义磁场强度 H 为

$$H = \frac{B}{\mu_0} - M$$

即

$$B = \mu_0(H + M)$$

则得到介质中的安培环路定理为

$$\oint_C H \cdot dl = \int_S J \cdot dS = \sum I \qquad (10.26)$$

安培环路定理表明，**磁场强度沿任一闭合路径的环量，等于与该闭合路径交链的传导电流之和。**

磁化强度 M 和磁场强度 H 之间的关系由磁介质的物理性质决定，对于线性各向同性介质，M 与 H 之间存在简单的线性关系：$M = \chi_m H$，其中，χ_m 称为介质的磁化率（也称为磁化系数）。在这种情况下

$$B = \mu_0(1 + \chi_m)H = \mu_0 \mu_r H = \mu H$$

其中 $\mu = \mu_0 \mu_r$ 称为介质的磁导率。

例 10.4.1 有一磁导率为 μ，半径为 a 的无限长导磁圆柱，其轴线处有无限长的线电流 I，圆柱外是空气(μ_0)，试求圆柱内外的 B、H 和 M 的分布。

解 如图 $10-26$ 所示为该圆柱的截面，电流沿轴向穿出纸面。由对称性可知：H 和 B 都是环绕轴线的同心圆，在任意距轴线距离为 r 的圆周上，H 的环量

$$\oint_C H \cdot dl = H \cdot 2\pi r = I, \quad H = \frac{I}{2\pi r}$$

可见，H 的大小由电流源 I 和空间位置 r 决定，与介质与关。而

$$B = \begin{cases} \mu H \\ \mu_0 H \end{cases}$$

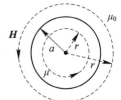

图 $10-26$ 长圆柱的磁场

$$M = \frac{B}{\mu_0} - H = \begin{cases} \left(\dfrac{\mu}{\mu_0} - 1\right)H & r < a \\ 0 & r > a \end{cases}$$

10.4.5 铁磁质

以铁为主要代表的一些金属铁、镍、钴等，它们在外磁场的作用下能被强烈磁化，产生数倍甚至千百倍于外磁场的附加磁场，这类物质称为铁磁质。除 $\mu_r \gg 1$ 之外，铁磁质还有以下不同于一般顺磁质的特点，如图 $10-27$ 所示，假设在铁磁质外密绕一组电流线圈，通过电流的改变调节外磁场的大小。可以发现：

(1) B 和 H 不是简单的线性关系，即相对磁导率 μ_r 不但很大，而且不是常数，与磁化的过程有关；图中 Oa 段称为起始磁化曲线。从图中可以看出，没有磁化过的铁磁质，从 O 点开始，随着 H 的增大（通常是励磁电流的增大），铁磁质内 B 也非线性地增大，且当 H 达到某个值 H_s 后，B 不再增大，此时对应的 B 称为饱和磁感应强度。

(2) 实验表明，各种铁磁质的起始磁化曲线都是"不可逆的"，即当 H 减小到零时，B 不会沿起始磁化曲线反向减小到零，还有剩磁 B_r。这种 B 的变化落后于 H 的变化的现象称

为磁滞现象。只有继续反方向增大磁场，一直到−H_c时，才能使铁磁质内的磁感应强度为零。此时的磁场强度大小 H_c 称为矫顽力。再增加反向磁场，使铁磁质反向磁化，又减小反向磁化……，直到形成一闭合曲线，由于磁感应强度总是滞后于磁场强度，因此称该闭合曲线为磁滞回线。

（3）各种不同铁磁质各有一临界温度 T_c，当 $T > T_c$ 时，失去铁磁性，成为一般顺磁质。T_c 称为铁磁质的居里点（居里温度）。

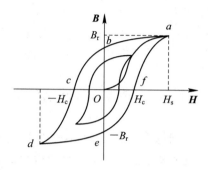

图 10 − 27　铁磁质的磁化曲线

第 11 章　电 磁 感 应

前面我们讨论了静止电荷产生的静电场,恒定电流产生的恒磁场。静电场和恒磁场都只是空间坐标的函数,与时间无关,且静电场和恒磁场两者是彼此独立的。自从 1820 年奥斯特发现电流的磁效应之后,人们开始研究相反的问题,即磁场能否产生电流。

11.1　电磁感应定律

英国物理学家法拉第对这个问题经过了近 10 年的探索研究,终于在 1831 年宣布了他的发现:**当穿过导体回路的磁通量发生变化时,回路中就会出现感应电流和电动势**,这一现象被称为**电磁感应**。

11.1.1　法拉第电磁感应定律

更多精确的实验表明,当通过导体回路所围面积的磁通量 Φ 发生变化时,回路中产生的感应电动势 ε_i 的大小等于磁通量的时间变化率的负值,即

$$\varepsilon_i = -\frac{d\Phi}{dt} = -\frac{d}{dt}\int_S \boldsymbol{B} \cdot d\boldsymbol{S} \tag{11.1}$$

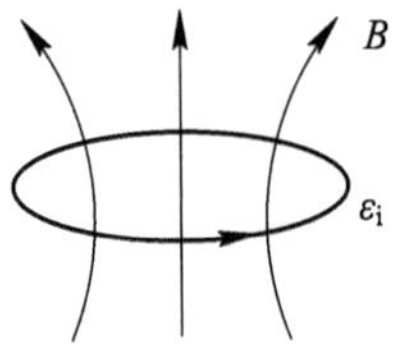

此为**法拉第电磁感应定律**。如图 11-1 所示,若规定回路中感应电动势的参考方向与穿过该回路所围面积的磁通量 Φ 符合右手螺旋关

图 11-1　电磁感应

系,则感应电动势的实际方向可由 $-\dfrac{d\Phi}{dt}$ 的符号(正或负)再与规定的电动势的参考方向相比较定出。感应电动势的方向还可根据**楞次定律**来判断,楞次定律是由俄国物理学家楞次于1833 年提出的,可叙述为:**闭合回路中的感应电流,总是使其所激发的磁场阻碍引起感应电流的磁通量的变化。**当回路中的磁通量增大时,为了阻止它增大,回路中就产生这样的感应电流;感应电流所激发的磁场与原磁场方向相反。当回路中的磁能量减小时,为了阻止它减小,回路中就产生这样的感应电流;感应电流所激发的磁场与原磁场方向相同。

式(11.1)反映的只是一匝导线回路的情况,如果导线回路是由 N 匝完全相同的线圈组成,则磁通量的变化在每匝绕圈中都会产生感应电动势,由于匝与匝之间的串联关系,总的感应电动势

$$\varepsilon_i = -N\frac{d\Phi_m}{dt} = -\frac{d\Psi}{dt}$$

$\Psi = N\Phi$ 称为磁通链(或全磁通)。如果闭合回路的总有效电阻为 R,则感应电流为

$$I = \frac{\varepsilon_i}{R} = -\frac{1}{R}\frac{d\Psi}{dt}$$

t_1 到 t_2 时间内,通过回路任一截面的感应电荷总量为

$$q = \int_{t_1}^{t_2} I \mathrm{d}t = \int_{t_1}^{t_2} \left(-\frac{1}{R} \frac{\mathrm{d}\Psi}{\mathrm{d}t} \right) \cdot \mathrm{d}t = -\frac{\Delta\Psi}{R}$$

例 11.1.1　如图 11-2 所示,在水平桌面上平放着长方形线圈 $abcd$,已知 ab 边长为 l_1,bc 边长为 l_2,线圈的电阻为 R,OO' 和 PP' 分别是线圈平面的两条对称轴。有磁感应强度 $\boldsymbol{B}$ 以垂直于 PP' 的方式斜穿过平面,$\boldsymbol{B}$ 与 OO' 的夹角 $\theta = 60°$。现将线圈以 OO' 为轴翻转一面,测得通过导线的总电量为 Q_1,求以 PP' 为轴竖立起来时,通过导线回路的电量 Q_2。

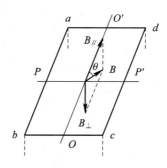

图 11-2　例 11.1.1 图

解　如图 11-2 所示,将 $\boldsymbol{B}$ 分解为垂直于平面的 $B_\perp$ 和平行于平面的 $B_{/\!/}$。以 OO' 为轴翻转时,穿过线圈平面的磁通量变化为

$$|\Delta\Phi_\mathrm{m}| = B_\perp l_1 l_2 - (-B_\perp l_1 l_2) = 2B_\perp l_1 l_2$$

由

$$Q_1 = \frac{|\Delta\Phi_\mathrm{m}|}{R} \Rightarrow B_\perp = \frac{RQ_1}{2l_1 l_2}$$

当以 PP' 为轴将线圈平面竖立起来时,穿过线圈平面的磁通量变化为

$$|\Delta\Phi_\mathrm{m}| = B_\perp l_1 l_2 - (-B_{/\!/} l_1 l_2) = (1+\sqrt{3}) B_\perp l_1 l_2$$

所以穿过线圈的总电量

$$Q_2 = \frac{|\Delta\Phi_\mathrm{m}|}{R} = (1+\sqrt{3}) Q_1$$

11.1.2　动生电动势和感生电动势

法拉第电磁感应定律指出了在闭合回路中产生感应电流的原因是穿过回路的磁通量变化。由于 $\Phi = \displaystyle\int \boldsymbol{B} \cdot \mathrm{d}\boldsymbol{S}$,回路中磁通量的变化可由以下几种情况引起:

(1) 磁场不变,导体回路或回路中的部分在磁场中运动,导致穿过回路的磁通量变化。这种因为导体在磁场中运动而产生的感应电动势称为动生电动势。产生动生电动势的原因是什么呢?我们先来补充介绍以下电动势的知识。

要在导体中维持稳恒电流,就必须在其两端维持恒定不变的电势差。提供这个电势差的装置通常就是电源。在静电场作用下,负电荷从电源的负极通过外部通道流向电源正极。要使电源两极间电势差保持不变,就需要将流向电源正极的负电荷重新运回到负极。这不

是静电场力能做到的。能将负电荷从电势较高的点（如电源的正极）运送到电势较低的点（如电源的负极）的作用力称为**非静电力**，记作 $\boldsymbol{F}_k$。电源就是一个提供非静电力的装置。

电动势的定量描述。定义作用在单位正电荷上的非静电力为非静电场强度，记作 $\boldsymbol{E}_k$，即

$$\boldsymbol{E}_k = \frac{\boldsymbol{F}_k}{q}$$

电源的电动势 ε 定义为非静电场强度 $\boldsymbol{E}_k$ 沿电源负极到正极的积分，即

$$\varepsilon_i = \int_-^+ \boldsymbol{E}_k \cdot \mathrm{d}\boldsymbol{l}$$

通常规定电动势的正方向为：负极经电源内部指向正极的方向。由于电源外部 $\boldsymbol{E}_k = 0$，所以上述积分其实可以在电源所在的整个回路上进行，即

$$\varepsilon_i = \oint_L \boldsymbol{E}_k \cdot \mathrm{d}\boldsymbol{l}$$

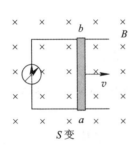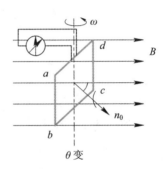

图 11-3　磁场不变，导体运动的两种情况

现在我们来讨论产生感应电动势的非静电力来源。以图 11-3 中的运动导体为例，在磁感应强度为 $\boldsymbol{B}$ 的匀强磁场中，长为 l 的导体棒 ab 以速度 v 向右运动，且 v 与 $\boldsymbol{B}$ 垂直。显然，导体内的电子也都会有一个向右的定向运动速度 v。由于洛伦兹力的作用，电子被推向了导体的 a 端，从而在导体 ab 两端建立了电动势。可见，产生动生电动势的根本原因是洛伦兹力，或者说动生电动势内的非静电力来源于洛伦兹力。根据前面的讨论，此时的非静电电场强度

$$\boldsymbol{E}_k = \frac{\boldsymbol{F}_m}{-e} = \frac{-e(\boldsymbol{v} \times \boldsymbol{B})}{-e} = \boldsymbol{v} \times \boldsymbol{B}$$

根据电动势的定义，图 11-3 中导体棒 ab 上动生电动势为

$$\varepsilon_i = \int_-^+ \boldsymbol{E}_k \cdot \mathrm{d}\boldsymbol{l} = \int_a^b (\boldsymbol{v} \times \boldsymbol{B}) \cdot \mathrm{d}\boldsymbol{l} = Blv$$

（2）回路不变，磁场随时间变化。

该情况下，磁通量的变化纯粹由磁场变化引起，因此有

$$\frac{\mathrm{d}\Phi}{\mathrm{d}t} = -\frac{\mathrm{d}}{\mathrm{d}t} \int_S \boldsymbol{B} \cdot \mathrm{d}\boldsymbol{S} = -\int_S \frac{\partial \boldsymbol{B}}{\partial t} \cdot \mathrm{d}\boldsymbol{S}$$

此时提供电动势的非静电场究竟是什么呢？肯定与变化的磁场有关。麦克斯韦在分析了有关现象后提出了涡旋电场假设：变化的磁场在其周围空间激发的一种非静电场，也叫

感生电场 $\boldsymbol{E}_k$，由它产生的电动势因而称为感生电动势

$$\varepsilon_i = \oint_C \boldsymbol{E}_k \cdot d\boldsymbol{l} = -\int_s \frac{\partial \boldsymbol{B}}{\partial t} \cdot d\boldsymbol{S}$$

即：感生电场沿一个闭合回路的积分等于穿过以回路为边界曲面的磁通量的变化率的负值。

注意：（a）感生电场沿一个闭合回路的积分不等于零，这是它区别于静电场的最大特点，说明感生电场不是保守场，因而也不能引入电势和电势能。这也是"涡旋电场"名字的由来。

（b）感生电场由变化的磁场产生，与磁场中放没放导体或导体回路无关。

（c）变化磁场中的导体由于感生电场的作用，其两端是可能存在电势差的。

例 11.1.2　如图 11-4 所示，将长为 l 的导体棒插入半径为 R 的通电长直螺线管内。$Oa \perp ab$，$Oa = d$，$ac = cb = \dfrac{l}{2}$，设螺线管里磁场的变化率为 $\dfrac{dB}{dt} > 0$，且为常数。求导体棒 ab 上的感生电动势。

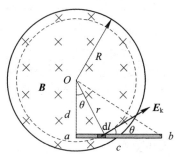

图 11-4　例 11.1.2 图

解　因为磁场分布的对称性，在截面图上由变化磁场产生的感生电场 $\boldsymbol{E}_k$ 的电场线是一系列以 O 为圆心的同心圆，同一圆心上各点电场强度的大小相同，方向沿圆周切线方向，其大小可根据法拉第电磁感应定律

$$\oint \boldsymbol{E}_k \cdot d\boldsymbol{l} = 2\pi r E_k = \int_s \frac{dB}{dt} \cdot d\boldsymbol{S} = \begin{cases} \pi r^2 \dfrac{dB}{dt} & r < R \\[2mm] \pi R^2 \dfrac{dB}{dt} & r > R \end{cases}$$

得到

$$E_k = \begin{cases} \dfrac{r}{2} \dfrac{dB}{dt} & r < R \\[3mm] \dfrac{R^2}{2r} \dfrac{dB}{dt} & r > R \end{cases}$$

再用感生电场的积分来求导体棒上的电动势。如图 11-4 所示，在导体棒上取线元 $d\boldsymbol{l}$，该处 $\boldsymbol{E}_k$ 沿圆周切线方向，与 $d\boldsymbol{l}$ 的夹角为 θ，则有

$$\varepsilon_i = \int_a^b \boldsymbol{E}_k \cdot d\boldsymbol{l} = \int_a^c \frac{r}{2} \frac{dB}{dt} \cos\theta dl + \int_c^b \frac{R^2}{2r} \frac{dB}{dt} \cos\theta dl$$

$$= \frac{\mathrm{d}B}{\mathrm{d}t}\left[\int_a^c \frac{r}{2}\frac{d}{r}\mathrm{d}l + \int_c^b \frac{R^2}{2}\frac{\cos^2\theta}{d}\mathrm{d}(d\tan\theta)\right]$$

$$= \frac{\mathrm{d}B}{\mathrm{d}t}\left(\frac{ld}{4} + \int_{\theta_c}^{\theta_b} \frac{R^2}{2}\mathrm{d}\theta\right)$$

$$= \frac{\mathrm{d}B}{\mathrm{d}t}\left[\frac{ld}{4} + \frac{R^2}{2}(\theta_b + \theta_c)\right]$$

（3）闭合回路在变化的磁场中运动。

穿过回路的磁通量是前述二种因素共同作用的结果，因而两种电动势均存在

$$\varepsilon_i = \oint_c \boldsymbol{E} \cdot \mathrm{d}\boldsymbol{l} = \oint_c (\boldsymbol{v} \times \boldsymbol{B}) \cdot \mathrm{d}\boldsymbol{l} - \int_S \frac{\partial \boldsymbol{B}}{\partial t} \cdot \mathrm{d}\boldsymbol{S}$$

例 11.1.3　在匀强磁场中，放置有一个 $a \times b$ 的矩形线圈。初始时刻，线圈平面的法向单位矢量 $\boldsymbol{e}_n$ 与 $\boldsymbol{B}$ 的方向成 α 角，$\boldsymbol{B}$ 的大小按 $B = B_0 \sin\omega t$ 的规律变化，如图 11-5 所示。

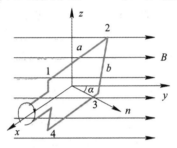

图 11-5　例 11.1.3 图

试求：（1）线圈静止时的感应电动势；

（2）线圈以角速度 ω 绕 x 轴旋转时的感应电动势。

解　（1）线圈静止时，感应电动势是由变化的磁场引起，故

$$\varepsilon_i = \oint_c \boldsymbol{E} \cdot \mathrm{d}\boldsymbol{l} = -\int_S \frac{\partial \boldsymbol{B}}{\partial t} \cdot \mathrm{d}\boldsymbol{S}$$

$$= -\int_S \frac{\partial}{\partial t}(B_0 \sin\omega t)\cos\alpha \mathrm{d}S$$

$$= -\int_S B_0 \omega\cos\omega t \cos\alpha \mathrm{d}S$$

$$= -B_0 ab\omega\cos\omega t \cos\alpha$$

（2）线圈绕 x 轴旋转时，$\boldsymbol{e}_n$ 的指向将随时间变化。线圈内的感应电动势可以利用式 $\varepsilon_i = -\frac{\mathrm{d}}{\mathrm{d}t}\int_S \boldsymbol{B} \cdot \mathrm{d}\boldsymbol{S}$ 计算。

为了讨论方便，设 $t=0$ 时 $\alpha=0$，则在 t 时刻，$\boldsymbol{e}_n$ 与 $\boldsymbol{B}$ 轴的夹角 $\alpha=\omega t$，故

$$\varepsilon_i = -\frac{\mathrm{d}}{\mathrm{d}t}\int_S \boldsymbol{B} \cdot \mathrm{d}\boldsymbol{S}$$

$$= -\frac{\mathrm{d}}{\mathrm{d}t}\int_S B_0 \sin\omega t \cos\omega t \mathrm{d}S = -\frac{\mathrm{d}}{\mathrm{d}t}(ab B_0 \sin\omega t \cos\omega t)$$

$$= -\frac{\mathrm{d}}{\mathrm{d}t}\left(\frac{1}{2}B_0 ab \sin2\omega t\right) = -B_0 ab\omega\cos2\omega t$$

11.1.3　自感和互感

在线性和各向同性的媒质中，电流回路在空间产生的磁场与回路中的电流成正比。因此，穿过回路的磁通量（或磁链）也与回路中的电流成正比。如图 11 - 6 所示，当一个线圈回路中的电流变化时，其激发的变化磁场会引起线圈自身回路或附近其他回路的磁通量发生变化，从而在回路内产生感应电动势，这一现象称为自感和互感现象。在恒定磁场中，把穿过回路的磁通量（或磁链）与引起磁通量变化的回路中的电流的比值称为感应系数，分自感系数和互感系数，分别简称自感和互感（也叫它感），统称为电感。与静电场中定义的电容 C、恒定电场中定义的电阻相似，电感只与导体系统的几何参数和周围媒质有关，与电流、磁通量无关。

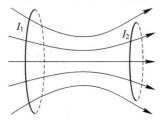

图 11 - 6　自感和互感

1. 磁通与磁链

由于放入磁场中的实际回路通常由多个线圈串联而成，我们把穿过这些线圈的磁通量 Φ 之和称为穿过该回路的磁链 Ψ。在不产生歧义的情况下，有时也直接把磁链简称为磁通。

（1）单匝线圈形成回路的磁链定义为穿过该回路的磁通量

$$\Psi = \Phi$$

（2）多匝线圈形成回路的磁链定义为所有线圈的磁通总和，如果穿过每匝线圈的磁通量均相等，则有

$$\Psi = \sum_i \Phi_i = N\Phi$$

2. 自感

设回路 C 中的电流为 I，所产生的磁场与回路 C 交链的磁链为 Ψ，则磁链 Ψ 与回路 C 中的电流 I 有正比关系，其比值

$$L = \frac{\Psi}{I} \tag{11.2}$$

称为回路 C 的自感系数，简称自感。

自感的特点：自感只与回路的几何形状、尺寸以及周围磁介质有关，与电流无关。

例 11.1.4　求如图 11 - 7 所示同轴线单位长度的自感。设电流在内外导体柱表面流动，内半径为 a，外半径为 b，空气填充。

解　设同轴线中的电流为 I；由安培环路定理，

$$\oint_C H \cdot \mathrm{d}l = I$$

图 11 - 7　例 11.1.4 图

得

$$H=\frac{I}{2\pi r}, \quad B=\frac{\mu_0 I}{2\pi r}$$

穿过沿轴线单位长度的矩形面积磁通为

$$\Psi=\int_a^b \frac{\mu_0 I}{2\pi r}\mathrm{d}r = \frac{\mu_0 I}{2\pi}\ln\frac{b}{a}$$

故单位长度的自感为

$$L=\frac{\Psi}{I}=\frac{\mu_0}{2\pi}\ln\frac{b}{a}$$

3. 互感

对两个彼此邻近的闭合回路 C_1 和回路 C_2，如图 $11-8$ 所示，当回路 C_1 中通过电流 I_1 时，不仅与回路 C_1 交链的磁链与 I_1 成正比，而且与回路 C_2 交链的磁链 Ψ_{21} 也与 I_1 成正比，其比例系数

$$M_{21}=\frac{\Psi_{21}}{I_1}$$

称为回路 C_1 对回路 C_2 的互感系数，简称互感。同理，回路 C_2 对回路 C_1 的互感为

$$M_{12}=\frac{\Psi_{12}}{I_2}$$

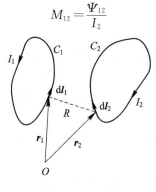

图 $11-8$　互感

互感的特点：（1）互感只与回路的几何形状、尺寸、两回路的相对位置以及周围磁介质有关，而与电流无关。

（2）满足互易关系，即 $M_{12}=M_{21}$。

例 11.1.5　如图 $11-9$ 所示，长直导线与三角形导体回路共面，求它们之间的互感。

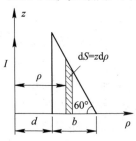

图 $11-9$　例 11.1.5 图

解 设长直导线中的电流为 I，根据安培环路定律，得到

$$\boldsymbol{B}=\boldsymbol{e}_\Phi\frac{\mu_0 I}{2\pi\rho}$$

穿过三角形回路面积的磁通为

$$\Psi=\int_S\boldsymbol{B}\cdot\mathrm{d}\boldsymbol{S}=\frac{\mu_0 I}{2\pi}\int_d^{d+b}\left(\frac{1}{\rho}\int_0^z\mathrm{d}z\right)\mathrm{d}\rho=\frac{\mu_0 I}{2\pi}\int_d^{d+b}\frac{z}{\rho}\mathrm{d}\rho$$

由图中可知 $z=[(b+d)-\rho]\tan\dfrac{\pi}{3}=\sqrt{3}[(b+d)-\rho]$，因此

$$\Psi=\frac{\sqrt{3}\mu_0 I}{2\pi}\int_d^{b+d}\frac{1}{\rho}[(b+d)-\rho]\mathrm{d}\rho$$

$$=\frac{\sqrt{3}\mu_0 I}{2\pi}\left[(b+d)\ln\left(1+\frac{b}{d}\right)-b\right]$$

故长直导线与三角形导体回路的互感为

$$M=\frac{\Psi}{I}=\frac{\sqrt{3}\mu_0}{2\pi}\left[(b+d)\ln\left(1+\frac{b}{d}\right)-b\right]$$

11.1.4 恒定磁场的能量

1. 磁场能量

电流回路在恒定磁场中受到磁场力的作用而运动，表明恒定磁场具有能量。通电线圈所具有的磁场能量是在建立电流的过程中，由电源供给的。当电流从零开始增加时，回路中的感应电动势要阻止电流的增加，因而必须有外加电压克服回路中的感应电动势。在这个过程中，电源克服感应电动势做功所供给的能量，就全部转化成磁场能量。下面我们简单来讨论这个过程：

设回路从零开始充电，最终的电流为 I、交链的磁链为 Ψ。在时刻 t 的电流为 $i=\alpha I$、磁链为 $\Phi=\alpha\Psi(0<\alpha<1)$。当 α 增加为 $(\alpha+\mathrm{d}\alpha)$ 时，回路中的感应电动势：$\varepsilon_i=-\dfrac{\mathrm{d}\Psi}{\mathrm{d}t}$ 外加电压应为 $u=-\varepsilon_i=\dfrac{\mathrm{d}\Psi}{\mathrm{d}t}$ 所做的功 $\mathrm{d}W=u\mathrm{d}q=\dfrac{\mathrm{d}\Psi}{\mathrm{d}t}i\mathrm{d}t=i\mathrm{d}\Psi=\alpha I\Psi\mathrm{d}\alpha$ 对 α 从 0 到 1 积分，即得到外电源所做的总功为

$$W=\int\mathrm{d}W=\int_0^1\alpha I\Psi\mathrm{d}\alpha=\frac{1}{2}I\Psi$$

根据能量守恒定律，此功也就是电流为 I 的载流回路具有的磁场能量 W_m，即

$$W_m=\frac{1}{2}I\Psi=\frac{1}{2}LI^2 \tag{11.3}$$

2. 磁场能量密度

从场的观点来看，磁场能量分布于磁场所在的整个空间。以载流长直螺线管为例，其自感系数 $L=\mu n^2V$。当载流为 I 时，内部均匀磁场的强度为 $B=\mu nI$，将 L 的表达式代入式 (11.3)，并将式中的 I 用 B 的关系取代，得到

$$W_m=\frac{1}{2}LI^2=\frac{1}{2}\mu n^2V\frac{B^2}{\mu^2 n^2}=\frac{B^2}{2\mu}V$$

V 是螺线管内的体积，正是磁场所分布的空间体积，考虑到长直螺线管内部是均匀磁场，所以如果定义单位体积内的磁场能量为磁场能量密度，显然有

$$w_{\mathrm{m}} = \frac{\mathrm{d}W_{\mathrm{m}}}{\mathrm{d}V} = \frac{B^2}{2\mu}$$

应用 $B = \mu H$，可得到其他几个常用的磁场能量密度公式：

$$w_{\mathrm{m}} = \frac{1}{2}\frac{B^2}{\mu} = \frac{1}{2}BH = \frac{1}{2}\mu H^2 \tag{11.4}$$

$$W_{\mathrm{m}} = \frac{1}{2}\int_V \boldsymbol{B} \cdot \boldsymbol{H}\mathrm{d}V \tag{11.5}$$

能量密度具有更普遍的意义，借助它可以计算任意空间分布的磁场能量

$$W_{\mathrm{m}} = \frac{1}{2}\int_V \boldsymbol{B} \cdot \boldsymbol{H}\mathrm{d}V = \frac{1}{2}\int_V \mu\boldsymbol{H} \cdot \boldsymbol{H}\mathrm{d}V = \frac{1}{2}\int_V \mu H^2\mathrm{d}V$$

11.2　位移电流与麦克斯韦方程组

前面两章我们分别讨论了静电场、稳恒磁场的基本性质，它们都可以简单归纳为高斯定理和环路定理的形式。

静电场

$$\oint \boldsymbol{D} \cdot \mathrm{d}\boldsymbol{S} = \sum q_0 = \int_V \rho\mathrm{d}V \tag{11.6}$$

$$\oint \boldsymbol{E} \cdot \mathrm{d}\boldsymbol{l} = 0 \tag{11.7}$$

稳恒磁场

$$\oint \boldsymbol{B} \cdot \mathrm{d}\boldsymbol{S} = 0 \tag{11.8}$$

$$\oint \boldsymbol{H} \cdot \mathrm{d}l = \sum I_0 = \int_S \boldsymbol{j} \cdot \mathrm{d}S \tag{11.9}$$

式(11.6)、式(11.7)指出静电场是有源无旋场，式(11.8)、式(11.9)稳恒磁场是无源有旋场，它们分别由静止电荷或稳恒电流激发，空间分布不随时间变化，电场与磁场也没有关联。可是，当空间电荷分布或电流大小随时间变化而产生变化的电场与变化的磁场时，它们具有怎样的性质和规律？静电场和稳恒磁场的这些规律能否用到变化的电磁场？如果不能，能不能找到一组普遍适应的电磁场规律呢？

19 世纪中期，电磁学正处于快速发展的时代，人们迫切需要回答这一问题。给出这一回答并做出巨大成就的是麦克斯韦。麦克斯韦 1831 年出生于苏格兰爱丁堡市，著名的物理学家。他 1854 年毕业于剑桥大学数学专业，1860 年在伦敦皇家学院任教授时见到了法拉第并与之交流讨论。麦克斯韦以其深厚的数学功底和勤于思考，大胆创新的精神对自库仑以来人类在电磁学上取得的成就进行了全面总结和考察，并发展了法拉第关于场的思想，针对变化磁场激发电场以及变化电场激发磁场的现象，创造性地提出了涡旋电场和位移电流假设，于 1864 年底归纳出了电磁场的基本方程。涡旋电场的概念我们上节课讨论过了，本节我们来具体学习位移电流的概念和麦克斯韦方程组的内容。

11.2.1　电磁场规律的普适性思考

静电场以及稳恒磁场的高斯定理简单讨论即可推广到一般的电磁场。

$$\oint \boldsymbol{D} \cdot \mathrm{d}\boldsymbol{S} = \sum q_0 = \int_V \rho \mathrm{d}V$$

$$\oint \boldsymbol{B} \cdot \mathrm{d}\boldsymbol{S} = 0$$

在变化的电磁场情况下也具有完全相同的形式，即不管是静电场还是变化的电场，这两个 公式总是成立的。只要通过空间一闭合曲面的电位移通量不等于零，则封闭曲面内就肯定有不为零的电荷存在，并且这个曲面内的电荷电量之和就等于通过这个曲面的电位移通量。而磁场线由于无论稳恒磁场还是变化的磁场，它们总是闭合的。因而沿任意闭合曲面的磁通量恒等于零，磁场总是无源的(除非有磁单极存在)。

虽然静电场是无旋的，但法拉第电磁感应定律指出，当穿过闭合回路所围曲面的磁通量发生变化时，就会在回路中产生感应电动势

$$\varepsilon_i = -\frac{\mathrm{d}\Phi_B}{\mathrm{d}t} \tag{11.10}$$

穿过闭合回路的磁通量

$$\Phi = \int_S \boldsymbol{B} \cdot \mathrm{d}\boldsymbol{S}$$

其变化可以由回路面积变化引起，也可以是磁场变化引起，还可以是面元与磁场方向改变引起。磁场变化引起的感应电动势，即感生电动势，前面已经讨论。

如图 11－10 所示，麦克斯韦设想，即使没有回路存在，变化的磁场也会在它的周围引起所谓的感生电场，感生电场沿闭合回路的积分就得到感生电动势，因而感生电场是有旋的。麦克斯韦把它叫作涡旋电场，结合以上两种情况，麦克斯韦认为在普遍情形下 ，电场的环路定理应写成

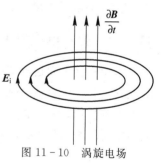

图 11－10　涡旋电场

$$\oint \boldsymbol{E} \cdot \mathrm{d}\boldsymbol{l} = -\int_S \frac{\partial \boldsymbol{B}}{\partial t} \cdot \mathrm{d}\boldsymbol{S} \tag{11.11}$$

磁场的安培环路定理呢？如何推广到一般的情况？即

$$\oint \boldsymbol{H} \cdot \mathrm{d}\boldsymbol{l} = \int_S \boldsymbol{j} \cdot \mathrm{d}\boldsymbol{S}$$

如图 11－11 所示，在稳恒电流情况下，我们任取一回路 L 环绕电流 I，S_1、S_2、S_3 分别是以回路 L 为边界的任意三个开曲面，从图中很容易看出，流经 S_1、S_2、S_3 三个曲面的电流都相等，都等于 I，这是由稳恒电流回路中电流的连续性原理来保证的。

$$\int_{S_1} \boldsymbol{j} \cdot \mathrm{d}\boldsymbol{S} = \int_{S_2} \boldsymbol{j} \cdot \mathrm{d}\boldsymbol{S} = \int_{S_3} \boldsymbol{j} \cdot \mathrm{d}\boldsymbol{S} = I$$

如果将电阻 R 换成电容器，如图 11－12 所示电路变成了一个对电容器的充放电电路，这是一个典型的非稳过程。在导线附近取回路 L，S_1 和 S_2 是以回路 L 为边界的二个开曲面，显然流过 S_1 的电流为 I

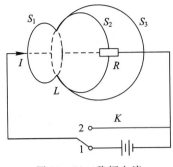

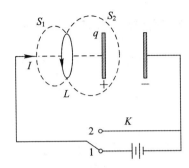

图 11-11　稳恒电流　　　　　　　　图 11-12　非稳过程

$$\int_{S_1} \boldsymbol{j} \cdot \mathrm{d}\boldsymbol{S} = I$$

而流过 S_2 的电流为 0

$$\int_{S_2} \boldsymbol{j} \cdot \mathrm{d}\boldsymbol{S} = 0$$

$$\int_{S_1} \boldsymbol{j} \cdot \mathrm{d}\boldsymbol{S} \neq \int_{S_2} \boldsymbol{j} \cdot \mathrm{d}\boldsymbol{S}$$

稳恒情况下的安培环路定理

$$\oint \boldsymbol{H} \cdot \mathrm{d}\boldsymbol{l} = \int_S \boldsymbol{j} \cdot \mathrm{d}\boldsymbol{S}$$

不适用于非稳恒的情况。为什么？（磁场沿回路 L 的环流应与如何选取以 L 为边界的曲面无关）

11.2.2　位移电流假说

为什么会出现这种情况，原因是传导电流在电容器内部中断了，电流不连续。如果我们把 S_1 和 S_2 组合成一个封闭曲面，当给电容器充电的时候，有电流从曲面(S_1)流进，却没有电流流出，由于电荷守恒，曲面内必有电荷的累积。按照电荷守恒定律，极板上单位时间内电荷的增加量，必定等于从曲面流入的电流强度的负值。

$$\oint \boldsymbol{j}_c \cdot \mathrm{d}\boldsymbol{S} = -\frac{\mathrm{d}q}{\mathrm{d}t} \tag{11.12}$$

另一方面，将高斯定理应用于 S_1 和 S_2 共同组成的封闭曲面，有

$$\oint_S \boldsymbol{D} \cdot \mathrm{d}\boldsymbol{S} = q$$

其中 q 是积累在曲面内的(实际上是在电容器极板的表面)电荷。从而

$$\frac{\mathrm{d}q}{\mathrm{d}t} = \frac{\mathrm{d}}{\mathrm{d}t}\int \boldsymbol{D} \cdot \mathrm{d}\boldsymbol{S} = \int \frac{\partial \boldsymbol{D}}{\partial t} \cdot \mathrm{d}\boldsymbol{S}$$

将上式代入方程(11.12)得到

$$\oint_S \boldsymbol{j} \cdot \mathrm{d}\boldsymbol{S} = -\int_S \frac{\partial D}{\partial t} \cdot \mathrm{d}\boldsymbol{S}$$

或

$$\oint_S \left(\boldsymbol{j} + \frac{\partial \boldsymbol{D}}{\partial t} \right) \cdot \mathrm{d}\boldsymbol{S} = 0 \tag{11.13}$$

或

$$\int_{S_1} \left(\boldsymbol{j} + \frac{\partial \boldsymbol{D}}{\partial t} \right) \cdot \mathrm{d}\boldsymbol{S} = \int_{S_2} \left(\boldsymbol{j} + \frac{\partial \boldsymbol{D}}{\partial t} \right) \cdot \mathrm{d}\boldsymbol{S} \tag{11.14}$$

这就是说，$\boldsymbol{j} + \dfrac{\partial \boldsymbol{D}}{\partial t}$ 这个量永远是连续的。只要边界 L 相同，它在不同曲面 S_1 和 S_2 的面积分相等。由于在稳恒情况下，第二项为零，因此麦克斯韦认为，普适的安培环路定理应该写成

$$\oint_L \boldsymbol{H} \cdot \mathrm{d}\boldsymbol{l} = \int_S \left(\boldsymbol{j} + \frac{\partial \boldsymbol{D}}{\partial t} \right) \cdot \mathrm{d}\boldsymbol{S} = I_c + \frac{\mathrm{d}\Phi_D}{\mathrm{d}t} \tag{11.15}$$

在电容器内部，传导电流为零，但 $\dfrac{\partial \boldsymbol{D}}{\partial t} \neq 0$，

$$\int_S \frac{\partial \boldsymbol{D}}{\partial t} \cdot \mathrm{d}\boldsymbol{S} = \frac{\mathrm{d}\Phi_D}{\mathrm{d}t}$$

它起到了等效电流的作用，麦克斯韦把这一项称为位移电流，并定义 $\mathrm{d}D/\mathrm{d}t$ 为位移电流密度矢量 $\boldsymbol{j}_\mathrm{d}$（d：displacement）。

$$I_\mathrm{d} = \frac{\mathrm{d}\Phi_D}{\mathrm{d}t} = \int_S \frac{\partial \boldsymbol{D}}{\partial t} \cdot \mathrm{d}\boldsymbol{S} = \int_S \boldsymbol{j}_\mathrm{d} \cdot \mathrm{d}\boldsymbol{S}$$

　　传导电流与位移电流合在一起，称为全电流，式(11.15)也称为全电流安培环路定理。空间磁场由全电流所激发。实验表明，根据麦克斯韦位移电流假设所导出的结果是完全正确的。为什么麦克斯韦将这一项叫作位移电流呢？在电介质存在的情况下，变化的电场确实会引起介质中极化电荷的不断重新排列，所以确实会有电流，但是 真空中应该是没有任何电流的。不论电场如何变化，都不会在真空中产生电流，但麦克斯韦相信，在某种程度上，真空和其他介质一样，仅仅是一种特殊的介质而已，不过相对介电常数等于1。所以他真的相信，在极板间确实有电流存在。尽管我们现在知道这当然是不对的，所以位移电流这个名词也许不那么贴切，但这一项是必需的。它完善了电磁场理论。其中心思想是：变化的电场激发涡旋磁场。

　　麦克斯韦的位移电流概念，虽有"电流"之名，但与我们通常所指的传导电流却相差甚远，要注意两者的异同。

　　位移电流与传导电流的异同：

　　(1) 磁效应：相同。唯一共同点仅在于都可以在空间激发磁场。

　　(2) 产生原因：不同。传导电流是自由电荷的定向运动引进的，而位移电流的本质是变化着的电场。

　　(3) 载体：不同。位移电流即变化着的电场可以存在于真空、导体、电介质中，而传导电流只能存在于导体中。

　　(4) 热效应：不同。传导电流在通过导体时会产生焦耳热，而位移电流则不会产生焦耳热。

　　例 11.2.1　如图 11-13 所示，有 一圆形平行平板电容器，$R = 3.0 \text{ cm}$，现以恒定电流 $I_c = 2.5 \text{ A}$ 对其充电，若略去边缘效应，求：

　　(1) 两极板间的位移电流密度；

　　(2) 两极板间离开轴线的距离为 $r = 2.0 \text{ cm}$ 的点 P 处的磁场强度。

　　解　(1) 忽略边缘效应，电场只局限于电容器内部，由于 $D = \sigma = Q/S$，两极板间的位移电流密度直接由公式进行计算电位移矢量随时间的变化率

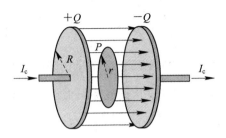

图 11-13　例 11.2.1 图

$$j_d = \frac{dD}{dt} = \frac{dQ}{Sdt} = I_c = 8.85 \times 10^2 \text{ A/m}^2$$

（2）作半径 r 通过点 P 平行于极板的圆形回路，计算磁场 $\boldsymbol{H}$ 沿此回路的积分，由于对称性，$\boldsymbol{H}$ 在回路上处处大小相等，因此

$$\oint \boldsymbol{H} \cdot d\boldsymbol{l} = H2\pi r$$

通过以回路为边界的圆面积的全电流为

$$I_s = 0 + I_d = \frac{\pi r^2}{\pi R^2} I_d = \frac{4}{9} \times 2.5 \text{A}$$

由全电流安培环路定理

$$0.04\pi H = \frac{4}{9} \times 2.5 \Rightarrow H \approx 8.85 \text{ A/m}$$

11.2.3　麦克斯韦方程组

经过以上讨论，麦克斯韦将电磁场基本规律归纳整理为以下一组方程：

$$\oint_S \boldsymbol{D} \cdot d\boldsymbol{S} = \int_V \rho dV$$

$$\oint_L \boldsymbol{E} \cdot d\boldsymbol{l} = -\int_S \frac{\partial \boldsymbol{B}}{\partial t} \cdot d\boldsymbol{S}$$

$$\oint_S \boldsymbol{B} \cdot d\boldsymbol{S} = 0$$

$$\oint_L \boldsymbol{H} \cdot d\boldsymbol{l} = \int_S \left(\boldsymbol{j} + \frac{\partial \boldsymbol{D}}{\partial t} \right) \cdot d\boldsymbol{S} \qquad (11.16)$$

这四个方程就是麦克斯韦方程组的积分形式，它们普遍适用于一般的电磁场。这组方程全面地反映了电场和磁场的基本性质，它具有非常重要的物理意义：

方　程	实 验 基 础	物 理 意 义
$\oint_S \boldsymbol{D} \cdot d\boldsymbol{S} = \int_V \rho dV$	库仑定律、叠加原理、感生电场假设	电场性质
$\oint_L \boldsymbol{E} \cdot d\boldsymbol{l} = -\frac{d\Phi_B}{dt}$	法拉第电磁感应定律	变化的磁场产生电场
$\oint_S \boldsymbol{B} \cdot d\boldsymbol{S} = 0$	未发现磁单极	磁场性质
$\oint_L \boldsymbol{H} \cdot d\boldsymbol{l} = I_c + \frac{d\Phi_D}{dt}$	安培定律、位移电流假设	变化的电场产生磁场

（1）它们是对电磁场宏观实验规律的全面总结和概括，是经典物理三大支柱之一。

（2）揭示了电磁场的统一性和相对性。

电磁场是一个统一的整体；是电磁作用的媒介。

电荷与观察者相对运动状态不同时，电磁场可以表现为不同形态。

$$
带电体
\begin{cases}
对相对其静止的观察者——静电场 \\
对相对其运动的观察者
\begin{cases}
电场 \\
磁场
\end{cases}
\end{cases}
$$

（3）预言了电磁波的存在。

自由空间：$\rho = 0$，$\boldsymbol{j} = 0$

$$
\oint_S \boldsymbol{D} \cdot \mathrm{d}\boldsymbol{S} = 0, \quad \oint_L \boldsymbol{E} \cdot \mathrm{d}\boldsymbol{l} = -\int_S \frac{\partial \boldsymbol{B}}{\partial t} \cdot \mathrm{d}\boldsymbol{S}
$$

$$
\oint_S \boldsymbol{B} \cdot \mathrm{d}\boldsymbol{S} = 0, \quad \oint_L \boldsymbol{H} \cdot \mathrm{d}\boldsymbol{l} = \int_S \frac{\mathrm{d}\boldsymbol{D}}{\mathrm{d}t} \cdot \mathrm{d}\boldsymbol{S}
$$

$$
\left.
\begin{array}{l}
变化磁场 \rightarrow 电场 \\
变化电场 \rightarrow 磁场
\end{array}
\right\}
变化电场 \leftrightarrow 变化磁场
$$

即：在脱离电荷、电流的空间，变化的电场产生磁场，变化的磁场可产生电场，交变电磁场就这样相互产生，由近向远向外传播，形成电磁波。

（4）预言了光的电磁本性。

预言了电磁波在真空中的传播速度

$$
c = \frac{1}{\sqrt{\mu_0 \varepsilon_0}} = 3.0 \times 10^8 \ \mathrm{m/s^2}
$$

麦克斯韦对以上两个预言坚信不疑。在麦克斯韦去世后大约九年，1888 年赫兹用实验证实了电磁波的存在。他用高压交变电流使两个金属球之间产生电火花，在屋内另一个环路间隙上测到了无线电辐射：只要发射机环路产生一个电火花，接收环路同时也产生一个电火花。赫兹实验证明了麦克斯韦预言的电磁波确实存在，稍后又证实了它的速度与光波速度一样，后来人们用电磁波重复了所有光学反射、折射、衍射、干涉、偏振实验。光的电磁波理论获得圆满成功。麦克斯韦的电磁场理论改变了世界，世界从此进入了一个电气化时代。

第 12 章　光 的 干 涉

　　从本章开始，学习光学知识。光学是研究光的本性、光的传播以及光与物质的相互作用等规律的科学。通常分为几何光学、波动光学和量子光学三个部分。几何光学以直线传播为基础，研究光在透明介质中的传播规律；波动光学以光的波动性质为基础，主要研究光的干涉、衍射与偏振等现象和规律；量子光学从光的粒子性出发，研究讨论光与物质的相互作用规律。考虑到大学物理光学部分的教学要求，我们主要从光的干涉、衍射和偏振三个方面讨论波动光学。

12.1　光 的 相 干 性

　　光具有"波粒二象性"。作为波动，光属于电磁波，传播不需要媒质，其在真空中的光速为

$$c= 2.99792458\times10^8 \text{ m/s}$$

有介质存在时，光速会减小：

$$v=\frac{c}{n} \quad (n>1，称为介质的折射率)$$

　　光的传播自然也遵守独立传播特性，在多束光交叠的区域满足叠加原理。干涉现象就是一种叠加效应。当频率相同、相位差恒定、振动方向一致的两束光在空间相遇时，在重叠区域就会形成稳定的、明暗相间的光强分布。但相干光的获得却远非机械波般容易！

12.1.1　光源的发光机制

　　物质的发光都源于能级跃迁。发光物质的一些原子（或分子）从外界吸收能量后会跃迁到较高能量的激发状态。处于激发状态的原子是不稳定的，它将自发地向低能级状态跃迁，并同时向外辐射电磁波。当这种电磁波的波长在可见光范围内时，即为可见光。原子的每一次跃迁时间很短（10^{-8} s）。而且就普通光源来说，原子向低能级跃迁具有随机性、间歇性，每次只能发出频率一定、振动方向一定而长度有限的一个波列。因而大量原子发出的光波是无规则的，同一个原子先后发出的波列之间，以及不同原子发出的波列之间都没有固定的相位关系，且振动方向与频率也不尽相同，这就决定了两个独立的普通光源发出的光很难满足相干光的条件，因而不能产生干涉现象。

12.1.2　相干光的获得

　　如何获得相干光，是光学发展首要面对的问题。如图 12-1 所示，由于原子发光的特点，普通光源发出的光是由无数彼此独立的波列所组成，这些波列在频率、振动方向以及相位各个方面都很难满足相干的条件。于是人们设想能不能将来自光源的同一波列分开

成两束从而构成相干光。实验证明：这是可行的。

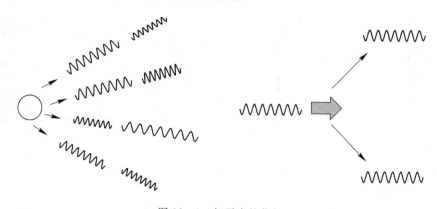

图 12-1 相干光的获得

下面两节分别从分波阵面和分振幅两种方法来具体讨论相干光的获得，相干光干涉的特征和应用。

12.2 分 波 阵 面 法

根据惠更斯原理，波前上的点都可以看作是新的波源。它们具有相同的初相位，因而如果从同一波面上选取出来的两部分经反射、折射或衍射后交迭起来，就应该能满足干涉条件，形成干涉现象。杨氏双缝干涉实验便是用分波阵面法获得相干光的典型代表。

12.2.1 杨氏双缝干涉实验

1807 年，英国科学家托马斯・杨(T・Young)发表了一篇描述他所发现的干涉现象的论文。如图 12-2(a)所示，用单色光照射一个窄缝 S，即相当于获得一个线光源，S 后放有与其平行且对称的两狭缝 S_1 和 S_2，双缝之间的距离非常小，双缝后面放置一个观察屏，在观察屏上即可以在屏上观察到明暗相间的干涉条纹。根据惠更斯原理，从窄缝 S 发出的光波为柱面波，如果 S_1 和 S_2 处于该柱面波的同一柱面上，则它们的相位永远相同，显然，S_1、S_2 是满足相干条件的。

现在对双缝干涉条纹的位置作定量分析。如图 12-2(b)所示，S_1 与 S_2 之间的距离为 d，到观察屏的距离为 D，OO' 是 S_1、S_2 的中垂线，在屏上任取一点 P，设 P 点到 O' 点距离为 x，P 点到 S_1、S_2 的距离分别为 r_1、r_2，$\angle POO'=\theta$。实验中，一般 $D\gg d$，θ 很小，所以从 S_1 与 S_2 发出的光到达 P 点的波程差为

$$\delta=r_2-r_1\approx d\sin\theta\approx d\tan\theta=d\frac{x}{D} \tag{12.1}$$

由波的叠加原理，根据式(5.8)干涉加强或干涉减弱的条件有

$$\delta=r_2-r_1=\begin{cases}\pm k\lambda & k=0,1,2,\cdots \text{ 干涉加强}\\ \pm(2k-1)\dfrac{\lambda}{2} & k=1,2,\cdots \text{ 干涉减弱}\end{cases} \tag{12.2}$$

即当 P 点到双缝的波程差为波长的整数倍时，P 点处将出现明条纹。k 称为干涉条纹的级

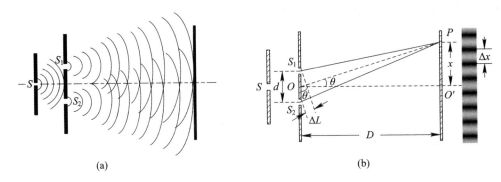

图 12-2   杨氏双缝干涉实验

次，$k=0$ 的明条纹称为零级明条纹或中央明条纹。当 P 点到双缝的波程差为半波长的奇数倍时，P 点处将出现暗条纹。当波程差为其他值的各点，光强介于明条纹与暗条纹之间。

结合式(12.1)与式(12.2)，可得条纹中心在屏上的位置为

$$x_k=\begin{cases} \pm k\dfrac{D}{d}\lambda & k=0,1,2,\cdots \quad 明条纹 \\[2mm] \pm(2k-1)\dfrac{D}{d}\dfrac{\lambda}{2} & k=1,2,\cdots \quad 暗条纹 \end{cases} \tag{12.3}$$

相邻两明条纹或暗条纹间的距离，即条纹间距均为

$$\Delta x=x_{k+1}-x_k=\frac{D}{d}\lambda \tag{12.4}$$

12.2.2   光程与光程差

前面讨论中，我们采用了波程差的表述，默认两束相干光是在同一均匀媒质中传播。它们在相遇叠加时的相位因而只取决于两光束几何路程之差，即波程差。但是当两束光在不同介质中传播时，由于传播速度不同，在相遇叠加时的相位差就不是简单的几何路程之差了。为此，我们先将光在媒质中的传播路程统一转化为真空中的等效路程——光程 δ。

$$L=nr=\frac{c}{u}t=ct$$

在相等的时间内，光在折射率为 n 的媒质中走过 r 的路径，等效于光在真空中走 nr 的路程。这是很显然的，因为光在媒质中的速度变慢，是真空中的光速 c 的 $1/n$，波长也不同，$\lambda_n=\lambda/n$，所以当光在时间 t 内在媒质中走过 r，如果在真空中传播，那它在同样的时间内将走 nr 的路程。因此，**光程可以认为是在相等时间内，光在真空中通过的路程**。把光在媒质中传播的距离转化为真空中的等效距离，可以方便地进行相位的比较。

设从同相位的相干光源 S_1 和 S_2 发出的相干光分别在折射率为 n_1 和 n_2 的介质中传播，相遇点 P 与光源 S_1 和 S_2 的距离分别为 r_1 和 r_2，则两光束到达 P 点的相位变化之差为

$$\Delta\varphi=\frac{2\pi r_1}{\lambda_{n_1}}-\frac{2\pi r_2}{\lambda_{n_2}}=\frac{2\pi}{\lambda}(n_1 r_1-n_2 r_2)=\frac{2\pi}{\lambda}(L_1-L_2)$$

通常用

$$\Delta=n_1 r_1-n_2 r_2$$

表示两光束到达 P 点的**光程差**，则两光束到达 P 点的相位差为

$$\Delta\varphi = \frac{2\pi}{\lambda}\Delta$$

引进光程概念后，不论光在什么介质中传播，也不论光经过什么复杂的路径，虽然光在不同介质中的波长不同，我们均可以用上式来计算相干光相遇时的光程差。公式中的波长为真空中的波长。

12.2.3　用光程差讨论干涉条纹的移动

在杨氏双缝干涉实验中，光源 S 到双缝 S_1、S_2 的距离不一定要相等，从 S_1、S_2 发出的光线也不一定要在同一种媒质中，但这些变化都会引起条纹的移动。事实上，我们还可利用条纹的移动来进行长度、折射率等的测量。如图 12-3(a)所示，在 S_1 缝上放置一块厚度为 d，折射率为 n 的透明介质，则从 S_1、S_2 到观察点 P 的光程差变为

$$\Delta = r_2' - (r_1' - h + nh) \tag{12.5}$$

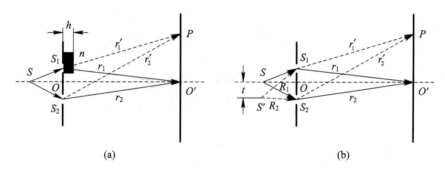

图 12-3　干涉条纹的移动

没有介质时，$r_2 = r_1$，零级明纹在屏幕的中心 O'，加入介质后，由于 $n > 1$，要使 $\Delta = 0$，则必须 $r_2' > r_1'$，即条纹要向上移动到 P 点。而 P 点则可能是未加介质时的第 k 级明纹位置

$$r_2' - r_1' = k\lambda \quad k = 0, \pm 1, \pm 2, \cdots \tag{12.6}$$

因此，加入介质后，将观测到零级条纹移到原来的 k 级明纹位置(此处 k 不一定为整数，可适当取整)。联立式(12.5)和式(12.6)可得

$$h = \frac{k\lambda}{n-1}$$

上式也可理解为插入透明介质使屏幕上的干涉条纹移动了 $(n-1)h/\lambda$ 条，这也提供了一种测量透明介质折射率的方法。

在图 12-3(b)中，设 S 到 S_1、S_2 的垂直距离为 b，当光源 S 向下移动距离 t 时，S_1、S_2 已经不在同一波面上了，从 S 发出到达 S_1、S_2 的两束光已有光程差 $\Delta_0 = R_2 - R_1$，则到达屏幕上 P 点时，总的光程差

$$\Delta = R_2 + r_2' - (R_1 + r_1')$$

零级明条纹的位置由 $\Delta = 0$ 确定，S 处于 OO' 轴上时，零级明纹在 O' 处，$R_1 = R_2$，$r_2 = r_1$，现 S 向下移动导致 $R_2 < R_1$，因而必有 $r_2 > r_1$，条纹将向上移动。

12.2.4 其他分波阵面干涉装置

杨氏双缝干涉实验对研究光的波动性上做出了重要贡献，开辟了利用光的干涉现象进行精密测量的新视角，成为现代许多分波前法干涉装置的原型。下面我们简单介绍其中的两种。

1. 菲涅耳双面镜

如图 12-4 所示，菲涅耳双面镜由一对紧靠在一起的夹角 θ 很小的平面镜 M_1 和 M_2 构成。狭缝光源 S 与两镜面的交棱 C 平行，于是从光源 S 发出的光，经 M_1 和 M_2 反射后成为两束相干光，在它们的重叠区域内的屏幕上就会出现明暗相间的干涉条纹。设 S_1 和 S_2 为 S 在 M_1 和 M_2 中所成的两个虚像，则屏幕上的干涉条纹就如同由相干的虚光源 S_1 和 S_2 发出的光所产生的一样，其规律与杨氏双缝干涉类似。

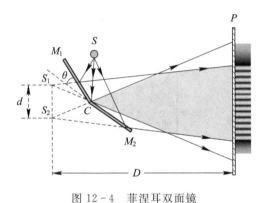

图 12-4　菲涅耳双面镜

2. 洛埃镜

洛埃镜的装置如图 12-5 所示，它仅由一个平面镜组成。狭缝 S_1 发出的光，一部分直接射向屏幕，一部分以近乎 $90°$ 的入射角掠射到镜面 ML 上，然后再反射回屏幕，这部分的光线等效于从 S_1 在平面镜中所成的像 S_2 发出。S_1、S_2 构成了一对类似杨氏双缝干涉装置的光源。若将屏幕放到镜端 L 处且与镜接触，则在接触处屏上出现的是暗条纹。这表明，该处由 S_1 直接射到屏上的光和经镜面反射后的光相遇。虽然两束光的波程差相同，但相位相反。这是因为当光从空气掠射到玻璃时，反射光发生了 π 的相位跃变，即有"半波损失"。

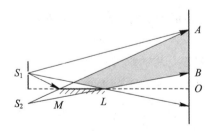

图 12-5　洛埃镜

例 12.2.1　在双缝干涉实验中，波长 $\lambda=550$ nm 的单色平行光垂直入射到缝间距 $a=2\times 10^{-4}$ m 的双缝上，屏到双缝的距离 $D=2$ m。求：

(1) 中央明纹两侧的两条第 10 级明纹中心的间距；

(2) 用一厚度为 $e=6.6\times 10^{-5}$ m、折射率为 $n=1.58$ 的玻璃片覆盖一缝后，零级明纹将移到原来的第几级明纹处。

解　(1) 根据条纹间距公式可知

$$\Delta x=20\frac{D\lambda}{a}=20\times\frac{2.0\times 5.5\times 10^{-7}}{2.0\times 10^{-4}}=0.11 \text{ m}$$

(2) 覆盖玻璃后，零级明纹应满足

$$(n-1)e+r_1=r_2$$

设不盖玻璃片时，此点为第 k 级明纹，则应有

$$r_2-r_1=k\lambda$$

所以

$$(n-1)e=k\lambda \Rightarrow k=\frac{(n-1)e}{\lambda}=6.97\approx 7$$

零级明纹移到原第 7 级明纹处。

12.3　分振幅法

当光从一种介质入射到另一种透明介质的表面时，光的能量会被分裂成二部分，一部分反射回原来介质中，一部分透射进入新介质。由于能量正比于光强，而光强与振幅的平方成正比，因此每一部分光强（或振幅）都小于原来的光强（或振幅）。而由这种方法得到的两束光由于来自同一波列，频率相同，振动方向一致，对于相遇内的任一点相位差恒定，因而是相干光。这种得到相干光的方法因而叫作分振幅法。

12.3.1　薄膜干涉

我们先来讨论光线入射在厚度均匀的薄膜上产生的干涉现象。如图 12-6 所示，从单色光源发出的光线 1 以入射角 i 从折射率为 n_1 的均匀媒质入射到折射率为 n_2（假设 $n_2>n_1$）透明媒质的上表面，设薄膜厚度为 d，光线在 A 点处被分裂成两部分，一部分反射回原介质中，形成光线 2，另一部分则以折射角 γ 进入薄膜内，在下表面 B 点反射后射到 C 点，再经上表面折射回到原来的介质中形成光线 3。光线 2 和光线 3 来自光源中的同一点，因而是两束相干光。由于它们是从同一条入射光线 1 发出来的，而波的能量与振幅有关，因此把这种产生相干光的方法叫做分振幅法。

下面我们来定量讨论这束相干光的干涉规律。光线 2 和光线 3 是相互平行的，要使它们交叠需要采用透镜聚焦。在图 12-6 中，从 C 点作垂直于光线 2 的垂线交于 D。由于平行光束经过透镜后汇聚于焦点或者焦平面上的一点，平行光通过透镜后各光线的光程相等。因而光线 2 和光线 3 的光程差只由 CD 点以前的光程决定，即

$$\Delta=n_2(AB+BC)-\left(n_1 AD-\frac{\lambda}{2}\right)$$

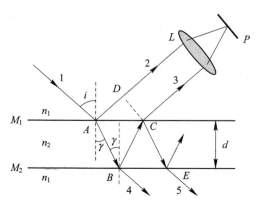

图 12 - 6　薄膜干涉

其中 $\dfrac{\lambda}{2}$ 是光线在上表面反射时的半波损失。从图上可以看出

$$AB = BC = \dfrac{d}{\cos\gamma},\ AD = AC\sin i = 2d\tan\gamma\sin i$$

利用折射定律 $n_1\sin i = n_2\sin\gamma$，可得

$$\begin{aligned}
\Delta &= 2n_2\dfrac{d}{\cos\gamma} - 2n_1 d\tan\gamma\sin i + \dfrac{\lambda}{2}\\
&= \dfrac{2n_2 d}{\cos\gamma}(1 - \sin^2\gamma) + \dfrac{\lambda}{2} = 2n_2 d\cos\gamma + \dfrac{\lambda}{2}\\
&= 2d\sqrt{n_2^2 - n_1^2\sin^2 i} + \dfrac{\lambda}{2}
\end{aligned}$$

于是决定会聚点 P 是明还是暗的条件为

$$\Delta = 2d\sqrt{n_2^2 - n_1^2\sin^2 i} + \dfrac{\lambda}{2} = \begin{cases} k\lambda & \text{明}\\[2mm] (2k-1)\dfrac{\lambda}{2} & \text{暗} \end{cases} \quad k = 1,2,\cdots$$

讨论： 从光程差的表达式来看：

（1）如果 d 不变，即对于厚度均匀的薄膜，Δ 将只取决于入射角 i，如图 12-7 所示，为了更好的观察，采用一块半反射镜将入射点光源成像在观察屏的同一方向位置。这样，那些有相同入射角（倾角）的光线经薄膜上下两个表面反射后都将同为明或暗，它们所形成的图案为同心圆环。

（2）当垂直入射，即 $i = 0$ 时，Δ 则取决于薄膜厚度 d，入射在相同厚度处的上、下表面反射光线相干将同为明或暗条纹，因而称为等厚干涉。

同样的讨论可知，在透射光线中也存在干涉现象，而且光程差的计算式对透射光也适用。只不过在考虑附加光程差时要注意，光线是不是从光疏媒质到光密媒质。如上面的讨论中，我们假定 $n_1 < n_2$，则反射光中有附加光程差，而透射光中却没有。另外根据能量守恒，我们也知道如果入射点处的反射光线干涉加强，则其透射光线必定干涉减弱。

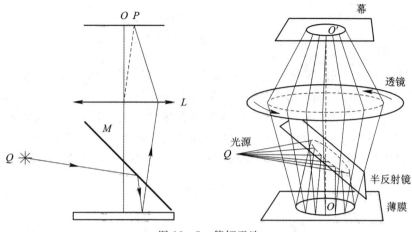

图 12 - 7　等倾干涉

12.3.2　薄膜干涉的应用

1. 增透膜和增反膜

　　一般来说,光线入射到光学元件表面时,会同时发生反射和折射现象,其相应的能量也就分成了两个部分。对于实际应用需求来说,有时我们希望反射越多越好,如激光器中的反射镜。有时我们又希望全部透射,例如照相机的镜头。这些都可以利用薄膜干涉来设计增反膜(也叫消透膜)和增透膜(消反膜)。

　　例 12.3.1　一光学元件的玻璃折射率为 $n_1 = 1.5$,为了使入射白光中对人眼最敏感的黄绿光($\lambda = 550$ nm)反射最小,可以通过在玻璃上镀一层折射率为 1.38 的氟化镁薄膜起到消反作用。试求所镀薄膜的最小厚度。

　　解　如图 12 - 8 所示,由于 $n_0 < n_1 < n_2$,光线在氟化镁薄膜的上下表面的反射光均有半波损失,因而不需计算附加光程差。

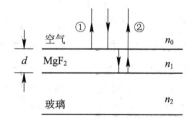

图 12 - 8　增透膜

　　设光线垂直入射,则光线①和②的光程差为
$$\Delta = 2n_1 d$$
要使黄绿光反射最小,即要求①和②干涉相消,于是
$$\Delta = 2n_1 d = (2k-1)\frac{\lambda}{2}$$

最小薄膜厚度为

$$d_{min}=\frac{\lambda}{4n_1}=\frac{550}{4\times1.38}=100 \text{ nm}$$

2. 劈尖干涉

如图 12-9 所示，两块平面玻璃片，一端重叠在一起，另一端垫入一细丝，就在两玻璃片间形成了一块一端薄一端厚的空气薄层，称为空气劈尖，它的两个表面实际上是上下两块玻璃的内表面。现在我们利用前面所学薄膜干涉的知识来分析该类型劈尖的干涉现象。由于劈尖角度很小，当平行单色光垂直入射玻璃片时，可以认为其反射光线、折射光线仍然垂直于劈尖表面。考虑劈尖上厚度为 e 的 A 处，其上下表面反射的两相干光的光程差为

$$\Delta=2e+\frac{\lambda}{2}$$

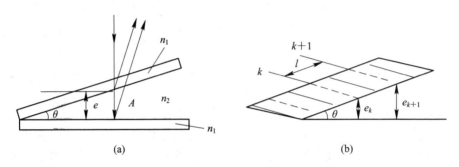

图 12-9　劈尖干涉

其中 $\frac{\lambda}{2}$ 为光在空气膜的下表面反射时的半波损失。于是两表面反射光的干涉条件为

$$\Delta=2e+\frac{\lambda}{2}=\begin{cases}k\lambda & \text{明条纹}\\(2k-1)\frac{\lambda}{2} & \text{暗条纹}\end{cases}\quad k=1,2,\cdots$$

由此可见，凡劈尖上厚度相同的地方，两反射光的光程差都相等，对应同一确定 k 值的明纹或暗纹。因此这些条纹叫作等厚干涉条纹，相应地，这样的干涉叫作等厚干涉。

若两块玻璃片的表面都是严格的几何平面，这样形成的空气劈尖的表面也就是严格的平面，则平行于交角边（棱边）直线上的各点，空气膜的厚度都相同。相应的干涉条纹是一系列平行于棱边的明暗相间的直条纹。若其中有一块玻璃片（通常是待检片）表面不平整，则干涉条纹将在凹凸不平处发生弯曲，由此可以检测玻璃是否平整光滑。

在劈尖干涉的直条纹中，任意两条相邻的明纹或暗纹之间的距离 l 都是相同的，即条纹间距相等，并且对应厚度 $\frac{\lambda}{2}$ 的变化，即

$$l\sin\theta=e_{k+1}-e_k=\frac{\lambda}{2}$$

此式说明，对一定波长的单色光入射，劈尖的干涉条纹间距 l 仅与楔角 θ 有关，θ 越小，l 越大，干涉条纹越稀疏。

例 12.3.2　用干涉膨胀仪可以测定固体材料的线胀系数，如图 12-10 所示，平台上放置一上表面磨成稍微倾斜的待测样品，样品外套一个热膨胀系数很小的石英制成的圆环，圆环撑起

一平板玻璃，它与样品上表面构成一空气劈尖。以波长为 λ 的单色光从上玻璃垂直入射到空气劈尖，将产生等厚干涉条纹。当样品受热膨胀时(忽略石英的膨胀)，劈尖的下表面位置上升，使干涉条纹发生移动。设温度为 t_0 时，样品的高度为 l_0，温度升高到 t 时，样品的高度增为 l，假设在此过程中，通过视场中某一刻线移动的条纹数目为 N，求样品的线胀系数 α。

　　解　由于热膨胀，视场中某一刻线处的厚度改变量为 $\Delta l = l - l_0$，根据等厚条纹的规律，每移动一个条纹对应 $\dfrac{\lambda}{2}$ 的厚度改变。所以

$$\Delta l = N \frac{\lambda}{2}$$

样品的热膨胀系数因而为

$$\alpha = \frac{\Delta l}{l_0} \cdot \frac{1}{t - t_0} = \frac{N\lambda}{2 l_0 (t - t_0)}$$

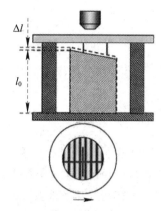

12.3.3　牛顿环和迈克尔逊干涉仪

图 12-10　干涉膨胀仪原理

　　分振幅干涉还有两个特别重要的应用：牛顿环和迈克尔逊干涉仪。

1. 牛顿环

　　牛顿环是牛顿在 1675 年首先观察到的。如图 12-11(a)所示，将一块曲率半径较大的平凸透镜放在一块玻璃平板上，用单色光照射透镜与玻璃板，就可以观察到一些如图 12-11(b)所示明暗相间的同心圆环。圆环分布是中间疏、边缘密，圆心在接触点 O。从反射光看到的牛顿环中心是暗的，从透射光看到的牛顿环中心是明的。若用白光入射，将观察到彩色圆环。牛顿环是典型的等厚薄膜干涉。凸透镜的凸球面和玻璃平板之间形成一个厚度均匀变化的圆尖劈形空气内薄膜，当平行光垂直射向平凸透镜时，从尖劈形空气膜上、下表面反射的两束光相互叠加而产生干涉。同一半径的圆环处空气膜厚度相同，上、下表面反射光程差相同，因此使干涉图样呈圆环状。下面我们来求明暗环的半径。

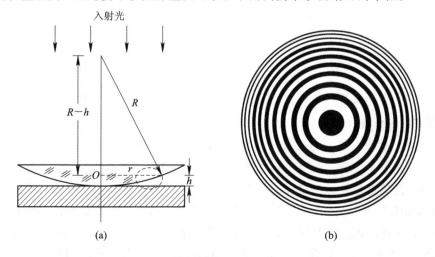

图 12-11　牛顿环

如图 12-11(a)所示，设平凸透镜的曲率半径为 R，用波长为 λ 的平行单色光垂直入射，由于有半波损失，对于空气薄层的任一厚度 h 处，上下表面反射光的相干条件为

$$2h+\frac{\lambda}{2}=\begin{cases} k\lambda & \text{明纹} \\ (2k-1)\dfrac{\lambda}{2} & \text{暗纹} \end{cases} \quad k=1,2,\cdots \qquad (12.7)$$

从几何关系可知，

$$r^2=R^2-(R-h)^2=2Rh-h^2$$

因 $R\gg h$，略去 h^2 项，结合公式(12.7)可得干涉条纹的半径为

$$r=\begin{cases} \sqrt{\dfrac{(2k+1)R\lambda}{2}} & \text{明环} \\ \sqrt{kR\lambda} & \text{暗环} \end{cases} \quad k=1,2,\cdots \qquad (12.8)$$

上式表明，k 值越大，环的半径越大，但相邻明环(或暗环)的半径之差越小，这说明随着牛顿环半径的增大，条纹变得越来越密。

在透镜与平板玻璃的接触点 O 处，因 $h=0$，但由于半波损失，两反射光仍有 $\lambda/2$ 的光程差，故牛顿环的中心是一个暗斑。实际测量平凸透镜的曲率半径 R 的方法是通过测出两个暗环的半径，再由公式(12.8)导出

$$R=\frac{r_{k+m}^2-r_k^2}{m\lambda}$$

牛顿虽然发现了牛顿环，并做了精确的定量测定，可以说牛顿环已经走到了光的波动说的边缘，但是由于过分偏爱他的微粒说，他始终无法正确解释这个现象。事实上，这个实验倒可以成为光的波动说的有力证据之一。

例 12.3.3　用牛顿环测定透镜曲率半径实验中，为什么有时圆环条纹的中心并非暗斑，甚至出现亮斑(理论上应是暗斑)？用什么数据处理方法能消除它对曲率半径测量的影响？

解　由于加工不精或灰尘等影响，使凸透镜面与平板玻璃未直接接触而有一微小间隙，从而使中心并非暗斑，甚至出现亮斑。

设中心条纹级别为 j，则第 m 和第 n 个暗环半径应分别为(m，n 为圆环序数)

$$r_m=\sqrt{(m+j)R\lambda}, \quad r_n=\sqrt{n+jR\lambda}$$

解得

$$R=\frac{r_m^2-r_n^2}{(m-n)\lambda}$$

即只要测出两条干涉圆环的半径及对应的条纹级数差即可精确测出 R。

2. 迈克尔逊干涉仪

迈克尔逊干涉仪也是一种典型的分振幅干涉装置。实际上它是一种巧妙地将两个独立的表面组合成薄膜的设计。在现代科学技术中，广泛用来测量微小长度、角度等的干涉装置，其原型均是迈克尔逊干涉仪。

其结构如图 12-12(a)所示，主要由精密的机械传动系统和四片精细磨制的光学镜片组成。分光镜和补偿板其实是两块几何形状、物理性能相同的平行平面玻璃。不同的是分光镜(或称分光板)的第二面镀有半透明银(或铬)膜，它可以使入射光分成振幅(或光强)近

似相等的透射光和反射光。补偿板起补偿光程作用，因为如果不加补偿板，经反射镜 M_2 的光将比经 M_1 的光多在玻璃中穿行 2 次。通常 M_2 固定在仪器上，M_1 装在可由导轨前后移动的拖板上。M_1 相对于分光镜成像于 M_2 的同侧 M_1'，与 M_2 形成空气薄膜的两个表面。通过精密机械传动，可精确调节 M_1 在导轨上的位置，从而改变空气膜的厚度。

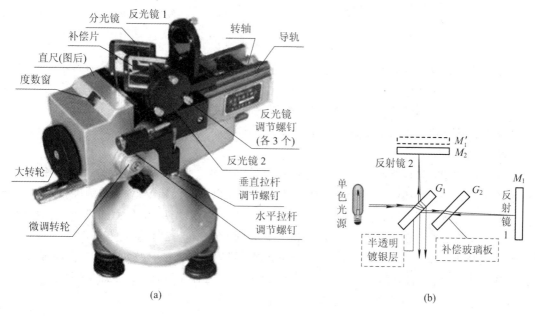

图 12 - 12　迈克尔逊干涉仪

图 12 - 12(b)显示了迈克尔逊干涉仪的原理。来自单色光源 S 的平行光束射向分光板 G_1，在 G_1 的薄银层上分成两束，反射光向 M_2 传播，被 M_2 反射后再穿过 G_1 后向下传入观察屏，透射光穿过补偿板 G_2，向 M_1 传播并经反射折返再次穿过 G_2 后由 G_1 的薄银层反射也向下进入观察屏。在观察屏可得到两光束的干涉条纹。

M_1' 是反射镜 M_1 相对分光板薄银层所成的虚像。从 M_1 处反射的光线可以看作是从虚像 M_1' 发出的。于是在 M_1' 和 M_2 之间就构成了一个"空气薄膜"。从薄膜的两个表面 M_1' 和 M_2 反射的光线相遇就可以当作薄膜干涉来处理。若 M_1 和 M_2 不是严格相互垂直，则 M_1' 和 M_2 之间的空气膜就是一个劈尖形，形成的干涉条纹将近似为平行的等厚条纹；若 M_1 和 M_2 严格垂直，则干涉条纹为一系列同心圆环状的等倾条纹。

根据劈尖干涉的理论，当调节 M_1 向前可向后平移 $\dfrac{\lambda}{2}$ 的距离时，就可观察到干涉条纹平移过一条。因此，数一数在视场中移动的条纹数目 ΔN 就可知 M_1 移动的距离

$$\Delta d = \Delta N \frac{\lambda}{2}$$

这表明，根据条纹的移动数 ΔN 和单色光波长 λ，便可算出 M_1 移动的距离，从而实现微小长度的测量。其精度可达 $\dfrac{\lambda}{2} \sim \dfrac{\lambda}{200}$，比一般方法的精密度高很多。此外，也可由 M_1 移动的距离来测定光波的波长。

第 13 章　光 的 衍 射

　　光的衍射概念与机械波相同，衍射也叫绕射，指的是光偏离直线传播绕到障碍物后面去的现象。但衍射现象显著与否取决于孔隙或障碍物的线度，只有其线度与波长的数量级差不多时，才能观察到明显的衍射现象。由于可见光波长较短（390 nm～760 nm），远小于一般障碍物或孔隙的线度，所以光的衍射现象通常是不易观察到的，而光的直线传播却给人印象深刻。

　　在实验室中，采用高亮度的激光或普通的强点光源，并使屏幕足够大，可以将光的衍射现象演示出来。如图 13-1 所示，单色点光源 S 发出的光经狭缝 K 投射到屏幕 P 上，缝宽可调节。实验发现，当 S、K、P 三者的位置固定的情况下，屏幕 P 上的光斑宽度决定于缝宽。当缝宽由大逐渐缩小时，屏 P 上的光斑也随之减小，这体现了光的直线传播特征。但当缝宽减小到小于 10^{-4} m 时，屏 P 上的光斑不但不减小，反而增大起来。这说明光波已绕射到狭缝的几何阴影区，光斑的亮度也由原来的均匀分布变成一系列的明暗条纹，且条纹的边缘也失去了明显的界限，变得模糊不清。

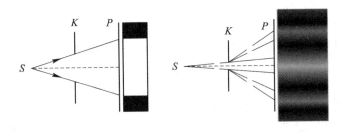

图 13-1　单缝衍射实验

　　实验室里为了观察衍射现象，总是由光源、衍射屏和接收衍射图样的屏幕（称为接收屏）组成一个衍射系统。为了研究的方便，通常根据衍射系统中三者的相互距离的大小，将衍射现象分为两类。如果光源和接收屏到衍射屏的距离均是无限大，即入射到衍射屏和离开衍射屏的光都是平行光，事实上是入射光线由放置在透镜焦平面的点光源产生，而经过衍射屏后的平行光又由透镜会聚于接收屏上。这一类衍射称为夫琅禾费（J. Fraunhofer，1787—1826 年）衍射。另一类则是当光源到衍射屏的距离或接收屏到衍射屏的距离不是无限大时，或两者都不是无限大时所发生的衍射现象，称为菲涅耳衍射。该类情况下，入射光或衍射光不是平行光，或两者都不是平行光。

　　本章重点讨论单缝和光栅的夫琅禾费衍射。

13.1　单缝夫琅禾费衍射

13.1.1　惠更斯-菲涅耳原理

惠更斯原理指出：波阵面上的每一点都可以看成发射子波的新波源，任意时刻这些子波的包迹即为新的波前。惠更斯原理可以解释光为什么会传播到衍射屏的后面去，但不能解释在衍射屏的后面为何会出现衍射图样，当然也就更不能计算各条纹的位置和光强分布了。菲涅耳子波相干叠加的概念补充和发展了惠更斯原理。菲涅耳认为：**从同一波前上各点发出的子波，在传播过程相遇时，也能相互叠加而产生干涉现象，空间各点波的强度，由各子波在该点的相干叠加所决定**。这个发展了的惠更斯原理称为惠更斯-菲涅耳原理。

根据菲涅耳"子波相干叠加"的设想，如果已知光波在某时刻的波阵面 S，如图 13-2 所示，空间任一点 P 的光振动可由波阵面 S 上各面元 dS 发出的子波在该点叠加后的合振动来表示。菲涅耳指出，每一面元 dS 发出的子波在 P 点引起的振动的振幅与面积 dS 成正比，与 P 点到 dS 的距离 r 成反比，还与 $\boldsymbol{r}$ 和 $d\boldsymbol{S}$ 的法线 $\boldsymbol{n}$ 之间的夹角 θ 有关。若取 $t=0$ 时波阵面 S 上各点初相位为零，则 dS 在 P 点引起的光振动可表示为

$$dE = C\frac{K(\theta)}{r}\cos 2\pi\left(\frac{t}{T}-\frac{r}{\lambda}\right)dS \tag{13.1}$$

式中 C 为比例系数，$K(\theta)$ 为随 θ 角增大而缓慢减小的函数，称为倾斜因子。当 $\theta=0$ 时，$K(\theta)$ 最大，当 $\theta\geqslant\dfrac{\pi}{2}$ 时，$K(\theta)=0$，以保证子波不能向后传播。

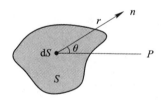

图 13-2　惠更斯-菲涅耳原理

波阵面上所有 dS 面元发出的子波在 P 点引起的合振动为

$$E = \int dE = \int C\frac{K(\theta)}{r}\cos 2\pi\left(\frac{t}{T}-\frac{r}{\lambda}\right)dS$$

这便是惠更斯-菲涅耳原理的数学表达式，它是研究衍射问题的理论基础，可以解释并定量计算各种衍射场的分布，但计算相当复杂。下面我们采用菲涅耳提出的半波带法来讨论单缝夫琅禾费衍射现象，以避免复杂的计算。

13.1.2　单缝夫琅禾费衍射

图 13-3 是单缝夫琅禾费衍射实验原理图，在衍射屏 K 上开有一个细长狭缝，单色光源 S 发出的光经透镜 L_1 后变为平行光束，射向单缝后产生衍射，再经透镜 L_2 聚集在焦平面处的屏幕 P 上，呈现出一系列平行于狭缝的衍射条纹。

现在我们用菲涅耳半波带法来分析产生明暗纹的条件。如图 13-4 所示,设单缝的宽度为 b,上下边界为 AB。在平行单色光的垂直照射下,单缝所在处的平面 AB 也就是入射光束的一个波阵面。按照惠更斯原理,波阵面上的每一点都可以发射子波,并以球面波的形式向各方向传播。显然,每一子波源发出的光线有无穷多条,每个可能的方向都有,这些光线都称为衍射光线。首先,沿入射方向传播的衍射光,它们到达观察屏时,彼此之间是没有光程差的,经透镜会聚于屏幕中心,由于相位相同干涉加强而出现中央明纹。下面我们来考察偏离原入射方向 φ(称为衍射角)的一组衍射光线,所有该方向的光线构成一系列平行光线,自 A 做这组平行光线的垂直线 AC(实际是一个面),这些光线将通过透镜会聚后发生干涉。由于透镜不会引起附加光程差。自 AC 开始到观察屏所有这些光线的光程差都相同。因而这组平行光线的光程差只取决于衍射屏到 AC 的距离。其中最大光程差发生在缝边缘的两光线之间:$BC = b\sin\varphi$。

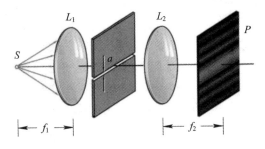

图 13-3 单缝夫琅禾费衍射实验原理图

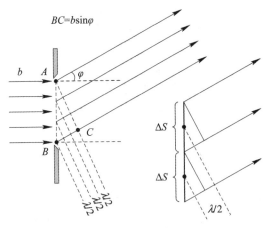

图 13-4 菲涅耳半波带法

菲涅耳将波阵面 AB 分割成许多面积相等的波带来研究:将 BC 用一系列平行于 AC 的平面来划分,这些平面中两相邻平面间的距离等于入射单色光的半波长,即 $\dfrac{\lambda}{2}$,这些平面自然也将单缝处的波阵面 AB 分成了相同数目的半波带。根据式(13.1),这些半波带发出的子波到达观察屏引起的光振动存在:相同的倾斜因子 $K(\theta)$,相同的面积 dS,不同的相位差,以及不同的距离 r。但由于 r 变化很小,对强度的影响可以忽略。任何两个相邻半波带之间的相位则刚好相反,经透镜会聚相遇时将相干相消。如果 BC 是半波长的偶数倍,意味着单缝上的波前 AB 可分成偶数个半波带,于是该方向的衍射光线在屏上全部干涉相消成为暗纹。如果 BC 是半波长的奇数倍，则相邻半波带发出的衍射光线在屏上两两相消后，最后总会剩下一个半波带的光线没有被抵消，从而出现明纹。

综上所述，当平行单色光垂直单缝入射时，单缝衍射明暗纹条件为

$$b\sin\varphi=\begin{cases} 0 & \text{中央明纹中心} \\ +k\lambda & \text{暗条纹} \\ \pm(2k+1)\dfrac{\lambda}{2} & \text{明条纹} \end{cases} \quad k=1,2,3,\cdots \quad (13.2)$$

式中 k 为条纹级次，正、负号表示衍射条纹对称分布于中央明纹的两侧。

必须指出，对于任意衍射角 φ 来说，AB 一般不能恰好分成整数个半波带，即 BC 不一定等于 $\dfrac{\lambda}{2}$ 的整数倍。对于这些衍射方向的光束，经透镜会聚后在屏幕上的光强介于最明与最暗之间。因而，在单缝衍射条纹中，强度的分布是不均匀的。如图 13-5 所示，中央明纹最亮，条纹也最宽（约为其他条纹的两倍）。

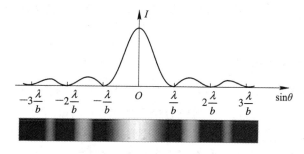

图 13-5 单缝衍射光强分布

我们常把两个相邻暗条纹之间的距离称为条纹宽度。如图 13-6 所示，中央明条纹的宽度对应的是中心两侧第 1 级暗纹中心的间距，由于第 1 级暗纹的衍射角满足

$$b\sin\varphi_0=\pm\lambda$$

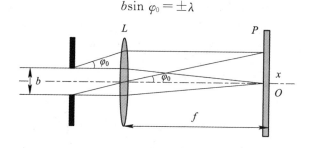

图 13-6 单缝衍射中央明纹宽度

当 φ_0 很小时，$\varphi_0\approx\pm\dfrac{\lambda}{b}$，因此中央明纹的角宽度（条纹对透镜中心所张的角度）即为 $2\varphi_0\approx 2\dfrac{\lambda}{b}$，有时也用半角宽度描述，即

$$\varphi_0=\frac{\lambda}{b}$$

这一关系称为衍射的反比律。设透镜的焦距为 f，则在屏幕上观察到的中央明纹的线宽度为

$$\Delta x_0 = 2f\tan\varphi_0 = 2\frac{\lambda}{b}f$$

显然，其他明条纹的角宽度近似为

$$\Delta\varphi = (k+1)\frac{\lambda}{b} - k\frac{\lambda}{b} = \frac{\lambda}{b}$$

其线宽度为 $\Delta x = \frac{\lambda}{b}f$。而各级明条纹的亮度随着级数的增大而迅速减小，这是因为 φ 愈大，AB 波面被分成的半波带数愈多，每个半波带的面积也相应减小，通过它透过来的光能量亦相应减小，因而未被抵消的最后一个半波带上发出的光在屏幕上产生的明条纹的亮度减弱。

当缝宽 b 一定时，对同一级衍射条纹，波长 λ 愈大，则衍射角 φ 愈大。因此，若用白光入射时，除中央明纹的中部仍为白色外，其两侧将出现一系列由紫到红的彩色条纹，称为衍射光谱。对波长 λ 一定的单色光来说，当缝宽 b 越小时，对应于各级条纹的衍射角 φ 就越大，即衍射越明显。当缝宽 b 越大时，各级条纹将向中央明纹靠拢，当 $b \gg \lambda$ 时，各级衍射条纹将全部并入到中央明纹附近，形成单一的明条纹，即透镜所造成的单缝的像，回归到直线传播。衍射现象消失。

13.1.3　夫琅禾费圆孔衍射

前面讨论单缝衍射时，我们已经发现，衍射只发生在与缝垂直的方向上，与缝平行的方向光仍然按直线传播自由通过，经透镜会聚后成像于焦平面上，当我们改变缝的开口方向时，衍射条纹也跟着改变。光线在哪个方向受到约束，衍射就发生在哪个方向上。可以想象当我们将缝改成圆孔后，由于光线在所有方向均受到约束，因而衍射也各个方向均同时发生，衍射条纹因此也连接成了圆环。

当平行光垂直入射时，衍射条纹的光强公式可根据惠更斯-菲涅耳原理，采用积分的方法推导，由于过程较复杂，此处略过。下面我们只给出其中的一些结果。如图 13-7 所示，夫琅禾费圆孔衍射图样为一系列明暗相间的同心圆环，其中央为一明亮圆斑，称为艾里斑，其光强约占整个入射光强的 80% 以上。如图 13-8 所示，假设透镜的焦距为 f，艾里斑的半径为 R，对透镜中心所张的半角宽度记为 θ，理论计算表明，θ 与圆孔直径 D 和入射光波长 λ 的关系为

$$\theta \approx \sin\theta = 1.22\frac{\lambda}{D} = \frac{R}{f} \tag{13.3}$$

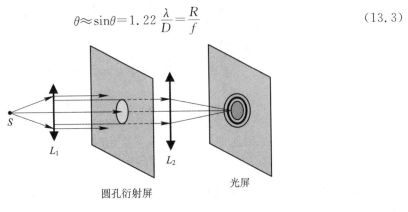

S　　L_1　　圆孔衍射屏　　L_2　　光屏

图 13-7　夫琅禾费圆孔衍射

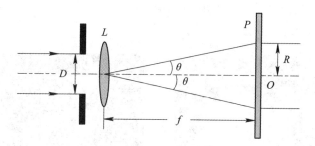

图 13-8 圆孔衍射艾里斑宽度

13.1.4 光学仪器的分辨本领

由于光学仪器中的镜头(光瞳)对光束的限制而产生衍射效应,使物点发射的光波在像面上不可能成为一个像点,而是以像点为中心扩展为一定的强度分布,其中心斑就是夫琅禾费衍射的艾里斑。也就是说,即使不考虑所有几何像差,成像光学仪器也无法实现点物成点像的理想情况。因此,物面上相距很近的两个分离的物点,在像面上就可能成为两个互相重叠的衍射斑,这两个衍射斑甚至可能过度重叠,变得模糊一团,以致观察者无法辨认物方两个物点的存在。总之,物方图像是大量物点的集合,而变换到像面上的强度分布却是大量衍射斑的集合,它不可能准确地反映物面上的所有细节。为了给光学仪器规定一个分辨细节能力的统一标准,通常采用瑞利判据。瑞利判据规定,当一个像斑中心刚好落在另一个像斑边缘(即一级暗环中心)时,确认两个像斑刚刚可以分辨(见图 13-9)。这时,两个物点对透镜光心的张角就称为光学仪器的最小分辨角 θ_0,而它正好等于每个艾里斑的半角宽度,或者是第一级暗纹所对应的衍射角

$$\theta_0 = \theta_1 = 1.22 \frac{\lambda}{D}$$

最小分辨角的倒数称为光学仪器的分辨率 R_s。

$$R_s = \frac{1}{\theta_0} = \frac{D}{1.22\lambda}$$

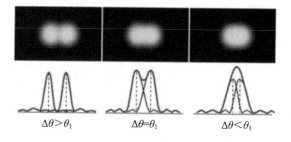

图 13-9 光学仪器的分辨本领

讨论:提高仪器分辨率的途径。

(1)加大镜头口径。比如探索宇宙奥秘的天文望远镜,入射波长无法选择,可通过增大镜头口径来提高分辨率。如我国的 Fast 工程,口径达 500 米,见图 13-10。

（2）降低入射光的波长。如电子显微镜，电子的波长在 0.1～1 Å，分辨率很高，可以观察物质内部结构，见图 13－10。

贵州 Fast 工程　　　　　　　　　　电子显微镜

图 13－10　提高仪器分辨率的两种方法

问题：当人睁大眼睛时，是为了什么？

13.2　衍射光栅

从上一节单缝衍射所产生的图案来看，能量大部分集中在中央明纹内，原则上通过测定衍射条纹的位置来进行相关物理量（如波长）的测量。但由于条纹较宽或亮度太弱而使测量结果不精确，实际应用中，采用的是多缝组成的衍射光栅。

13.2.1　光栅结构

由大量等间距、等宽度的平行狭缝所组成的光学元件称为衍射光栅。用于透射光衍射的叫透射光栅，用于反射光衍射的叫反射光栅。

常用的透射光栅是在一块玻璃片上刻画许多等间距、等宽度的平行刻痕，刻痕处相当于毛玻璃而不易透光，刻痕之间的光滑部分可以透光。相当于一个个单缝，如图 13－11 所示，缝宽 b 和缝间距 a 之和，称为光栅常数。现代用的衍射光栅，在 1 cm 内可刻上 10^3～10^4 条缝，所以一般的光栅常数约为 10^{-5}～10^{-6} m 的数量级。

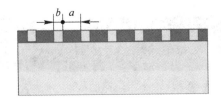

图 13－11　光栅结构

13.2.2　光栅衍射规律

光栅是由许多单缝所组成，每条缝都在屏幕上各自形成单缝衍射图样。由于各缝的宽度均为 b，故它们形成的衍射图样都相同，且在屏幕上相互间完全重合。另一方面，由于这些光线都是相干光，所以缝与缝之间的衍射光不是简单的重叠，而是相干叠加！因此，分析屏幕上形成的光栅衍射条纹，既要考虑到各单缝的衍射，又要考虑各缝之间的干涉，即光栅衍射实际上是单缝衍射与多缝干涉的总效果。

1. 光栅公式

我们首先来讨论明条纹的位置。当平行单色光垂直照射光栅时，发自各缝具有相同衍射角 φ 的一组平行光都会聚于屏上同一点，如图 13 - 12 所示中的 Q 点。由于相干叠加的结果，要使 Q 点为明纹，因此任意相邻两缝射出的衍射角为 φ 的光线彼此应该加强或它们的相位同步，也就是要求

$$(a+b)\sin\varphi = d\sin\varphi = k\lambda \quad k=0, \pm 1, \pm 2, \cdots \tag{13.4}$$

上述公式称为光栅公式，k 为明条纹级次，这些明条纹细窄而明亮。从该公式可以看出，在波长一定的单色光照射下，光栅常数 $d=a+b$ 愈小，各级明条纹的 φ 角愈大，因而相邻两个明条纹分得愈开。

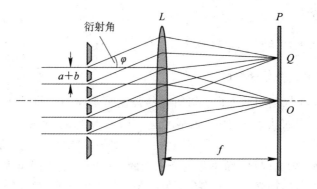

图 13 - 12　光栅衍射

当平行单色光倾斜入射时，如图 13 - 13 所示，入射光线与光栅法线之间的夹角为 θ，那么相邻两缝的入射光在入射到光栅前已有光程差 $d\sin\theta$，所以斜入射时的光栅方程应为

$$d(\sin\varphi \pm \sin\theta) = k\lambda \quad k = 0, \pm 1, \pm 2, \cdots$$

当入射光线与衍射光线位于光栅法线的同侧时，上式取"＋"号，异侧取"－"号。

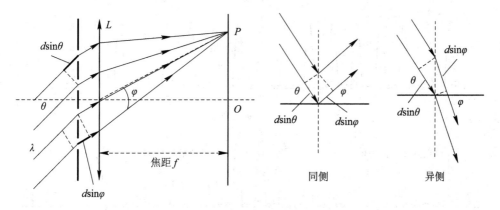

图 13 - 13　平行单色光斜入射光栅

2. 暗纹公式

在光栅衍射中，相邻两主极大之间还分布着一些暗条纹，这些暗条纹是由各缝射出的衍射光因干涉相消而形成的。借鉴分析单缝衍射的半波带法，假设光栅的最上一缝和最下一缝发出的光程差满足

$$N d \sin\theta = n\lambda \quad n=1,2,3,\cdots; \ n \neq 0, N, 2N, \cdots$$

相当于把光栅平面分成偶数个半波带，相邻两半波带内相应的缝发出的光将相消干涉，光强为零，因而为暗纹。$n \neq 0, N, 2N, \cdots$ 是因为当 n 等于 N 的整数倍时，暗纹公式将变成明纹的光栅方程。因此，n 应取不等于 kN 的整数。由 n 的取值可知，在 $0,1$ 两个主极大明纹之间，n 可取 $N-1$ 个值，说明在两相邻主极大明纹之间存在 $N-1$ 个暗纹。条纹是明暗相间的，$N-1$ 条暗纹之间必存在 $N-2$ 条次极大明纹，当然，次极大明纹的光强远小于主极大明纹，这也是为什么我们将光栅方程中确定的明纹称为主极大的原因。所以可以总结光栅衍射的暗纹条件为

$$d \sin\phi = \left(k + \frac{n}{N}\right)\lambda \quad k=0,\pm 1,\pm 2,\cdots; \ n=1,2,\cdots,N-1$$

3. 单缝衍射对光强分布的影响

由于单缝衍射，不同衍射角方向，衍射光的强度是不同的。上面讨论缝间多光束干涉时没有考虑这一点，因而认为各主极大的强度是一样的。实际上，因受到单缝衍射的影响，光栅衍射不同位置的明条纹，是来源于不同光强度的衍射光的干涉加强。也就是说，多光束干涉的各明条纹要受到单缝衍射的调制。单缝衍射光强大的方向明条纹光强也大，单缝衍射光强小的方向，尽管多光束干涉加强得到明条纹，但明条纹的强度也小。如图 13-14 所示。

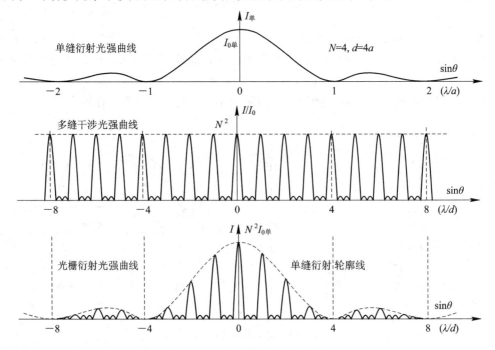

图 13-14   衍射光栅的光强分布

4. 缺级现象

前面讨论光栅公式时,只是从多光束干涉的角度说明了叠加光强最大而产生明条纹的必要条件,但当这一衍射角方向同时也满足单缝衍射的暗纹条件时,意味着,多条光强为零的相干光叠加,其再怎么"加强",强度仍然只能是零。所以从光栅公式看来应出现的某级明条纹的位置,实际上却是暗条纹,即该级明条纹"缺级"了。综合分析可知,出现这种情况的条件是以下两个方程同时满足:

$$(a+b)\sin\varphi = k\lambda$$
$$a\sin\varphi = k'\lambda$$

缺级明条纹为

$$k = \frac{a+b}{a}k' \quad k' = 1,2,3,\cdots$$

一般只要 b/a 为整数比时,则对应的以上 k 级明条纹将不可见。

13.2.3　光栅光谱

由光栅公式可知,在光栅常数一定的情况下,衍射角 φ 的大小与入射光波的波长有关。当用白光照射时,各种不同波长的光将产生各自分开的主极大明纹。屏幕上除零级主极大明条纹由各种波长的光混合仍然为白光外,其两侧将形成各级由紫到红对称排列的彩色光带,这些光带的整体称为衍射光谱。如图 13-15 所示,对于同一级条纹,由于波长短的光衍射角小,波长长的光衍射角大,所以光谱中紫光靠近零级主极大,红光最远。由于 $2\lambda_红 > 3\lambda_紫$,在第 2 级和第 3 级光谱中,开始发生了重叠,且级数越高,重叠情况越复杂。

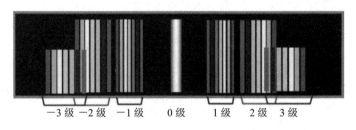

图 13-15　光栅光谱

由于光栅可以把不同波长的光分隔开,且光栅衍射条纹宽度窄,测量误差较小,所以常用它做分光元件,其分光性能比棱镜要优越得多。

例 13.2.1　某光栅的光栅常数 $d = 10^{-3}$ cm,每个透光缝的宽度 $a = \frac{d}{3}$。

(1) 以 $\lambda = 600$ nm 单色平行光正入射,通过光栅后,最多能观察到多少条谱线?

(2) 以 $\lambda_1 = 589$ nm 和 $\lambda_2 = 589.59$ nm 复合平行光正入射,通过光栅后,恰能分辨这两个波长的二级谱线,试问此光栅有多少条刻缝?

解　(1) 根据光栅方程

$$d\sin\theta = k\lambda$$

得 $k_{max} = \frac{d}{\lambda} = 16.7$,取整得 $k_{max} = 16$。考虑到 $k = \pm3, \pm6, \cdots, \pm15$ 缺级,则最多观察到的

谱线条数为 $33-10=23$。

(2) 按题意，此光栅二级谱线的分辨本领为

$$R_2 = \frac{\bar{\lambda}}{\delta\lambda} = \frac{589.3}{0.59} \approx 1000$$

由 k 级谱线分辨本领与光栅刻缝数 N 的关系

$$R_k = kN$$

得

$$N = \frac{R_2}{2} = 500$$

例 13.2.2 一衍射光栅每毫米刻线 300 条，入射光包含红光和紫光两种成分，垂直入射到光栅。发现在与光栅法线夹 24.46°角的方向上红光和紫光谱线重合。试问：

(1) 红光和紫光的波长各为多少？

(2) 在什么角度处还会出现这种复合谱线？

(3) 在什么角度处出现单一的红光谱线？

解 (1) 光栅常数

$$d = \frac{1}{300} \text{ mm} = 3.33 \times 10^3 \text{ nm}$$

由光栅方程 $d\sin\theta = k\lambda$ 可决定 $\theta = 24.46°$ 方向上红、紫光谱线的级次：

① 对红光，波长 $\lambda_r \sim 700$ nm $= k_r = \frac{d\sin\theta}{\lambda_r} = \frac{1380}{700}$，取整数 $k_r = 2$；

② 对红光，波长 $\lambda_v \sim 400$ nm $= k_v = \frac{d\sin\theta}{\lambda_v} = \frac{1380}{400}$，取整数 $k_v = 3$。

将 k_r、k_v 代入光栅方程，得

$$\lambda_r = \frac{d\sin\theta}{2} = 690 \text{ nm}, \quad \lambda_v = \frac{d\sin\theta}{3} = 460 \text{ nm}$$

(2) 两种谱线重合的条件为 $k_r\lambda_r = k_v\lambda_v$，即 $\frac{k_v}{k_r} = \frac{\lambda_r}{\lambda_v} = \frac{3}{2}, \frac{6}{4}, \cdots$。能出现的最大级次由 $\sin\theta \leqslant 1$ 限定，即 $k \leqslant \frac{d}{\lambda}$。

① 对 λ_r 最大级次 $k \leqslant \frac{d}{\lambda_r} = 4.8$，即 4 级；

② 对 λ_v 最大级次 $k \leqslant \frac{d}{\lambda_v} = 7.2$，即 7 级。

故还能出现红光 4 级和紫光 6 级的复合谱线，其所在角度 θ' 满足

$$d\sin\theta' = 4 \times 690 \text{ nm}$$

即 $\theta' = 55.9°$。

(3) 红光谱线最大不超过 4 级，其中 2、4 级为复合谱线，只有 1、3 级为单一谱线，其方位角可由 $\theta_k = \arcsin\frac{k\lambda_r}{d}$ 求出：

$$k = 1, \theta_1 = \arcsin\frac{\lambda_r}{d} = 11.9°, \quad k = 3, \theta_3 = \arcsin\frac{3\lambda_r}{d} = 38.4°$$

第14章 光 的 偏 振

干涉和衍射是各种波动都具有的现象,无论是纵波还是横波,都会产生干涉和衍射。因此,我们常常根据干涉或衍射是否能发生来鉴别某种物质或某种运动形式是否具有波动性质。但是,由衍射和干涉的现象无法鉴别某种波动是纵波还是横波。纵波和横波的区别表现在另一类现象上,即偏振现象。振动方向对于传播方向的不对称性叫作偏振,通过波的传播方向且包含振动矢量的那个平面称为振动面。光波是电磁波,光波中光矢量的振动方向总是和光的传播方向垂直。当光的传播方向确定以后,光振动在与光传播方向垂直的平面内的振动方向仍然是不确定的。它是横波区别于纵波的一个最明显的标志,只有横波才有偏振现象。光的偏振和光学各向异性晶体中的双折射现象进一步证实了光的横波性。

14.1　光波按偏振分类

按照偏振特征,光波可分为自然光、线偏振光、部分偏振光、圆偏振光和椭圆偏振光 5 种。下面一一做简单介绍。

1. 自然光

由于普通光源中单个原子发光的独立性、随机性和间隔性,大量原子发出的光,没有一个方向的光振动占有优势,各个方向光矢量的振幅相等。或者说,光振动对光的传播方向是轴对称的,而且任一方向的时间平均值也相等。具有这种特性的光就叫作自然光。如图 14-1 所示,为研究问题方便,常把自然光中各个方向的光振动都分解成两个相互垂直的分振动,这样,自然光也可表示为两个相互垂直、振幅相等、彼此独立的光振动。每一独立光振动的光强都等于自然光光强的一半。但由于彼此独立,这两个振动之间没有恒定的相位差,因而不能相干。图 14-1 第三部分还给出了自然光的表示方法,即用短线和点分别表示在纸面内和垂直纸面的两个光振动。点和短线交替均匀画出,表示光矢量对称一均匀分布。

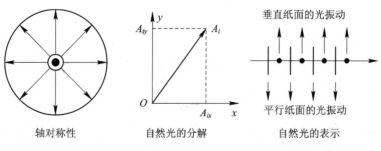

轴对称性　　　　自然光的分解　　　　自然光的表示

图 14-1　自然光

2. 线偏振光

如果光波的光矢量方向始终不变，只沿一个固定的方向振动，这种光称为线偏振光。在光学实验中，采用某些装置可将自然光中相互垂直的两个分振动之一完全移去，就可获得线偏振光，所以线偏振光又叫作完全偏振光。如图 14-2 所示，因线偏振光中沿传播方向各处的光矢量都在同一振动平面内，故线偏振光又称平面偏振光，简称偏振光。一束线偏振光可分解为两束振动方向相互垂直的线偏振光。

$$E_x = E\cos\alpha, \qquad E_y = E\sin\alpha$$

线偏振光可用图 14-2 中所示方法表示。

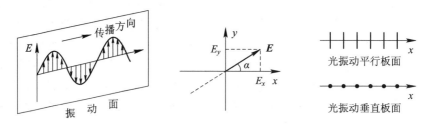

图 14-2　线偏振光

3. 部分偏振光

在垂直于光的传播方向的平面内，各个方向的振动都有，但它们的振幅大小不相等，某个方向的光振动占有优势。它的相关特性如图 14-3 所示。部分偏振光既可看作是自然光与线偏振光的混合，也可分解成振动方向相互垂直，但振幅不相等的两束线偏振光的叠加。其表示方法如图中所示。

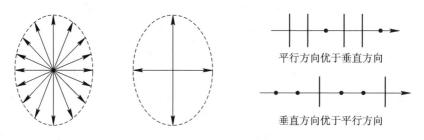

图 14-3　部分偏振光

4. 圆偏振光和椭圆偏振光

圆偏振光和椭圆偏振光都是完全偏振光，只不过其偏振方向随时间变化。即在光的传播过程中，空间每个点的振动矢量方向均以传播方向为轴做旋转运动。如果振幅不变，则振动矢量的端点画出的是一个圆，因而称为圆偏振光，如果振动矢量端点画出的轨迹是一椭圆，则称为椭圆偏振光。圆偏振光和椭圆偏振光均可等效为两个具有恒定相位差、相同振动频率、振动方向相互垂直的线偏振光的叠加。设两线偏振光沿 z 方向传播，在 $z = z_0$ 的平面内，两线振光振动的表达式为

$$E_x = A_x\cos(\omega t - kz_0), \qquad E_y = A_y\cos(\omega t - kz_0 + \Delta\varphi)$$

将两个方程消去 t，得到光矢量端点的轨迹方程

$$\frac{E_x^2}{A_x^2}+\frac{E_y^2}{A_y^2}-\frac{2E_xE_y}{A_xA_y}\cos\Delta\varphi=\sin^2\Delta\varphi$$

讨论：椭圆形状、空间取向及其旋转方向随 $\Delta\varphi$ 的取值情况发生变化，在一个周期内的情况如图 14-4 所示。

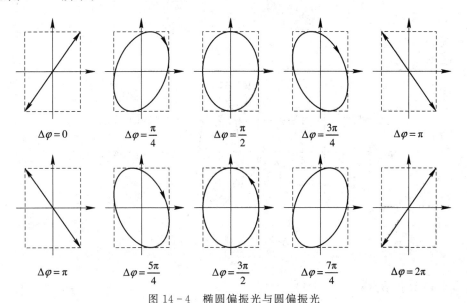

图 14-4　椭圆偏振光与圆偏振光

迎着光传播方向看，光矢量端点沿逆时针方向旋转的称为左旋偏振光；沿顺时针方向旋转的称为右旋偏振光。

注意：在我们的观察时间段中平均后，圆偏振光看上去是与自然光一样的。但是圆偏振光的偏振方向是按一定规律变化的，而自然光的偏振方向变化是随机的，没有规律的。

14.2　起偏和检偏　马吕斯定律

普通光源发出的光都是自然光，从自然光中获得偏振光的装置叫作起偏器，利用偏振片从自然光获取偏振光是最简便的方法。此外，利用光的反射和折射或晶体棱镜也可以获取偏振光，下面我们介绍几种产生和检验偏振光的方法。

14.2.1　偏振片的起偏和检偏

偏振片是在透明的基片上蒸镀一层某种物质晶粒制成的，这种晶粒对相互垂直的两个分振动光矢量具有选择性吸收的能力，即对某一方向的光振动有很强的吸收性能而对与之垂直的光振动则吸收很少，晶粒的这种性质叫作二向色性。利用这一特性做成的偏振片基本上只允许某一特定方向的光振动通过，这一方向称为偏振片的偏振化方向或透光轴。如图 14-5 所示，当自然光垂直照射到偏振片 P_1 时，透过 P_1 的光就成了光振动方向与偏振片偏振化方向平行的偏振光，这一过程称为起偏。透过的线偏振光的光强只有入射自然光光

强的一半。偏振片也可以用来检验某一光束的偏振类型，如图 14-6 所示，只需将偏振片对着入射光旋转一周，根据所观察的光强的变化就可以判断入射光的偏振类型。

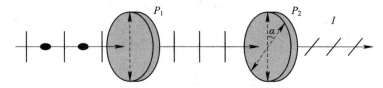

图 14-5　起偏与检偏

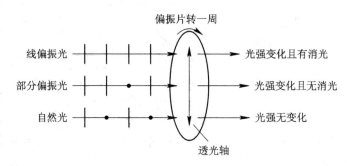

图 14-6　自然光、部分偏振光和线偏振光的检验

14.2.2　马吕斯定律

1809 年马吕斯在研究线偏振光通过检偏器后的透射光光强时发现，如果入射线偏振光的光强为 I_0，透过检偏器后，透射光的光强 I 为

$$I = I_0 \cos^2 \alpha$$

式中，α 是线偏振光的振动方向与检偏器的透光轴方向之间的夹角，上式称为马吕斯定律。在图 14-5 中，假设入射自然光的光强为 I_0，则经过两块透光轴夹角为 α 的偏振片后，出射光的光强为

$$I = \frac{1}{2} I_0 \cos^2 \alpha$$

例 14.2.1　图 14-7 为一个杨氏干涉装置，单色光源 S 在对称轴上，在屏上形成双缝干涉条纹，P_0 处为0级条纹，P_4 处为1级条纹。P_1、P_2、P_3 为 $\overline{P_0 P_4}$ 间的等间隔点。在光源后面放置偏振片 N，在双缝 S_1、S_2 处放置相同的偏振片 N_1、N_2，它们的透光轴方向互相垂直，且与 N 的透光轴方向成 45°角，请说明 P_0、P_1、P_2、P_3、P_4 处光的偏振状态，并比较它们的相对强度。

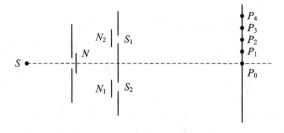

图 14-7　例 14.2.1 图

解 设偏振片 N 的透光轴方向竖直向上，则 N_1、N_2 的透光轴方向如图 14-8 所示。因为 N_1、N_2 的透光轴方向互相垂直，那么经 S_1、S_2 的出射光仅有互相垂直的振动分量，所以这两束光不发生干涉。设通过 S_1、S_2 的光强分别为 I_1、I_2，则 P_0、P_1、P_2、P_3、P_4 点的光强为

$$I_{P_0} = T_{P_1} = I_{P_2} = T_{P_3} = I_{P_4} = I_1 + I_2$$

相对强度为

$$I_{P_0} : I_{P_1} : I_{P_2} : I_{P_3} : I_{P_4} = 1:1:1:1:1$$

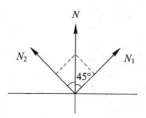

图 14-8　N_1、N_2 的透光轴

因为原 P_0、P_4 处分别为0级和1级亮纹，所以经过 S_1、S_2 出射的两束光在这两点处的光程差分别是 $\Delta L_{P_0} = 0$、$\Delta L_{P_4} = \lambda$，又因为原 P_1、P_2、P_3 为 $\overline{P_0 P_4}$ 间的等间隔点，所以经过 S_1、S_2 出射的两束光在这三点处的光程差分别是

$$\Delta L_{P_1} = \frac{\lambda}{4}, \ \Delta L_{P_2} = \frac{\lambda}{2}, \ \Delta L_{P_3} = \frac{3\lambda}{4}$$

由于偏振片不引起附加的光程差，因此加偏振片后两束光在 P_0、P_1、P_2、P_3、P_4 点处引起的相位差分别是

$$\delta_{P_0} = 0, \ \delta_{P_1} = \frac{\pi}{2}, \ \delta_{P_2} = \pi, \ \delta_{P_3} = \frac{3\pi}{2}, \ \delta_{P_0} = 2\pi$$

所以加偏振片后的偏振状态分别是：线偏振光（1～3象限）、圆偏振光（右旋）、线偏振光（2～4象限）、圆偏振光（左旋）、线偏振（1～3象限）。

14.3　反射与折射时的偏振现象

自然光在两种各向同性的媒质分界面上反射和折射时，反射光和折射光都将成为部分偏振光。在特定情况下，反射光还可能成为完全偏振光。

如图 14-9 所示，入射光线与法线组成的平面称为入射面。在反射光中，垂直入射面的振动矢量占优势，在折射光中则是平行入射面的振动矢量占优势。反射光、折射光偏振化的程度随入射角 i 而变。当入射角等于以下特定值 i_0 时，即

$$\tan i_0 = \frac{n_2}{n_1}$$

时，反射光中将只有垂直入射面的分振动，成为线偏振光；而折射光仍为部分偏振光。此时的入射角 i_0 称为布儒斯特角，上述规律也称为布儒斯特定律。根据折射定律，$n_1 \sin i_0 = n_2 \sin\gamma$，结合布儒斯特定律有

$$\tan i_0 = \frac{\sin i_0}{\cos i_0} = \frac{n_2}{n_1} = \frac{\sin i_0}{\sin\gamma}$$

可得

$$\sin\gamma = \cos i_0$$

故有

$$i_0 + \gamma = \frac{\pi}{2}$$

这说明,当入射角为布儒斯特角(也称为起偏角)时,反射光与入射光相互垂直。

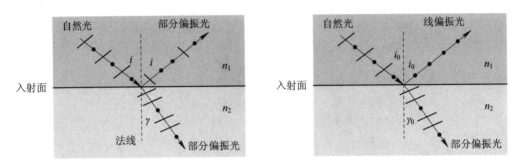

图 14 - 9　反射光折射光的偏振

自然光以起偏角入射时,反射光虽然是线偏振光,但光强很弱,以自然光从空气入射玻璃界面为例,反射光此时的光强只占入射自然光中垂直振动光强的 15%,折射光占有入射自然光中垂直振动光强的 85% 和平行振动的全部光强,所以,折射光的光强很强,但它的偏振化程度却不高。为了增强反射光的强度和折射光的偏振化程度,可以把许多相互平行的玻璃片重叠堆放。如图 14 - 10 所示,当自然光以起偏角 i_0 入射到玻璃片堆上时,不仅光从空气入射玻璃片的各层界面上时,反射光为完全偏振光。而且光从玻璃片入射到空气层时,由于光路可逆,此时的入射角即为上一层的折射角,即 $\gamma_0 = \frac{\pi}{2} - i_0$,同样满足布儒斯特定律,即光从玻璃入射到空气层界面上时,反射光也是完全偏振光。这样,经过多次反射,折射光中垂直振动分量逐渐减小。因而其偏振化程度也逐渐提高。当玻璃片足够多时,最后透射出来的光也将近似为平行入射面的线偏振光。

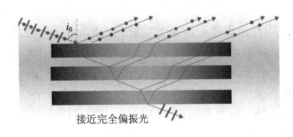

图 14 - 10　玻璃片堆

14.4　光的本质与光速

十九世纪末,经典物理已相当成熟,对物理现象本质的认识似乎已经完成。1900 年,人类的发展进入到一个崭新的世纪。在英国皇家学会的新年庆祝会上，著名的物理学家开尔文作了展望新世纪的发言："科学的大厦已经基本完成，后辈的物理学家只要做一些零碎的修补工作就行了"。也就是说：物理学已经没有什么新东西了，后辈只要把做过的实验再做一做，在实验数据的小数点后面再加几个罢了！

但开尔文毕竟是一位非常务实且有眼力的科学家，在他的发言中也不忘提醒："但是，在物理学晴朗天空的远处，还有两朵令人不安的乌云，……"

哪两朵乌云呢？这两朵乌云都与光或电磁波有关。一朵是对黑体电磁波辐射规律的解释，另一朵是来源于对光速的测量。

光的本质是什么？光的速度是相对哪个参考系测出来的？

光的干涉、衍射和偏振强有力地表明，光就是一种电磁波。然而用电磁波的理论却无法解释黑体辐射规律。实验测得光在真空的速度为 $c = 2.99792458 \times 10^8$ m/s，这是以什么作为参考系的？在不同的参考系下测得的光速相同吗？对这两朵乌云的解释引领人们进入了物理学的新视界。就在 1900 年底，从第一朵乌云中降生了量子论，光既是波也是一种粒子，光具有波粒二象性。1905 年，相对论又从第二朵乌云中降生，在任何参考系下测量，光在真空中的速度都是常数。经典物理学的大厦被彻底动摇了，物理学发展到了一个更为辽阔的领域。相对论和量子力学成为现代物理的两大理论支柱，本课程接下来的内容将对它们进行简单介绍。更深层次的学习就要进入到各自的专门领域了。

第 15 章　狭义相对论简介

15.1　狭义相对论基本原理

相对论所谓的相对,是指在两个有相对运动的参考系中对同一事件的测量。如果不借助于有相对运动的参考系,就无法判断事件本身的运动状态。从这个意义上讲,对运动的描述总是相对的。伽利略,1632 年《关于托勒密和哥白尼两大世界的对话》中语:

把你和一些朋友关在一条大船甲板下的主舱里,再让你们带几只苍蝇、蝴蝶和其他小飞虫,舱内放一只大水碗,其中放几条鱼。然后,挂上一个水瓶,让水一滴一滴地滴到下面的宽口罐里。船停着不动时,你留神观察,小虫都以等速向舱内各方向飞行,鱼向各个方向随便游动、水滴滴进下面的罐子中,你把任何东西扔给你的朋友时,只要距离相等,向这一方向不必比另一方向用更大的力,你双脚齐跳,无论向哪个方向,跳过的距离都相等,当你仔细观察这些事情后(虽然当船静止时,事情无疑一定是这样发生的),再使船以任何速度前进,只要运动是匀速的,也不忽左忽右摆动,你将发现所有上述现象丝毫没有变化,你也无法从其中任何一个现象里确定,船是在运动还是停着不动。即使船运动得相当快,在跳跃时,你将和以前一样,在船底板上跳过相同的距离,你跳向船尾也不会比跳向船头来得远些,虽然你跳到空中时,脚下的船底板向你跳的相反方向移动。你把不论什么东西扔向的你的同伴时,不论他在船头还是船尾,只要你自己站在对面,你也不需要用更大的力,水滴将像先前一样滴进下面的罐子,一滴也不会滴向船尾。虽然水滴在空中时,船已行驶了许多……

上面这段话证明了我们为什么感觉不到地球在运动。伽利略揭示了一条十分重要的物理原理。**一个相对于惯性系做匀速直线运动的参考系,其内部所发生的一切力学过程,都不受系统作为整体的匀速直线运动的影响。或者说,不可能在惯性系内借助于任何力学实验来确定该惯性系本身是静止还是在匀速运动。这条原理称为力学相对性原理或伽利略相对性原理。**

15.1.1　伽利略变换

伽利略变换来源于人们加减物体速度的直觉。在同一时刻,同一物体在两个相对以均速运动的参考系之间的一种位置、速度之间的变换关系。如图 15 - 1 所示,参考系 S' 相对参考系 S 沿共同的 x、x' 轴方向做速度为 v 的匀速直线运动。设时间 $t = t' = 0$ 时,两坐标系的原点 O 和 O' 重合,则对于质点 P 有如下变换关系:

$$\begin{cases} x'=x-vt \\ y'=y \\ z'=z \\ t'=t \end{cases} \begin{cases} u'_x=u_x-v \\ u'_y=u_y \\ u'_z=u_z \\ \boldsymbol{u}'=\boldsymbol{u}-\boldsymbol{v} \end{cases} \begin{cases} a'_x=a_x \\ a'_y=a_y \\ a'_z=a_z \\ \boldsymbol{a}'=\boldsymbol{a} \end{cases} \tag{15.1}$$

上述方程称为伽利略变换式。它包含了以下两个基本前提：

（1）假定了时间对于一切参考系、坐标系里都是相同的；

（2）假定了空间对于一切参考系、坐标系里都是均匀的。

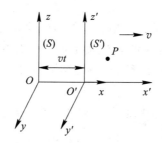

图 15 - 1　伽利略变换

15.1.2　牛顿力学的困难

前面讲的伽利略相对性原理和他的坐标变换，已经在超越个别参考系的描述方面，迈出了重大的一步。它的重要结论之一，是速度的合成规律。例如，一个人以速度 u 相对于自己掷球，而他自己又以速度 v 相对于地面跑动，则球出手时相对于地面的速度为 $v=u+v$。按常识，这算法是天经地义的。但是把这种算法运用到光的传播问题上，就产生了矛盾。

如图 15 - 2 所示，设想两个人玩排球，甲击球给乙。乙看到球是因为球发出的光到达了乙的眼睛。设甲乙两人之间的距离为 l，球发出的光相对于它的传播速度是 c。在甲即将击球之前，球暂时处于静止状态，球发出的光相对于地面的传播速度就是 c，乙看到此情景的时刻比实际时刻晚 $\Delta t'=l/c$，在极短冲击力的作用下，球出手时速度达到 V，按上述经典的合成律，此刻由球发出的光相对于地面的速度为 $c+V$，乙看到球出手的时刻比它实际时刻晚 $\Delta t=l/(c+V)$。显然 $\Delta t'<\Delta t$，这就是说，乙先看到球出手，后看到甲即将击球！这种先后颠倒的现象谁也没有看到过。

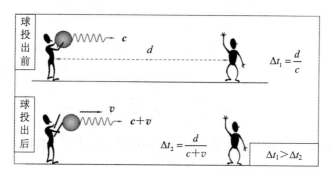

图 15 - 2　伽利略变换导致的因果矛盾

　　19 世纪，人们认为伽利略变换对一切物理规律都是适应的。由于光是一种电磁波，人们开始设想，可能描述电磁场性质的理论只在一种特殊的参考系里才可以应用伽利略变换。这种特殊的参考系就是以太，这样，以太就成了一个优越的参考系。人们纷纷设计一些实验来寻找以太。在这些实验中，以迈克尔逊-莫雷实验的精度最高，最具代表性。其最初的目的是观测地球相对以太的绝对运动，实验装置是迈克尔逊干涉仪。

　　如图 15-3 所示，光源发出的光经分光镜分成两束光，光束 1 经反光镜 M_1 反射回到分光镜后被投射到观测屏。光束 2 经反光镜 M_2 反射同样回到分光镜投射到观测屏，两光束在观测屏处相互干涉形成干涉条纹。1、2 光束光程差的改变会引起干涉条纹的移动。调节仪器使反光镜 $M_2 \perp M_1$ 且到分光镜的距离相等，设为 d。设仪器随地球相对于以太运动的速度为 $\boldsymbol{u}$，光相对于以太的速度大小为在各个方向均为 c。以太参考系为 S，仪器参考系为 S'。取光束 1 的方向为 $x(x')$ 轴。则根据伽利略速度变换式可知光相对于仪器的速度

$$v = c - u$$

光束 1 到达 M_1 和从 M_1 返回的传播速度大小分别为 $c+u$ 和 $c-u$。

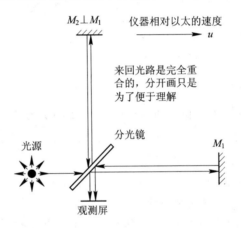

图 15-3　迈克尔逊-莫雷实验

　　在垂直于 $x(x')$ 轴方向上，如图 15-4 所示，仪器所在参考系（S' 系）中观测到的光速应为 $v = \pm \sqrt{c^2 - u^2}$，两光束到达观测屏的光程差应为

$$\Delta r = c \left(\frac{d}{c+u} + \frac{d}{c-u} - 2 \frac{d}{\sqrt{c^2-u^2}} \right) \approx \frac{du^2}{c^2}$$

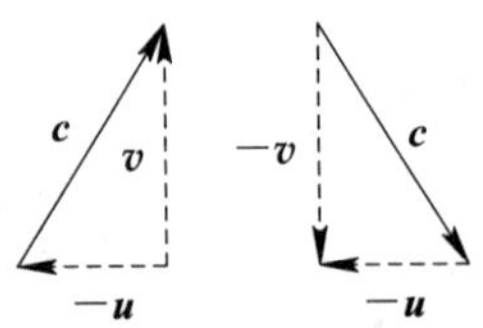

图 15-4　S' 系中的光速

让实验仪器整体旋转 $90°$，使光束 1 和 2 到达观测屏的时间互换，从而导致光程差发生改变 ΔL 并导致条纹移动 ΔN。

$$\Delta L = \frac{2du^2}{c^2}, \quad \Delta N = \frac{\Delta L}{\lambda}$$

1881 年迈克尔逊首次实验，没有观察到预期的条纹移动。1887 年，迈克尔逊和莫雷提高了实验精度，使臂长 $d=11$ m，光波长 $\lambda = 5.9 \times 10^{-7}$ m，如果取 $u=3.0 \times 10^4$ m/s(地球绕太阳公转的速度)，预期 $\Delta N \approx 0.37$ 条，但在仪器精度 0.01 条范围内仍然没有观察到任何的条纹移动。

15.1.3 爱因斯坦的假设

当别人忙着在经典物理的框架内用形形色色的理论来解决上述困难时，爱因斯坦另辟蹊径，提出两个重要假设(这就是相对论的基本原理)：

(1) 相对性原理。与伽利略的思想基本一致，**所有惯性系都是等价的，在它们之中所有的物理规律都一样。**

(2) 光速不变原理。**在所有的惯性系中测量到的真空中的光速 c 都是一样的。**

这两条基本原理，构成了整个狭义相对论的理论基础。

15.1.4 事件间隔

首先我们从物质运动中抽象出事件的概念。如图 15-5 所示，物质运动可以看作一连串事件的发展过程。**在某一时刻、某地点发生的一个现象称为一个事件。**一个事件用一组时空坐标 (x, y, z, t) 或称一个时空点来描述。同一个事件从另一个惯性系来观察时，它的时空坐标变为 (x', y', z', t')。同一事件的两组时空坐标之间的关系称为一种变换。

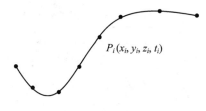

$$P_i(x_i, y_i, z_i, t_i)$$

图 15-5 事件定义

下面我来讨论这二组坐标之间的关系。惯性系的概念本身要求从一惯性系到另一惯性系的时空坐标的变换必须是线性的。设有一不受外力作用的物体相对于惯性系 Σ 做匀速运动，它的运动方程由 x 和 t 的线性关系描述。在另一惯性系 Σ' 上观察，这物体也是做匀速运动，因而用 x' 和 t' 的线性关系描述。由此可知，从 (x, t) 到 (x', t') 的变换式必须是线性的。

现在再考察光速不变性对时空变换的限制。下面我们选择了两特殊事件，这两事件之间用光讯号联系着。

参考系	事件 1	事件 2	间 隔
Σ	$(0, 0, 0, 0)$	(x, y, z, t)	$s^2 = (x^2+y^2+z^2) - c^2 t^2$
Σ'	$(0, 0, 0, 0)$	(x', y', z', t')	$s'^2 = (x'^2+y'^2+z'^2) - c^2 t'^2$

一般来说，两事件不一定用光讯号联系，它们可能用其他方式联系，或者根本没有联系。以第一事件时空坐标为$(0,0,0,0)$，则第二事件时空坐标(x,y,z,t)可以是任意的。在这种情况下，二次式$(x^2+y^2+z^2)-c^2t^2$就不一定为零，而是可以取任何值。问题是，在一般情况下，上述两个二次式有什么关系呢？

$$(x'^2+y'^2+z'^2)-c^2t'^2=A[(x^2+y^2+z^2)-c^2t^2]$$
$$(x^2+y^2+z^2)-c^2t^2=A[(x'^2+y'^2+z'^2)-c^2t'^2]$$

由于系数 A 不依赖于相对速度的方向，且因为两参考系是等价的，因此上面两式中的 A 应该是一样的，比较两式可得 $A^2=1$，由变换的连续性应取 $A=1$。因此有

$$(x'^2+y'^2+z'^2)-c^2t'^2=(x^2+y^2+z^2)-c^2t^2$$

或 $s'^2=s^2$，这关系称为间隔不变性，它表示两事件的间隔不因参考系变换而改变，因而因果关系得以保持。

15.1.5　洛伦兹变换

四维时空的间隔不变性是经典三维空间距离不变性的推广，它直接导致了在两个惯性系之间坐标变换的升级——洛伦兹变换。

如图 15-6 所示，由于相对性原理，若在 Σ 系观测 P 为惯性运动，则在 Σ' 系观测 P 也一定为惯性运动，其差别只可能是做惯性运动的速度不同，所以 Σ 系和 Σ' 之间的时空变换一定是线性变换。

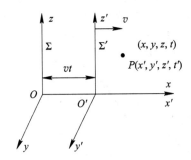

图 15-6　洛伦兹变换

线性变换的一般形式为

$$\begin{pmatrix} x' \\ y' \\ z' \\ t' \end{pmatrix} = \begin{pmatrix} a_{11} & a_{12} & a_{13} & a_{14} \\ a_{21} & a_{22} & a_{23} & a_{24} \\ a_{31} & a_{32} & a_{33} & a_{34} \\ a_{41} & a_{42} & a_{43} & a_{44} \end{pmatrix} \begin{pmatrix} x \\ y \\ z \\ t \end{pmatrix}$$

写成线性方程的形式为

$$x'=a_{11}x+a_{12}y+a_{13}z+a_{14}t$$
$$y'=a_{21}x+a_{22}y+a_{23}z+a_{24}t$$
$$z'=a_{31}x+a_{32}y+a_{33}z+a_{34}t$$
$$t'=a_{41}x+a_{42}y+a_{43}z+a_{44}t$$

为了讨论问题的方便，我们总可以把 Σ' 相对 Σ 运动的方向选为 x' 轴，并令 x 轴与 x' 轴方向重合，y 轴与 y' 轴、z 轴与 z' 轴平行，两惯性系仅沿 x 轴相对平动，且 O 与 O' 重合时 $t=$

$t'=0$，则任意时刻，均有 $y=y'$，$z=z'$，即有

$$a_{12}=a_{13}=a_{21}=a_{23}=a_{24}=a_{31}+a_{32}=a_{34}=a_{42}=a_{43}=0，a_{22}=a_{33}=1$$

相应地，线性变换形式可简化为

$$x'=a_{11}x+a_{14}t$$
$$y'=y$$
$$z'=z$$
$$t'=a_{41}x+a_{44}t$$

因 O' 相对 Σ 系以速率 v 沿 x 轴正向运动，即 O' 点（$x'=0$）在 t 时刻位于 x 轴上 vt 处，则有

$$0=a_{11}(vt)+a_{14}t$$

可得 $a_{14}=-a_{11}v$，因在 S' 系观测，O 点（$x=0$）在 t' 时刻在 x' 轴上 $-vt'$ 处，有

$$-vt'=-a_{11}vt$$
$$t'=a_{44}t$$

可知 $a_{11}=a_{44}$，于是变换方程确定为

$$\begin{pmatrix} x' \\ y' \\ z' \\ t' \end{pmatrix}=\begin{pmatrix} a_{11} & 0 & 0 & -a_{11}v \\ 0 & 1 & 0 & 0 \\ 0 & 0 & 1 & 0 \\ a_{41} & 0 & 0 & 1 \end{pmatrix}\begin{pmatrix} x \\ y \\ z \\ t \end{pmatrix}=\begin{pmatrix} a_{11}x-a_{11}vt \\ y \\ z \\ a_{41}x+a_{11}t \end{pmatrix} \tag{15.2}$$

上述方程组既适用于推导伽利略变换，也适用于推导洛伦兹变换。为了讨论简单，考虑沿 x 方向的两事件 P_1、P_2 的时空坐标

$$P_1：\quad (x_1,y,z,t_1) \quad (x_1',y',z',t_1')$$
$$P_2：\quad (x_2,y,z,t_2) \quad (x_2',y',z',t_2')$$

对于伽利略变换，由于绝对时空的思想，P_1、P_2 两事件的空间距离不随参考系而变化，只需在同一参考系下同时测得两事件的空间坐标，即

$$\Delta x'=a_{11}(\Delta x-v\times 0)=\Delta x \Rightarrow a_{11}=1$$

同样，由同时测量的绝对性，$\Delta t'=\Delta t+a_{41}\Delta x$，$\Delta x\neq 0$，知 $a_{41}=0$。此为伽利略变换。

对于洛伦兹变换，由时空统一的间隔不变性可知

$$\Delta x^2-c^2\Delta t^2=\Delta x'^2-c^2\Delta t'^2$$
$$=a_{11}(\Delta x-v\Delta t)^2-c^2(a_{41}\Delta x+a_{11}\Delta t)^2$$
$$=(a_{11}^2-c^2a_{41}^2)\Delta x^2+(a_{11}^2v^2-c^2a_{11}^2)\Delta t^2-(2va_{11}^2+2a_{41}a_{11}c^2)\Delta x\Delta t$$

比较两边系数得

$$a_{11}^2-c^2a_{41}^2=1$$
$$a_{11}^2(c^2-v^2)=c^2$$
$$va_{11}+a_{41}c^2=0$$

由此可解得

$$a_{11}=\frac{1}{\sqrt{1-\dfrac{v^2}{c^2}}}，a_{41}=-\frac{1}{\sqrt{1-\dfrac{v^2}{c^2}}}\frac{v}{c^2}$$

于是我们得到洛伦兹变换式

$$\begin{cases} x' = \dfrac{x - vt}{\sqrt{1 - \dfrac{v^2}{c^2}}} = \gamma(x - vt) \\[3mm] y' = y \\ z' = z \\[2mm] t' = \dfrac{t - \dfrac{v}{c^2}x}{\sqrt{1 - \dfrac{v^2}{c^2}}} = \gamma\left(t - \dfrac{\beta}{c}x\right) \end{cases} \tag{15.3}$$

因为 Σ 和 Σ' 是等价的,所以从 Σ 系 Σ' 系的变换应该与从 Σ' 系到 Σ 系的变换具有相同的形式。若 Σ' 相对于 Σ 的运动速度为 v,则 Σ 相对于 Σ' 的速度为 $-v$,因此可得洛伦兹反变换式为

$$\begin{cases} x = \dfrac{x' + vt}{\sqrt{1 - \dfrac{v^2}{c^2}}} = \gamma(x' + vt') \\[3mm] y = y' \\ z = z' \\[2mm] t = \dfrac{t' + \dfrac{v}{c^2}x'}{\sqrt{1 - \dfrac{v^2}{c^2}}} = \gamma\left(t' + \dfrac{\beta}{c}x'\right) \end{cases} \tag{15.4}$$

为了书写方便,采用了以下速记符

$$\beta = \frac{v}{c}, \quad \gamma = \frac{1}{\sqrt{1 - \dfrac{v^2}{c^2}}} = \frac{1}{\sqrt{1 - \beta^2}}$$

15.2　狭义相对论的时空观

伽利略变换反映的时空观的特征是时间与空间的分离。时间在宇宙中均匀流逝着,而空间好像一个容器,两者之间没有联系,也不与物质运动发生关系。在低速度现象中还没有暴露出这种形而上学观点的错误,但是在高速现象中旧时空观与客观实际的矛盾立即显示出来。

爱因斯坦首次给出了同时的定义:在观察者所处的惯性系中,在不同地点发出两个光信号,而观察者位于两地连线的中点,若观察者同时接收到这两个光信号,则这两个光信号是从两个不同地点同时发出的。

理解狭义相对论的关键,是同时性的相对性,爱因斯坦正是通过火车思想实验实现这一目的的。

如图 15-7 所示,在火车相对地面以匀速 v 向右运动的过程中,于 A、A' 和 B、B' 发生两次雷击。这两次雷击产生的光信号均要经过一段时间才能传到各自的中点 C、C'。对地面上的观察者而言,这两次雷击是同时发生的。但火车上的观察却有不同的结论。来自火车前方 B' 点的信号将先到达 C' 处的观察者。

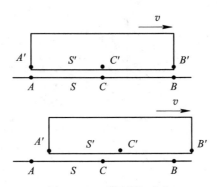

图 15 - 7　爱因斯坦火车

光速不变性与旧时空观矛盾的性质还可以用另一个简单例子来说明。

如图 15 - 8 所示，有一光源和一些接收器，我们在惯性系 Σ 上观察闪光的发射和吸收。取光源发出闪光时刻所在点为 Σ 的原点 O。在 Σ 的观察，1 秒之后光波到达半径为 c 的球面上，这时处于球面上的一些接收器（P_1，P_2，P）同时接收到光讯号。现在我们再考察在另一惯性系 Σ' 上对所发生的物理事件是怎样描述的。设 Σ' 相对于 Σ 以速度 v 沿 x 轴方向运动，并取光源发光时刻所在点为 Σ' 的原点 O'，即在光源发光时刻，两参考系 Σ 和 Σ' 的原点 O 和 O' 重合。当接收器接收到光波时，O' 已经离开 O。当 P_1 接收到讯号时，O' 距 P_1 较近，而距 P_2 较远。但由于 Σ' 上所测得的光速仍然是 c，因此 Σ' 上的观察者必然认为，光波到达 P_1 的时刻较早于到达 P_2 的时刻。原来在 Σ 上观察同时发生的两事件，在 Σ' 上看来变为不同时！

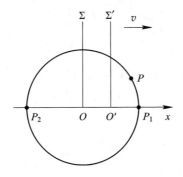

图 15 - 8　光速不变性

从这两个例子看出，光速不变性所导致的时空概念是和经典时空观有深刻矛盾的，所有最基本的时空概念，如同时性，距离、时间、速度都要根据新的实验事实重新加以探讨，相对论的一个主要内容就是关于时空的理论。

15.2.1　同时的相对性

光速相对于任意惯性系中的观测者均以不变的速率传播，其惊人的结果是：时间一定是相对的。如图 15 - 9 所示，设有两个事件，在惯性系 S 和 S' 中的时空坐标分别为

$$
\begin{array}{ccc}
 & S & S' \\
1\colon & (x_1, t_1) & (x_1', t_1') \\
2\colon & (x_2, t_2) & (x_2', t_2')
\end{array}
$$

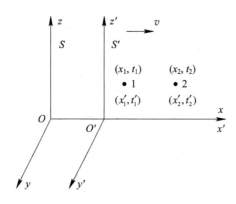

图 15 - 9　同时的相对性

按照洛伦兹变换有

$$t'_1 = \gamma\left(t_1 - \frac{v}{c^2}x_1\right)$$

$$t'_2 = \gamma\left(t_2 - \frac{v}{c^2}x_2\right)$$

$$t'_2 - t'_1 = \gamma\left[(t_2 - t_1) - \frac{v}{c^2}(x_2 - x_1)\right]$$

假设这两个事件在 S 系的观测者看来是同时发生的，即 $t_2 - t_1 = 0$，根据上式，只要 $x_1 \neq x_2$，则在 S' 系的观测者必然得出 $t'_2 \neq t'_1$ 的结论。即在观测者看来，事件1和事件 2 不是同时发生的。这说明"同时性"依赖于参考系，是相对的。

1. 动尺收缩效应

如图 15 - 10 所示，一根直尺 AB 静止于 S' 系中，并沿 $O'x'$，设在 S' 系中尺 AB 两端点的坐标为 x'_1、x'_2，则在 S' 系中测得该尺的长度为 $l_0 = x'_2 - x'_1$，尺静止时测得的长度称为尺的固有长度，l_0 即为尺的固有长度。

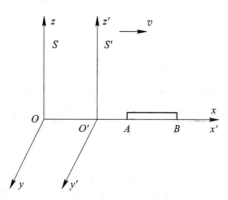

图 15 - 10　动尺收缩效应

在 S 系中测量尺 AB 的长度，需同时测得尺 AB 两端点的坐标 x_1、x_2，根据洛伦兹变换式(15.3)可得

$$x'_1 = \gamma(x_1 - vt_1)$$

$$x'_2 = \gamma(x_2 - vt_2)$$
$$x'_2 - x'_1 = \gamma[(x_2 - x_1) - v(t_2 - t_1)]$$

由于 $t_2 = t_1$，所以

$$x_2 - x_1 = l = (x'_2 - x'_1)\sqrt{1-\beta^2} = l_0\sqrt{1-\beta^2} < l_0$$

可知在与尺相对运动的 S 系中测得的尺长（动尺长度）小于尺的固有长度，或者说固有长度最长。这种现象叫作**洛伦兹收缩**。

长度收缩效应纯粹是一种相对论效应，并非是由于尺的内部结构发生变化造成的，并且只在尺的运动方向上发生！是相对的，即假设有两根完全一样的尺子，分别放在 S 系和 S' 系，则 S 系中的观测者说放在 S' 系中尺缩短了，而 S' 系中的观测者则认为自己的尺长度没有变，而是 S 系中的尺缩短了。

2. 动钟变慢效应

如图 15-11 所示，设静止在 S' 系中的观察者记录到发生在 S' 系中某个固定点 x' 一个事件的持续时间，用固定在 S' 系中时钟来测量，例如一首歌的播放时间：假如开始播放时为 t'_1，播放结束时为 t'_2，则持续时间 $\tau_0 = t_2 - t_1$，这种在某一惯性系中同一地点先后发生的两个事件之间的时间间隔叫做固有时，τ_0 就是固有时。在 S 系中，这两事件的时空坐标分别是 (x_1, t_1)，(x_2, t_2)，由于 S' 系相对 S 系在运动，显然 $x_1 \neq x_2$，t_1 和 t_2 是 S 系中两个同步时钟上的读数，根据洛伦兹逆变换式(15.4)得

$$t_1 = \gamma\left(t'_1 + \frac{v}{c^2}x'_1\right)$$
$$t_2 = \gamma\left(t'_2 - \frac{v}{c^2}x'_2\right)$$
$$t_2 - t_1 = \gamma(t'_2 - t'_1) > t'_2 - t'_1$$

即 S 系观察者测得 S 系的钟走得比 S' 系的钟要快些，观察者认为 S' 系的钟变慢了，这种现象也叫**爱因斯坦延缓**。

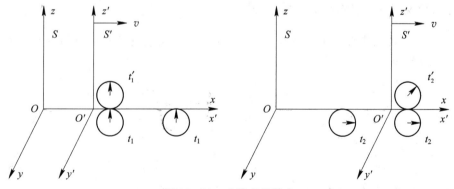

图 15-11 动钟变慢效应

以上讨论表明：固有长度最长，固有时间最短。

例 15.2.1 罗西和霍尔于 1941 年观测由外层空间进入地球大气层的宇宙线所产生的 μ 子，设 μ 子在 6000 m 的高层大气中产生，μ 子平均固有寿命为 2.2×10^{-6} s，μ 子以 $v = 0.995c$ 的速率向地面运动，问 μ 子能否穿越大气层。

解　用动尺收缩和动钟变慢两种效应分别求解。地面为 S 系，与 μ 子相对静止的惯性系为 S' 系。

（1）以 S 系中 μ 子产生处为 A 点，从 A 作垂直于地面的直线交地面于 B 点，将 AB 看成 S 系中的静尺，其固有长度为 $l_0 = 6000$ m，对 S' 系，动尺长

$$l = l_0 \sqrt{1-\beta^2} = 6000 \sqrt{1-0.995^2} = 600 \text{ m}$$

在 S' 系中，地面以速率 $v = 0.995c$ 向 μ 子运动，在 $\tau_0 = 2.2 \times 10^{-6}$ s 的时间内，地面运动距离为

$$s' = 0.995c \times \tau_0 = 657 \text{ m}$$

可见 μ 子可穿越大气层而到达地面。

（2）对于 S 系，μ 子的平均寿命为

$$t = \tau_0 \gamma = \frac{2.2 \times 10^6}{\sqrt{1-0.995^2}} = 2.2 \times 10^{-5} \text{ s}$$

μ 子运动距离为

$$s = 0.995c \times t = 6570 \text{ m}$$

而 μ 子产生处离地面仅 6000 m，故 μ 子能穿越大气层到达地面。

例 15.2.2　设地面观察者测得某运动员以 10 s 的时间跑完 100 m，飞船以速率 $v = 0.8c$ 相对地面沿运动员跑动方向作匀速直线飞行，问飞船内的观察者测得运动员跑了多大距离？

解　以地面为 S 系，飞船为 S' 系。x 轴和 x' 轴均沿跑道，其正向沿运动员跑动方向。S' 系相对 S 系的运动速率为 $v = 0.8c$。

以运动员起跑为事件 1，到达终点为事件 2，两事件在 S 系和 S' 系内的时空坐标分别为 (x_1, t_1)，(x'_1, t'_1)，(x_2, t_2)，(x'_2, t'_2)。由洛伦兹变换

$$x'_2 - x'_1 = [(x_2 - x_1) - v(t_2 - t_1)]\gamma = -40 \times 10^9 \text{ m}$$

如果问题为求飞船内观察者测得的跑道长度，则要求在 S' 系内同时测量跑道的两端，在这种情况下 100 m 为跑道的固有长度，可用动尺收缩公式求出 $l = l_0\sqrt{1-\beta^2} = 60$ m。

15.2.2　狭义相对论的速度变换公式

下面我们来讨论狭义相对论的速度变换公式。考虑某个质点 P 某时刻在 S 系和 S' 系中的速度 u 和 u'，根据速度的定义

$$S: \begin{cases} u_x = \dfrac{dx}{dt} \\ u_y = \dfrac{dy}{dt} \\ u_z = \dfrac{dz}{dt} \end{cases} \qquad S': \begin{cases} u'_x = \dfrac{dx'}{dt'} \\ u'_y = \dfrac{dy'}{dt'} \\ u'_z = \dfrac{dz'}{dt'} \end{cases}$$

S' 系相对于 S 的速率为 v，方向沿 x 轴对洛伦兹变换求微分得

$$\begin{cases} dx' = (dx - v\,dt)\gamma \\ dy' = dy \\ dz' = dz \\ dt' = \left(dt - \dfrac{v}{c^2}dx\right)\gamma \end{cases} \quad \text{或} \quad \begin{cases} dx = (dx' + v\,dt')\gamma \\ dy = dy' \\ dz = dz' \\ dt = \left(dt' + \dfrac{v}{c^2}dx'\right)\gamma \end{cases}$$

所以

$$
\begin{cases}
u_x' = \dfrac{\mathrm{d}x'}{\mathrm{d}t'} = \dfrac{\mathrm{d}x - v\mathrm{d}t}{\mathrm{d}t - \dfrac{v}{c^2}\mathrm{d}x} = \dfrac{u_x - v}{1 - \dfrac{v}{c^2}u_x} \\[4mm]
u_y' = \dfrac{\mathrm{d}y'}{\mathrm{d}t'} = \dfrac{u_y}{\left(1 - \dfrac{v}{c^2}u_x\right)\gamma} \\[4mm]
u_z' = \dfrac{\mathrm{d}z'}{\mathrm{d}t'} = \dfrac{u_z}{\left(1 - \dfrac{v}{c^2}u_x\right)\gamma}
\end{cases}
\tag{15.5}
$$

逆变换为

$$
\begin{cases}
u_x = \dfrac{u_x' + v}{1 - \dfrac{v}{c^2}u_x'} \\[4mm]
u_y = \dfrac{u_y'}{\left(1 + \dfrac{v}{c^2}u_x'\right)\gamma} \\[4mm]
u_z = \dfrac{u_z'}{\left(1 + \dfrac{v}{c^2}u_x'\right)\gamma}
\end{cases}
\tag{15.6}
$$

例 15.2.3　若光相对 S' 系以速率 $u' = c$ 沿 x' 轴正向传播，求光相对于 S 系的速度。

解

$$
u_x = \frac{u_x' + v}{1 + \dfrac{v}{c^2}u_x'} = \frac{c + v}{1 + \dfrac{v}{c}} = c
$$

例 15.2.4　目前启动运行的大型强子对撞机中，两束质子均被加速到 $0.9999c$ 然后发生对撞，试求其中一个质子观测另一个质子的速率，简称求二者相对速率。

解

$$
u_x' = \frac{-0.9999c - 0.9999c}{1 + \dfrac{0.9999c}{c^2}} = -0.999\,999\,99c
$$

15.2.3　狭义相对论动力学初步

在相对论动力学中，我们将根据新的实验事实，重新定义动量、质量和能量等物理量，并确定它们在相互作用过程中的变化规律。因为在低速情况下牛顿力学是正确的，所以新定义的物理量在 $v \ll c$ 时必须趋于牛顿力学中的相应量。作为一般性的原则，这些物理量的变化规律还应该遵守能量守恒和动量守恒定律。

1. 质速关系

设质量为 m_0 的质点在外力 $\boldsymbol{F}$ 的作用下，由静止开始运动。低速情况下，牛顿第二定律适应

$$
\boldsymbol{F} = \frac{\mathrm{d}\boldsymbol{p}}{\mathrm{d}t} = m_0\frac{\mathrm{d}v}{\mathrm{d}t}
$$

由于加速度大于零，只要足够长的时间，质点的速度必定大于光速！上述方程问题出

在哪？是从什么时候开始，该式就不正确了？

质量！实验表明，物体的相对论性质量或动质量 m，与物体的运动速度 u 有关！

如图 15-12 所示，考察两个完全相同的小球 A 和 B，其静止质量记为 $m_A = m_B = m_0$。A 球静止于 S' 系，B 球静止于 S 系，S' 相对于 S 的速度为 u（实为 A 以速度 u 运动），A 与 B 发生完全非弹性碰撞后一起以速度 v 运动。

图 15-12　相对论下的碰撞问题

在 S 系看动量守恒

$$mu + m_0 \cdot 0 = (m + m_0)v \Rightarrow \frac{u}{v} = \frac{m + m_0}{m}$$

在 S' 系看动量守恒

$$m_0 \cdot 0 - mu = (m_0 + m)v' \Rightarrow \frac{u}{v'} = -\frac{m + m_0}{m}$$

显然 $v' = -v$，由速度变换关系可得

$$v' = \frac{v - u}{1 - uv/c^2} \xrightarrow{v' = -v} v = \frac{u - v}{1 - uv/c^2}$$

由于 $\dfrac{u}{v} = \dfrac{m + m_0}{m}$，所以

$$1 - \frac{v}{u}\frac{u^2}{c^2} = 1 - \frac{m}{m + m_0}\frac{u^2}{c^2} = \frac{m + m_0}{m} - 1$$

从而

$$m = \frac{m_0}{\sqrt{1 - \dfrac{u^2}{c^2}}} \tag{15.7}$$

这就是相对论下质量与速度的关系——质速关系，它反映了物质与运动的不可分割性。相对论性动量

$$\boldsymbol{p} = m\boldsymbol{u} = \frac{m_0 \boldsymbol{u}}{\sqrt{1 - \dfrac{u^2}{c^2}}} \tag{15.8}$$

2. 质能关系

设质点在沿 x 轴正向的力 $\boldsymbol{F}$ 的作用下，沿 x 轴正向由静止开始运动，达到速率 u，则力 $\boldsymbol{F}$ 所做的功

$$W = \int_0^x \boldsymbol{F} \cdot \mathrm{d}\boldsymbol{r} = \int_0^x F\mathrm{d}x = \int_0^x \frac{\mathrm{d}(mu)}{\mathrm{d}t}\mathrm{d}x$$

$$= \int_0^u u\mathrm{d}(mu) = \int_0^u [\mathrm{d}(mu^2) - mu\,\mathrm{d}u]$$

$$= mu^2 \Big|_0^u - \int_0^u mu \, \mathrm{d}u$$

$$= \frac{m_0 u^2}{\sqrt{1-\dfrac{u^2}{c^2}}} - \int_0^u \frac{m_0 u \, \mathrm{d}u}{\sqrt{1-\dfrac{u^2}{c^2}}}$$

$$= \frac{m_0 u^2}{\sqrt{1-\dfrac{u^2}{c^2}}} + m_0 c^2 \sqrt{1-\dfrac{u^2}{c^2}} \,\Big|_0^u$$

$$= \frac{m_0 c^2}{\sqrt{1-\dfrac{u^2}{c^2}}} - m_0 c^2$$

$$= mc^2 - m_0 c^2$$

根据动能定理，此即为质点所获得的动能

$$E_k = mc^2 - m_0 c^2 \tag{15.9}$$

在 $u \ll c$ 的情况下把 $\dfrac{1}{\sqrt{1-\dfrac{u^2}{c^2}}}$ 用牛顿二项式定理展开，并忽略高阶小量，则

$$E_k = m_0 c^2 \left(1 + \frac{1}{2}\frac{u^2}{c^2} - 1\right) = \frac{1}{2} m_0 u^2$$

这就是低速近似下的动能表达式。相应地，把 $E = mc^2$ 称为相对论总能，$E_0 = m_0 c^2$ 称为静止能。

如果一个物体的质量 m 发生变化，必然伴随着它的能量 E 发生相应的变化。孤立系统内，所有粒子的相对论动能与静能之和在相互作用过程中保持不变。这是更一般的质能守恒定律。孤立系统内静质量亏损

$$\Delta E = \Delta m c^2$$

例 15.2.5　含有 $3.0 \, \mathrm{kg}$ 裂变物质的原子弹在爆炸时减少了 1% 的静质量。

(1) 原子弹爆炸时释放了多少能量？

(2) 这些能量可烧开多少 $0\,℃$ 的水(水的比热容 $c' = 4.2 \times 10^3 \, \mathrm{J \cdot kg^{-1} \cdot K^{-1}}$)？

解　(1) 原子弹爆炸时释放的能量为

$$(\Delta m_0) c^2 = 3.0 \times 1\% \times (3 \times 10^8)^2 = 2.7 \times 10^{15} \, \mathrm{J}$$

(2) 由(1)及已知条件易知

$$m = \frac{Q}{c' \Delta t} = \frac{(\Delta m_0) c^2}{c' \Delta t} = \frac{2.7 \times 10^{15}}{4.2 \times 10^3 \times 100} = 6.4 \times 10^9 \, \mathrm{kg}$$

设一组粒子组成复合粒子后静质量为 m_0，但 m_0 不等于组成它的原来一组粒子静质量之和 $\sum m_{0i}$，它们之差

$$\Delta m = \sum m_{0i} - m_0$$

称为质量亏损。上式乘以 c^2，则得到

$$(\Delta m) c^2 = \sum m_{0i} - m_0 c^2$$

设 $E_0 = m_0 c^2$ 是复合粒子静能，令 $\Delta E = \Delta m c^2$，则

$$\Delta E = \sum m_{0i} c^2 - E_0$$

ΔE 称为该复合粒子的结合能，这就是原子能利用的主要理论基础。

3. 能量和动量之间的关系

$$m = \frac{m_0}{\sqrt{1 - \dfrac{u^2}{c^2}}} \quad \Rightarrow \quad m^2\left(1 - \frac{u^2}{c^2}\right) = m_0^2$$

$$\Rightarrow m^2 c^4 - m^2 u^2 c^2 = m_0^2 c^4$$

由于 $E = mc^2$，$E_0 = m_0 c^2$，$p = mu$，则

$$E^2 = E_0^2 + c^2 p^2$$

E、E_0 和 pc 三者的关系可用能量三角形表示，如图 15-13 所示。当 $E_k \gg E_0$ 时，$E = cp$。

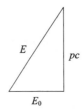

图 15-13 能量三角形

例 15.2.6 已知光子的能量 $E = h\nu$，速度为 c，求光子的动量 p。

解 由质能关系知，$m = \dfrac{h\nu}{c^2}$，由质速关系知，$m = \dfrac{m_0}{\sqrt{1 - \dfrac{u^2}{c^2}}}$，光子 $u = c$ 而 m 有限，故光子 $m_0 = 0$。

$$E = cp$$

故

$$p = \frac{E}{c} = \frac{h\nu}{c}$$

第 16 章　量子力学简介

16.1　早期量子现象

16.1.1　黑体辐射规律

由于物质内部带电粒子的非匀速运动,任何物体在任何温度下,均能向外辐射电磁波。为了定量描述物体在一定温度下辐射出的电磁波能量随波长的分布情况,定义波长 λ 处的**单色辐射本领**

$$M_\lambda(T) = \frac{\partial^2 P(\lambda, T)}{\partial S \partial \lambda}$$

即单位时间内从物体单位面积上发出的波长为 λ 附近单位波长间隔内的辐射能量,也叫**能谱发射率**,单位是 W/m^3。辐射本领与物体的结构、表面形状有关,与温度有关,而且不同波长范围内的辐射本领也不一样。理论和实验表明,辐射本领大的物体表面,其吸收本领也大。早在 1859 年,基尔霍夫(Kirchhoff)就发现,在给定温度下,物体的能谱发射率与它的吸收系数 $A_\lambda(T)$ 之比是与物体的物理性质无关的普适常数

$$\frac{M_\lambda(T)}{A_\lambda(T)} = f(\lambda, T)$$

$A_\lambda(T)$ 表示物体在给定温度下,单位时间内从单位面积辐射出来的单位波长间隔的电磁波能量。上式表明,一旦求得 $f(\lambda, T)$,便可由物体的吸收系数求得该物体的能谱发射率。因此,寻找 $f(\lambda, T)$ 的函数形式具有重要的意义。由于照射到黑体上的辐射能量能被黑体全部吸收,也就是说黑体的吸收系数 $A_\lambda(T) = 1$,这样普适函数 $f(\lambda, T)$ 就是黑体的能谱发射率。黑体也是一种物理模型。自然界中真正的绝对黑体是不存在的。但一些辐射或吸收本领很大的物体,可以当成黑体来近似处理。

经典电磁理论的困惑首先出现在对黑体辐射规律的研究上。由于绝对黑体的辐射只与温度有关。保持一定的温度,用实验方法可测出其单色辐射本领,表 16 - 1 列出了温度 $T = 1800$ K 时的示意实验数据。图 16 - 1 用图线的形式画出了黑体在不同温度下的能谱发射率随波长的变化关系。从图中可以看出,对应不同的温度,总有一个能谱发射率的最大值,其所对应的波长称为峰值波长。随着温度的升高,辐射本领增大,其峰值波长也向短波方向移动。维恩(Wien)发现:峰值波长与温度成简单的反比关系

$$T\lambda_m = b \tag{16.1}$$

实验测得 $b = 2.898 \times 10^{-3}$ m·K,称为**维恩常数**,上式也称为**维恩位移定律**。

表 16 - 1 T=1800 K 时的黑体单色辐射本领实验数据

λ (μm)	$M_\lambda(T)$ (Wm^{-3})	λ (μm)	$M_\lambda(T)$ (Wm^{-3})	λ (μm)	$M_\lambda(T)$ (Wm^{-3})	λ (μm)	$M_\lambda(T)$ (Wm^{-3})
0.100	0.0000	1.300	2871.2	2.900	1649.0	5.300	339.01
0.200	0.0000	1.400	3079.4	3.100	1430.4	5.500	302.43
0.300	0.0055	1.500	3196.6	3.300	1240.6	5.700	270.52
0.400	1.0134	1.600	3236.6	3.500	1077.3	5.900	242.61
0.500	18.100	1.700	3214.7	3.700	937.20	6.100	218.15
0.600	104.60	1.800	3145.6	3.900	817.18	6.300	196.62
0.700	324.80	1.900	3042.3	4.100	714.43	6.500	177.64
0.800	694.70	2.000	2915.7	4.300	626.36	6.700	160.89
0.900	1170.1	2.100	2774.6	4.500	550.75	6.900	145.98
1.000	1681.0	2.300	2473.7	4.700	485.70	7.100	132.76
1.100	2160.1	2.500	2175.4	4.900	429.60	7.300	120.98
1.200	2563.8	2.700	1898.0	5.100	381.09	7.500	110.47

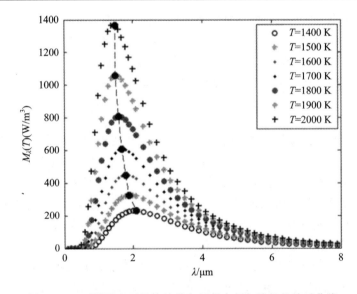

图 16 - 1 不同温度下黑体的单色辐射本领与波长的关系曲线

此外，黑体辐射全波段的辐射功率之和，称为黑体的总辐射本领，也叫辐射出射度，可用图 16 - 1 中曲线下的面积表示，其数学形式是

$$M(T) = \int_0^\infty M_\lambda(T)\mathrm{d}\lambda$$

斯忒藩-玻耳兹曼(Stefan-Boltzmann)发现黑体辐射出射度与温度的四次方成正比

$$M(T) = \sigma T^4 \tag{16.2}$$

实验测得 $\sigma = 5.67 \times 10^{-8}$ W/(m^2 · K^4)，称为斯忒藩常数。这个规律称为斯忒藩-玻耳兹曼

定律。可见黑体的总辐射本领随温度的升高而急剧增大。

例 16.1.1　假设太阳和地球都可以看作黑体，各有其固定的表面温度，地球的热辐射能源全部来自太阳，现取地球表面温度 $T_E = 300$ K，地球的半径 $R_E = 6400$ km，太阳半径 $R_S = 6.95 \times 10^5$ km，太阳与地球距离 $D = 1.496 \times 10^8$ km，求太阳表面温度 T_S。

解　由斯武藩-玻耳兹曼定律知，温度为 T 的黑体单位时间单位面积辐射的能量为 $E_0 = \sigma T^4$，地球单位时间辐射的总能量为 $4\pi R_E^2 \cdot \sigma T_E^4$。这也是太阳在单位时间辐射到地球上的能量，由此得太阳在单位时间辐射的总能量为

$$\frac{4\pi D^2}{\pi R_E^2} \cdot 4\pi R_E^2 \cdot \sigma T_E^4 = 16\pi D^2 \sigma T_E^4$$

太阳单位时间单位表面面积辐射的能量为

$$E_{S0} = \frac{16\pi D^2 \sigma T_E^4}{4\pi R_S^2} = 4\frac{D^2}{R_S^2}\sigma T_E^4$$

又由于 $E_{S0} = \sigma T_S^4$，所以

$$T_S = T_E\left[4\left(\frac{D}{R_S}\right)^2\right]^{1/4} = \left[4\left(\frac{14960}{69.5}\right)^2\right]^{1/4} \times 300 = 6.22 \times 10^3 \text{ K}$$

剩下的问题是如何来解释黑体的辐射规律。即从理论上推出黑体的能谱发射率与 λ、T 的函数关系。19 世纪末，许多物理学家都在做这方面的探索。但都没能得到令人满意的结果。比如，1896 年，维恩利用辐射按波长的分布类似于麦克斯韦分子速度分布的思想，得出理论公式为

$$M_\lambda(T) = \frac{c_1}{\lambda^5}\frac{1}{e^{\frac{c_2}{\lambda T}}}$$

这个公式在短波部分与实验非常接近，但长波部分则与实验有较大偏差。1900 年瑞利和琼斯根据经典电磁理论和线性谐振子能量按自由度均分的思想，得到以下理论公式

$$M_\lambda(T) = \frac{c_1}{\lambda^5}\frac{1}{\dfrac{c_2}{\lambda T}} = \frac{c_1}{c_2\lambda^4}T$$

这个公式在波长很长时与实验符合得较好，但在短波区域则与实验完全不符，甚至趋向无穷大，物理学史上称为"紫外灾难"。

为了解释黑体辐射现象，1900 年普朗克(Plank)推导出了一个与实验数据符合得非常好的公式

$$M_\lambda(T) = \frac{8\pi hc}{\lambda^5}\frac{1}{e^{\frac{hc}{\lambda kT}}-1} = \frac{c_1}{\lambda^5}\frac{1}{e^{\frac{c_2}{\lambda T}}-1}$$

式中采用了 $c_1 = 8\pi hc$，$c_2 = hc/k$ 统一标记了前述公式中的参数。图 16-2 演示了各种理论计算公式与实验数据的比较。从公式本身来看，由于 $e^{\frac{c_2}{\lambda T}}$ 在波长较大时，$e^{\frac{c_2}{\lambda T}} \approx 1 + \frac{c_2}{\lambda T}$，可见在长波部分与瑞利-琼斯公式相符。而当波长较小时，$e^{\frac{c_2}{\lambda T}}$ 较大，$e^{\frac{c_2}{\lambda T}} - 1 \approx e^{\frac{c_2}{\lambda T}}$，又与维恩公式相似。普朗克在推导上述公式的过程与瑞利-琼斯的类似，差异仅在于把线性谐振子的能量假设为一系列的离散值 $\varepsilon_n = h\varepsilon = nh\nu$，$\nu$ 是谐振子的频率。于是，黑体向外辐射的能量只能以 ε 为单位进行。或者说，黑体吸收或发射电磁波能量的方式是不连续的，只能"量子"式地进

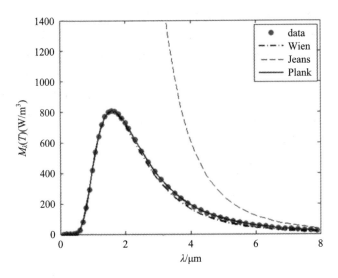

图 16-2　黑体辐射规律的探索，$T = 1800$ K

行，每个"能量子"的能量为

$$\varepsilon = h\nu$$

h 通过理论与实验数据相符而确定为 $h = 6.385 \times 10^{-34}$ J·s。由于经典振子的能量正比于振幅的平方，而振幅可以连续变化，所以振子的能量也就可以连续变化。普朗克的"能量子假设"与经典物理的基本概念是根本对立的。这一革命性的突破导致了后来量子论的创立。但是，不论普朗克本人还是同时代人当时对这一点都没有充分的认识。在 20 世纪的最初 5 年内，普朗克的工作几乎无人问津，普朗克自己也感到不安，总想回到经典论的体系中，企图用连续性代替不连续性。为此他花了许多年的经历，但最后还是证明了这种企图是徒劳的，并于 1918 年获得诺贝尔物理学奖。

16.1.2　光电效应

爱因斯坦最早明确地认识到，普朗克的发现标志了物理学的新纪元。正是受普朗克的能量子假设的启示，他于 1905 年发表的著名论文《关于光的产生和转化的一个试探性的观点》中提出了光量子理论并应用此理论成功地解释了光电效应现象。

1. 光电效应与经典理论的困难

1888 年，赫兹(Hertz)在实验中发现，用紫外线照射火花隙的阴极时，放电现象容易发生。直到 1897 年汤姆逊(Thomson)发现电子后，1899 年勒纳德(Lenard)用实验证明：这是由于紫外光照射金属表面时有电子逸出所造成的。这种现象称为光电效应，逸出的电子称为光电子。更加详尽的实验如图 16-3 所示。

(1) 当入射光的频率 $\nu \geqslant \nu_0$ 时，才有光电子产生(ν_0 称为截止频率，与金属的性质有关)；即使光强较弱，光电子也能在 10^{-9} s 内逸出。

(2) 超过截止频率后，入射光光强增大，光电流也变大，但存在饱和光电流。当入射光的频率不变时，饱和电流与光强成正比，即单位时间内从阴极释放的光电子数与入射光光

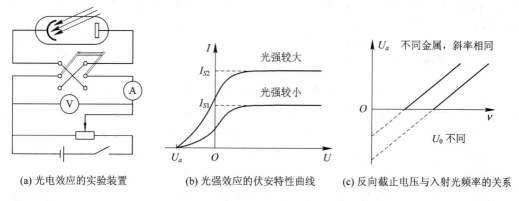

(a) 光电效应的实验装置   (b) 光强效应的伏安特性曲线   (c) 反向截止电压与入射光频率的关系

图 16-3 光电效应实验装置与有关实验现象

强成正比,见图 16-3(b)。

(3) 将图 16-3(a)中的双向开关换向,可通过测量反向截止电压测量出光电子的最大初动能。实验表明,截止电压与光强无关,与入射光频率成正比关系,见图 16-3(c)。

光电效应无法解释上述实验结果,按照经典电动力学,在入射光(电磁场)的作用下,电子做强迫振动,不断积累能量,只要光照的时间足够长,电子必能从金属表面逸出,不应受 $\nu \geqslant \nu_0$ 的限制,而且,当入射光强较弱时,积聚能量需要较长时间,电子不可能在 10^{-9} s 内逸出,其次,光电子的最大动能应决定于入射光的振幅而不是频率。

2. 爱因斯坦的解释,光电效应方程

爱因斯坦认为,不仅黑体与辐射场的能量交换是量子化的,而且辐射场本身就是由光量子(即光子)组成的,每个光子均以光束 c,频率为 ν 的光波,其光子的能量和动量分别为

$$E = h\nu, \quad p = \frac{E}{c} = \frac{h}{\lambda} \tag{16.3}$$

光电效应之所以能发生,是因为金属中的束缚电子吸收光子而获得能量 $h\nu$,若光子的能量 $h\nu$ 大于电子挣脱金属束缚所需的能量 W_0(称为逸出功)时,则光电子逸出金属后的最大动能为

$$\frac{1}{2}m\upsilon^2 = h\nu - W_0 = h(\nu - \nu_0) \tag{16.4}$$

m 是光电子的质量,$\nu_0 = W_0/h$ 就是截止频率(也称红限频率),式(16.4)称为爱因斯坦方程。利用该方程很容易解释光电效应的实验结果:

(1) 当 $\nu < \nu_0$ 时,无论光有多强,电子都无法逸出金属表面;反之,只要 $\nu > \nu_0$,则无论光有多弱,光电效应也能出现。而且一个电子吸收一个光子,不需要能量积累,光电效应可以瞬间发生。

(2) 光电子的最大动能与入射光的频率有关,而与入射光强无关。

(3) 光强正比于光子的数密度。频率一定,光强大,光子数越多,从金属中逸出的光电子数也越多,饱和电流强度越大。

爱因斯坦的光子假设,把对光的认识推进到一个新的高度。式(16.3)把表述粒子性的能量和动量与描述波动性的频率和波长联系了起来,光具有波粒二象性。它在传播过程中

会产生干涉、衍射现象，以波动性为主，当与物质发生相互作用时，又是以一个个的光子形式进行的。

16.1.3　康普顿效应

1923 年，康普顿(Compton)用 X 射线入射到碳或石墨的靶上，观察散射后光的成分，发现除了有原波长的成分外，还多了波长较长的部分。这种散射后波长变长的现象称为康普顿效应。按照经典电磁学理论，电磁波在传播过程中，频率是由波源决定的，经过不同媒质后，仅能改变其传播方向，而频率(因而波长)保持不变。因此，经典理论无法解释康普顿效应！

康普顿发现，如果利用爱因斯坦提出的光子理论把散射过程看作是光子与自由电子的碰撞过程，利用能量守恒和动量守恒定律就能成功解释了上述实验现象。

如图 16-4 所示，设碰撞前电子静止，取 x 轴沿光子入射的方向；碰撞后，出射光子偏离原入射方向的角度 φ 称为散射角。电子的速度为 v，由能量守恒定律，可得

$$h\nu_0 + m_0 c^2 = h\nu + mc^2 = h\nu + \frac{m_0 c^2}{\sqrt{1 - v^2/c^2}} \tag{16.5}$$

动量守恒在 X 方向和 Y 方向的表示为

$$\frac{h\nu_0}{c} + 0 = \frac{h\nu}{c}\cos\varphi + mv = \frac{h\nu}{c}\cos\varphi + \frac{m_0 v}{\sqrt{1 - \dfrac{v^2}{c^2}}}\cos\theta \tag{16.6}$$

$$0 = \frac{h\nu}{c}\sin\varphi - \frac{m_0 v}{\sqrt{1 - \dfrac{v^2}{c^2}}}\sin\theta \tag{16.7}$$

由上述三个方程消去 v 和 θ 可得

$$\Delta\lambda = \frac{c}{\nu} - \frac{c}{\nu_0} = \frac{h}{m_0 c}(1 - \cos\varphi) \tag{16.8}$$

式(16.8)称为康普顿散射公式。式中 m_0 是电子的静止质量，$\dfrac{h}{m_0 c}$ 具有波长的量纲，称为电子的康普顿波长，用 λ_c 表示，其值约为

$$\lambda_c = \frac{h}{m_0 c} = 0.002\ 43\ \text{nm}$$

它与短波 X 射线相当。方程(16.8)表明，散射光与入射光的波长差 $\Delta\lambda$ 随散射角 φ 的增大

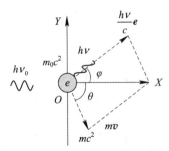

图 16-4　康普顿实验的光子理论解释

而增大，这与实验结果完全吻合。当 $\varphi=\pi$ 时 Δ 取得最大值。但由于 λ_c 是一个很小的常数，只有在入射光的波长与 λ_c 可比拟时，散射现象才明显，这就是选用 X 射线观察康普顿效应的原因。康普顿效应不仅证实了光的粒子性，而且证实了在微观粒子的相互作用中，能量守恒和动量守恒也是同样适用的。

讨论：康普顿效应和光电效应都是光子与电子相互作用，前者由于光子能量较高，自由电子是不可能将一个光子完全吸收的，只能发生弹性碰撞。后者是可见光范围内的光子，能量相对较低，可以被电子捕获并吸收其全部能量。

16.1.4　原子的线状光谱

1. 巴尔末公式

1885 年，瑞士巴塞尔大学的兼任数学讲师巴尔末(Balmer)，发现氢原子可见光范围内的四条光谱线的波长可用简单的数列通项公式给出

$$\lambda = B\frac{n^2}{n^2-4}$$

1889 年，里德伯(Rydberg)在此基础上把氢原子的所有谱线归结为方程

$$\frac{1}{\lambda} = R_H\left(\frac{1}{n^2}-\frac{1}{m^2}\right) \quad n=1,2,3,\cdots;m=n+1,n+2,n+3,\cdots$$

式中，$R_H=1.096\,775\,8\times10^7\ \mathrm{m}^{-1}$ 称为里德伯常数。上式也称为里德伯方程。1908 年，里兹(Ritz)提出的组合规则指出，每一种原子都有它特有的光谱项 $T(n)$，原子发出的光谱线的频率可以通过两个光谱项的差来表示

$$\nu = c[T(n)-T(m)] \quad n=1,2,3,\cdots;\ m=n+1,n+2,n+3,\cdots$$

如何解释原子光谱的这些规律呢？经典物理学面临两大困难：

(1) 无法解释线状光谱。根据卢瑟福(Rutherford)的核式结构模型，原子中的电子环绕原子核做高速圆周运动。电子将不断向外辐射电磁波从而能量不断减小，因而电子绕核运动的轨道半径、频率等都将随之连续变化。根据经典电磁理论，电子辐射的电磁波频率等于电子运动的频率，因此电子辐射的电磁波频率也是连续变化的，原子光谱不应该是线状光谱。

(2) 无法解释原子的稳定性。根据上面的讨论，电子的动能也会由于不断向外辐射能量而减小。最终(约为 10^{-12} s 后)必将落到原子核中，导致原子坍缩。然而，原子一直稳定的存在着。

2. 玻尔提出的量子论

1912 年，年仅 27 岁的丹麦物理学家玻尔来到卢瑟福的实验室，开始研究原子光谱问题。他将卢瑟福原子模型与普朗克、爱因斯坦的光量子理论结合起来，扬弃了经典电磁学的若干基本概念，于 1913 年提出了原子的量子论，这个理论包含了两个重要概念。

1) 定态假设

原子只能在一些"特定"的轨道上运动，在这些特定轨道所代表的稳定状态上，能量具有确定的值，既不向外辐射能量也不吸收能量，称为定态。玻尔还给出了特定轨道的条件：即电子的轨道角动量 L 是 $\hbar$ 的整数倍

$$L = n\hbar = n\frac{h}{2\pi} \quad n = 1, 2, 3, \cdots$$

以氢原子为例。设电子在半径为 r_n 的特定轨道上绕原子核做圆周运动，由于角动量的量子化，其速度

$$v = \frac{n\hbar}{mr_n}$$

考虑到电子圆周运动的向心力由原子核与电子间的库仑力提供，即

$$m\frac{v^2}{r_n} = \frac{e^2}{4\pi\varepsilon_0 r_0^2}$$

将 v 的表达式代入，得到

$$r_n = n^2\frac{\varepsilon_0 h^2}{\pi me^2} = n^2 r_1 \tag{16.9}$$

当电子处于第 n 个圆形轨道时，电子的动能和势能分布为

$$T = \frac{1}{2}mv_n^2 = \frac{e^2}{8\pi\varepsilon_0 r_n}$$

$$U = -\frac{e^2}{4\pi\varepsilon_0 r_n}$$

电子在 r_n 轨道上的总能量为

$$E_n = T + U = -\frac{e^2}{8\pi\varepsilon_0 r_n} = -\frac{1}{n^2}\left(\frac{me^4}{8\varepsilon_0^2 h^2}\right) \tag{16.10}$$

2）量子跃迁

电子从一个可能的轨道过渡到另一个可能的轨道是以跃迁的方式突然完成的。当电子从能量为 E_n 的定态跃迁到能量为 E_m 的定态时，发射或吸收的光子的频率由频率条件给出

$$h\nu = |E_m - E_n|$$

玻尔频率条件并不是凭空设想出来的。它继承了普朗克、爱因斯坦的光量子理论，并建立在以实验为依据的里兹组合规则的基础上。从方程(16.9)和式(16.10)还可以算得氢原子基态($n=1$)的半径和能量：

$$a = r_1 = \frac{\varepsilon_0 h^2}{\pi me^2} = 5.20 \times 10^{-11}\ \text{m} \approx 0.53\ \text{Å}, \quad E_1 = -\frac{me^4}{8\varepsilon_0^2 h^2} = -13.58\ \text{eV}$$

它们都与通过各种实验测得的数据十分相符。

3. 玻尔理论的历史地位

玻尔的氢原子理论是原子结构理论发展中的一个重要阶段，在处理氢原子(及类氢离子)的光谱问题上取得了巨大成功。玻尔提出的定态概念和量子化条件，不仅解决了原子的稳定性问题，而且可以求出原子中电子的轨道半径和能级。玻尔理论也对量子物理学的发展起了重要的作用。它以基本假设的形式提出的若干物理思想现已成为量子物理学的基石。

当然，玻尔理论也遇到了无法克服的困难。它只能解释氢原子和类氢离子的光谱，对两个或两个以上价电子的原子光谱却显得无能为力。即使对于氢原子光谱，它也只能给出谱线的频率却不能计算谱线的强度及这种跃迁发生的速率等。究其原因，玻尔理论不过是经典力学加上与之不相容的量子化条件的产物，它并没有成为一个完整的理论体系。玻尔理论的困难，推动着人们去寻找新的理论。

16.2　量子力学基础

16.2.1　实物粒子的波动性

通过对光电效应和康普顿效应的研究，人们认识到光具有波粒二象性，那么实物粒子是否也有波动性呢？1924 年，法国青年物理学家德布罗意（De Broglie）在向巴黎大学理学院提交的博士论文中提出：“在光学上，比起波动的研究方法来，是否过于忽略粒子的方法；在物质理论上，是否发生了相反的错误呢？是不是我们把粒子的图像想得太多，而过于忽略了波的图像？”接着他进一步提出了如下的假设：对于具有一定能量和动量的实物粒子，其运动可以用一定频率和波长的物质波来描述。它们之间的关系为

$$E = mc^2 = h\nu, \quad p = mv = \frac{h}{\lambda} \tag{16.11}$$

这两式与光子的爱因斯坦关系在形式上完全相同，称为德布罗意关系式。描述实物粒子运动的物质波称为德布罗意波，相应的波长称为德布罗意波长。

后来，德布罗意假设为许多实验所证实。1927 年戴维孙和革末做了电子束在晶体表面的散射实验，证实了电子的波动性。同年，汤姆逊做了电子的衍射实验，将电子束穿过金属片（多晶膜），在感光片上产生的圆环状衍射图样与 X 光通过多晶膜产生的衍射图样极其相似，这也证实了电子的波动性。后来，人们又做了中子、质子、原子、分子的衍射实验，都说明这些粒子具有波动性。至此，人们认识到，波粒二象性是一切微观粒子的共同特性。

但是，描述实物粒子波动性的波函数是什么？对于衍射光的强度分布问题，爱因斯坦从统计学的观点提出：光强大的地方，是因为到达该处的光子数目多，或者说光子到达的概率大；光强小的地方，光子到达的概率小。玻恩用同样的观点分析了电子衍射图样：电子流的峰值位置（亮条纹处）必然是电子出现概率大的地方，诚然，一个微观在何处出现，有一定的偶然性，但是大量粒子的空间分布却服从一定的统计规律性。物质波是一种概率波，这种对物质波的统计性解释把粒子的波动性和粒子性正确地联系起来，成了量子力学的基本观点之一。

对于一个具有确定能量和动量的自由粒子，由于不受任何外力作用，它在空间任意点处出现的概率应该都相等。这可对应一个有确定波长和频率的平面波。其一维表示为

$$y(x, t) = A \cos 2\pi \left(\nu t - \frac{x}{\lambda} \right)$$

其复数形式为

$$\psi(x, t) = A e^{-i2\pi(\nu t - x/\lambda)} = A e^{\frac{i}{\hbar}(px - Et)}$$

式中已使用 $\hbar = \frac{h}{2\pi}$，$\lambda = \frac{h}{p}$，$\nu = \frac{E}{h}$。根据波函数的统计解释，可测量的是波函数模的平方，而不是波函数本身，所以量子力学的波函数一般都用复数表示。

在电子的双缝实验中，图 16-5 演示了在“只打开缝 1”“只打开缝 2”以及“同时打开两缝”三种情况下的衍射花样。只打开单缝时，探测屏上探测到电子的强度由波函数的模的平方决定。但当同时打开双缝时，$I \neq I_1 + I_2$，即概率并不满足简单叠加。设想电子束流很小，

让电子几乎是一个接一个地穿过双缝时打到探测屏上，我们能知道电子究竟是从哪个缝过来的吗？不能！我们只知道电子可能从 1 过来，也可能从 2 过来。而且如果缝 1 比缝 2 宽，我们还可以知道从缝 1 过来的概率大于从 2 过来的概率。

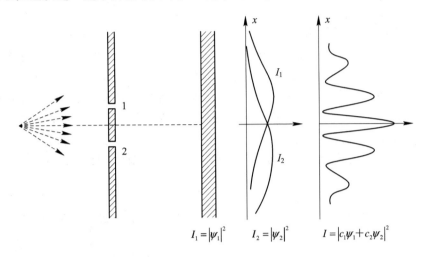

$$I_1 = |\psi_1|^2 \qquad I_2 = |\psi_2|^2 \qquad I = |c_1\psi_1 + c_2\psi_2|^2$$

图 16-5　电子双缝衍射结果示意

可以预料，电子通过双缝后的状态 ψ 可写成

$$\psi = c_1\psi_1 + c_2\psi_2$$

这时探测屏上的强度分布为

$$I = |\psi|^2 = |c_1\psi_1 + c_2\psi_2|^2 = |c_1|^2|\psi_1|^2 + |c_2|^2|\psi_2|^2 + c_1^* c_2 \psi_1^* \psi_2 + c_1 c_2^* \psi_1 \psi_2^*$$

式中，$c_1^* c_2 \psi_1^* \psi_2 + c_1 c_2^* \psi_1 \psi_2^*$ 是 ψ_1 与 ψ_2 之间的干涉项。受此启发，如果是更多缝的衍射，也会有类似的结果，于是人们提出了**态叠加原理**：

若 $\psi_1, \psi_2, \cdots, \psi_n$ 是体系的可能状态，则它们的线性叠加态

$$\psi = c_1\psi_1 + c_2\psi_2 + \cdots + c_n\psi_n \tag{16.12}$$

也是体系的可能状态。当体系处于这样的态时，对它进行测量，可以发现其中含有 ψ_n 态的概率是 $|c_n|^2$，并且

$$\sum_{n=1}^n |c_n|^2 = 1$$

态叠加原理也是量子力学的一个基本假设，它的正确性已由大量实验证实。

波函数的讨论：

（1）波函数 $\psi(x, t)$ 描述了 t 时刻粒子在空间各位置处出现的概率。

$$\rho(x, t) = |\psi(x, t)|^2 = \psi(x, t)\psi^*(x, t)$$

称为概率密度——单位体积空间发现粒子的概率。$\psi(x, t)$ 与乘以一个常数因子的 $C\psi(x, t)$ 就概率分布而言没有什么区别。但对于确定的粒子而言，因为在整个空间发现它的概率之和必为 1：

$$\int_{全空间} |\psi x, t|^2 dx = 1 \tag{16.13}$$

称为波函数的归一化条件，通过该条件可确定归一化常数 C。

（2）对于归一化后的波函数，任意给定时刻在空间给定点粒子出现的概率应该是唯一、有限的，并且概率的分布不能发生突变，即要满足连续的条件。**单值、连续、有限**称为波函数的标准条件。

（3）虽然波函数描述了粒子的状态。但它本身是不可测量的，可测的是波函数的模的平方。由于粒子在空间的位置是用概率波来描述的，因而不可能有清晰的运动轨迹。理论和实验都表明：粒子在某一方向（x 方向）位置的不确定量 Δx 和在该方向上动量的不确定量 Δp_x 的关系为

$$\Delta x \Delta p_x \geqslant \frac{\hbar}{2} \qquad (16.14)$$

称为测不准关系或不确定性关系。它是一个量子效应，并不是由于仪器或测量方法引起的。对于宏观粒子，虽然，不确定性关系仍然存在，但 $\hbar$ 的值相对于位置和动量的不确定度来说，完全可以看作 0。因此可以说经典理论是量子理论 $\hbar \rightarrow 0$ 的极限。

16.2.2　薛定谔方程

通过波函数，我们可以知道任意时刻粒子在空间的概率分布。寻找波函数以及探究波函数如何随时间变化的规律就是一把打开量子力学大门的钥匙。在经典力学中，力学体系运动状态随时间变化的规律是由牛顿方程来描述的。如果知道力学体系的初始条件，利用牛顿方程即可求出体系在任一时刻的运动状态。那么，量子力学的这个变化方程怎么建立？

（1）在非相对论条件下，变化方程应满足的条件。

• 当粒子的速度 $v \ll c$ 时，质量为 m 的粒子的总能为 $E = T + U = \dfrac{p^2}{2m} + U$；

• 波函数在任何时刻都遵守态叠加原理，因此方程应为线性齐次方程，以保证方程特解的线性组合仍然是方程的解；

• 方程既然要反映 $\psi(\boldsymbol{r}, t)$ 随时间变化的规律，就必然包含 $\dfrac{\partial \psi(\boldsymbol{r}, t)}{\partial t}$；但方程不应包含 $\dfrac{\partial^2 \psi(\boldsymbol{r}, t)}{\partial t^2}$，否则需要利用两个初始条件 $\psi(\boldsymbol{r}, 0)$ 及 $\dfrac{\partial \psi(\boldsymbol{r}, t)}{\partial t}\bigg|_{t=0}$ 才能确定 $\psi(\boldsymbol{r}, t)$，这就意味着体系的初始状态不能由波函数 $\psi(\boldsymbol{r}, 0)$ 完全描述，违反了波函数完全描述体系运动状态的基本假设。

（2）一维自由粒子波函数 $\psi(x, t) = A \mathrm{e}^{\frac{\mathrm{i}}{\hbar}(px - Et)}$ 遵守的方程。

计算 $\psi(\boldsymbol{r}, t)$ 对时间和空间的偏导数

$$\frac{\partial A \mathrm{e}^{\frac{\mathrm{i}}{\hbar}(px - Et)}}{\partial t} = -\frac{\mathrm{i}E}{\hbar} A \mathrm{e}^{\frac{\mathrm{i}}{\hbar}(px - Et)} \Rightarrow \mathrm{i}\hbar \frac{\partial \psi(x, t)}{\partial t} = E\psi(x, t) \qquad (16.15)$$

$$\frac{\partial^2 \psi(x, t)}{\partial x^2} = \left(\frac{\mathrm{i}p}{\hbar}\right)^2 \psi(x, t) \Rightarrow -\hbar^2 \frac{\partial^2 \psi(x, t)}{\partial x^2} = p^2 \psi(x, t) \qquad (16.16)$$

三维情况下，上述二式应表示为

$$\mathrm{i}\hbar \frac{\partial \psi(\boldsymbol{r}, t)}{\partial t} = E\psi(\boldsymbol{r}, t) \qquad (16.17)$$

$$-\hbar^2 \nabla^2 \psi(\boldsymbol{r}, t) = p^2 \psi(\boldsymbol{r}, t) \qquad (16.18)$$

式中，$\nabla^2 = \dfrac{\partial^2}{\partial x^2} + \dfrac{\partial^2}{\partial y^2} + \dfrac{\partial^2}{\partial z^2}$ 是拉普拉算符。当 $v \ll c$ 时，自由粒子的总能就是它的动能，即

$E = \dfrac{p^2}{2m}$，将方程 (16.18) 两边同时除以 $2m$ 与方程 (16.17) 比较可得

$$i\hbar \frac{\partial \psi(\boldsymbol{r}, t)}{\partial t} = -\frac{\hbar^2}{2m} \nabla^2 \psi(\boldsymbol{r}, t) \tag{16.19}$$

这是自由粒子的波函数随时间变化的方程。

（3）在势场中运动的粒子。

对于在势场中运动的粒子，通过把经典物理量替换为算符

$$E \rightarrow i\hbar \frac{\partial}{\partial t}, \quad \boldsymbol{p} \rightarrow -i\hbar \nabla$$

由于其总能

$$E = \frac{p^2}{2m} + U(\boldsymbol{r})$$

从而把经典物理量与体系波函数的乘积替换为量子算符对波函数的作用，可以得到

$$i\hbar \frac{\partial}{\partial t} \psi(\boldsymbol{r}, t) = \left[-\frac{\hbar^2}{2m} \nabla^2 + U(\boldsymbol{r}) \right] \psi(\boldsymbol{r}, t) \tag{16.20}$$

这就是描述粒子波函数变化的薛定谔方程。它是 1926 年由奥地利物理学家薛定谔 (Schrödinger) 提出的。运算符 $\left[-\dfrac{\hbar^2}{2m} \nabla^2 + U(\boldsymbol{r}) \right]$ 也称哈密顿算符，可用 $\hat{H}$ 标记。这样上述薛定谔方程也可写成更紧凑的形式：

$$i\hbar \frac{\partial}{\partial t} \psi = \hat{H} \psi$$

简单讨论：

① 上述介绍非薛定谔方程的推导，它不是一个推导出来的方程，它是作为量子力学的又一基本假设提出的。它的正确性已被非相对论量子力学在各方面的实验所证实。

② 薛定谔方程在非相对论量子力学中的地位与牛顿方程在经典力学中的地位相仿。只要给出粒子在初始时刻的波函数，由方程即可求出粒子在以后任一时刻的波函数。

（4）定态薛定谔方程。

如果势场 $U(\boldsymbol{r})$ 不显含时间，则可把波函数写成空间部分和时间部分的乘积形式

$$\psi(\boldsymbol{r}, t) = \psi(\boldsymbol{r}) f(t)$$

代入式 (16.20)，并用 $\psi(\boldsymbol{r}) f(t)$ 去除方程的两边，可得

$$\frac{i\hbar}{f(t)} \frac{\mathrm{d} f(t)}{\mathrm{d} t} = \frac{1}{\psi(\boldsymbol{r})} \left[-\frac{\hbar^2}{2m} \nabla^2 + U(\boldsymbol{r}) \right] \psi(\boldsymbol{r})$$

上式左边与 $\boldsymbol{r}$ 无关，右边与 t 无关，要使等式恒成立，两边只能等于一个相同的常数，记这个常数为 E，由此分离出两个方程

$$i\hbar \frac{\mathrm{d} f(t)}{\mathrm{d} t} = E f(t) \tag{16.21}$$

$$\left[-\frac{\hbar^2}{2m} \nabla^2 + U(\boldsymbol{r}) \right] \psi(\boldsymbol{r}) = E \psi(\boldsymbol{r}) \tag{16.22}$$

第一个方程很容易求解得到 $f(t) = C \mathrm{e}^{-\frac{i}{\hbar} E t}$。第二个方程要给出 $U(\boldsymbol{r})$ 才能解出。如果将

$f(t)$中的 C 归入到 $\psi(\boldsymbol{r})$ 即可得薛定谔方程的特解表达式为

$$\psi(\boldsymbol{r},t)=\psi(\boldsymbol{r})\mathrm{e}^{-\frac{\mathrm{i}}{\hbar}Et} \tag{16.23}$$

由于 E 为常数,上述波函数描述的正是具有确定能量值的状态波函数,我们把这样一种状态称为定态。该波函数称为定态波函数,从而式(16.22)称为定态薛定谔方程。利用哈密顿算符,定态薛定谔方程也可写为更加紧凑的形式

$$\hat{H}\psi(\boldsymbol{r})=E\psi(\boldsymbol{r})$$

可见,定态薛定谔方程就是算符 $\hat{H}$ 的本征方程,解这个方程得到的 E_n 就是算符 $\hat{H}$ 的本征值,相应的 $\psi_n(\boldsymbol{r})$ 称为算符 $\hat{H}$ 的本征函数。$\psi_n(\boldsymbol{r})$ 所描述的态称为能量本征态。也就是说,当体系处于能量本征态时,体系的能量具有确定值 E_n。

将 $E=E_n$,$\psi(\boldsymbol{r})=\psi_n(\boldsymbol{r})$ 代入式(16.23)即得薛定谔方程的特解

$$\psi_n(\boldsymbol{r},t)=c_n\psi_n(\boldsymbol{r})\mathrm{e}^{-\frac{\mathrm{i}}{\hbar}E_n t} \qquad n=1,2,3,\cdots$$

薛定谔方程的通解是这些解的线性组合:

$$\psi(\boldsymbol{r},t)=\sum_n \psi_n(\boldsymbol{r})\mathrm{e}^{-\frac{\mathrm{i}}{\hbar}E_n t}$$

16.2.3 量子力学问题

寻找描述体系的波函数是量子力学的核心问题之一,薛定谔方程是求解波函数的重要工具。然而,由于粒子受到的外场作用通常较为复杂,所以量子力学中真正能够严格求解的问题并不多。需要借助各种各样的模型进行简化或近似处理,但这已经不是本书的内容了。下面我们仅以一维无限深势阱问题为例作个简单介绍。

设质量为 m 的粒子在下述势场中运动(见图 $16-6$),

$$U(x)=\begin{cases} 0, & 0<x<a \\ \infty, & x\leqslant 0 \text{ 或 } x\geqslant a \end{cases} \tag{16.24}$$

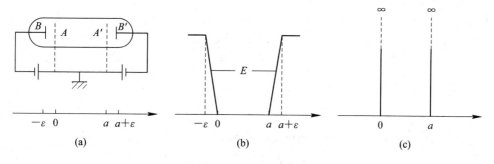

图 $16-6$ 无限深势阱模型

无限深势阱是一个理想模型。它的实际对应可用图 $16-6$(a)来说明:电子在装有两对极板和栅极的真空管中运动,栅极均接地,两个极板上的电势均低于栅极。电子在$(0,a)$区域内可自由运动,当电子想要越过栅极进入$(-\varepsilon,0)$或$(a,a+\varepsilon)$区域时,都将受到排斥力作用。实验表明,当电子的能量 E 小于势能 U_0 时(如图 $16-6$(b)时),仍有可能在$(-\varepsilon,0)$和$(a,a+\varepsilon)$区域中发现电子,当极板与栅极之间的电势差不断增加时,在上述区域发现电

子的可能性越来越小，如果让$U_0 \to \infty$，则过渡到了图16-6(c)这样的理想情况——无限深势阱。下面我们利用波函数的标准条件与归一化条件来求解上述势场的定态薛定谔方程，这类问题的求解步骤可归纳为：

（1）分区域写出定态薛定谔方程：

$$-\frac{\hbar^2}{2m}\frac{\mathrm{d}^2\psi}{\mathrm{d}x^2}=E\psi \quad 0<x<a \tag{16.25}$$

$$-\frac{\hbar^2}{2m}\frac{\mathrm{d}^2\psi}{\mathrm{d}x^2}+U_0\psi=E\psi \quad x\leqslant 0 \text{ 或 } x\geqslant a \tag{16.26}$$

在式(16.26)中，由于$U_0 \to \infty$，只有$\phi=0$才能满足。它的物理意义很明显：当势壁无限高时，能量有限的粒子不可能跑到势阱外，故阱外波函数必为零。

$$\psi(x)=0 \quad x\leqslant 0 \text{ 或 } x\geqslant a$$

（2）为简化书写，令$k=\sqrt{2mE}/\hbar$，阱内定态薛定谔方程可写为

$$\psi''(x)+k^2\psi(x)=0 \tag{16.27}$$

这是二阶常系数齐次线性微分方程，我们在前面学习简谐振动时也见过。它的通解形式为

$$\psi(x)=A\sin(kx+\delta) \tag{16.28}$$

式中A和δ为待定常数，由其他特定条件确定。

（3）由波函数的标准条件确定参数k和δ。

阱外波函数$\psi(x)=0$，由$x=0$处波函数的连续性条件可知

$$\psi(0)=A\sin(\delta)=0$$

即

$$\delta=0$$

同理，波函数在$x=a$处也是连续的，即

$$\psi(a)=A\sin(ka)=0$$

得

$$ka=n\pi \quad n=1,2,\cdots$$

从而

$$k=\frac{n\pi}{a}=\frac{\sqrt{2mE}}{\hbar}$$

所以

$$E=E_n=\frac{n^2\pi^2\hbar^2}{2ma^2} \quad n=1,2,\cdots$$

上面我们既得到了k的值，从而波函数得以确定

$$\psi(x)=A\sin\frac{n\pi x}{a} \quad n=1,2,\cdots$$

也从k的取值中得到了粒子能量的可能取值。

（4）最后由波函数的归一化条件确定归一化常数A。

$$1=\int_{-\infty}^{\infty}|\psi(x)|^2\mathrm{d}x=\int_0^a|A|^2\sin^2\frac{n\pi x}{a}\mathrm{d}x=\frac{a}{2}|A|^2$$

取A为实数，即得$A=\sqrt{\dfrac{2}{a}}$，由此得到完全确定的波函数

$$\psi_n(x)=\begin{cases}\sqrt{\dfrac{2}{a}}\sin\dfrac{n\pi x}{a} & 0<x<a\\[2mm] 0 & x\leqslant0\ 或\ x\geqslant a\end{cases}\qquad(16.29)$$

它就是无限深势阱的能量本征态。

关于解的一些讨论：

（1）能量量子化。能量只能取一些不连续的离散值。

（2）基态能量 $E_1=\dfrac{\pi^2\hbar^2}{2ma^2}$ 不为零。这是与经典粒子的一个本质区别，是微观粒子波动性的表现（不可能存在"能量为零"的波）。

（3）激发态能级不均匀。E_n 与 n^2 成正比，只有当 $n\to\infty$ 时，能级的相对间隔 $\dfrac{\Delta E_n}{E_n}=\dfrac{2n+1}{n^2}$ 趋于零，可认为量子效应消失从而过渡到经典情况。

（4）由于薛定谔方程是线性齐次方程，它的解的线性组合

$$\psi(x,t)=\sum_{n=1}^{\infty}c_n\psi_n(x)\mathrm{e}^{-\frac{\mathrm{i}}{\hbar}E_n t}$$

仍然是薛定谔方程的解。因此，在一维无限深势阱中粒子的态不一定是定态 $\psi_n(x)\mathrm{e}^{-\frac{\mathrm{i}}{\hbar}E_n t}$，也可能是它们的线性叠加态。由叠加原理可知，当粒子处于这样的态时，测量它处于 $\psi_n(x)\mathrm{e}^{-\frac{\mathrm{i}}{\hbar}E_n t}$ 态的概率是 $|c_n|^2$。

例 16.2.1　质量为 m 的粒子在一维无限深势阱中运动，其波函数为

$$\psi(x)=A\sin\frac{2\pi x}{a}\sin^2\frac{3\pi x}{a}\qquad 0<x<a$$

（1）求归一化常数 A；

（2）求粒子能量取值的概率分布；

（3）求能量的平均值。

解　将波函数展开写成无限深势阱能量本征态的线性组合形式

$$\begin{aligned}\psi(x)&=A\sin\frac{2\pi x}{a}\sin^2\frac{3\pi x}{a}\\&=A\sin\frac{2\pi x}{a}\times\frac12\left(1-\cos\frac{6\pi x}{a}\right)\\&=A\left(\frac12\sin\frac{2\pi x}{a}-\frac12\sin\frac{2\pi x}{a}\cos\frac{6\pi x}{a}\right)\\&=\frac{A}{2}\sin\frac{2\pi x}{a}-\frac{A}{4}\left(\sin\frac{8\pi x}{a}+\sin\frac{-4\pi x}{a}\right)\\&=\frac{A\sqrt a}{2\sqrt2}\sqrt{\frac2a}\sin\frac{2\pi x}{a}+\frac{A\sqrt a}{4\sqrt2}\sqrt{\frac2a}\sin\frac{4\pi x}{a}-\frac{A\sqrt a}{4\sqrt2}\sqrt{\frac2a}\sin\frac{8\pi x}{a}\\&=\frac{A\sqrt a}{2\sqrt2}\psi_2(x)+\frac{A\sqrt a}{4\sqrt2}\psi_4(x)-\frac{A\sqrt a}{4\sqrt2}\psi_8(x)\end{aligned}$$

可见

$$c_2 = \frac{A\sqrt{a}}{2\sqrt{2}}, \quad c_4 = \frac{A\sqrt{a}}{4\sqrt{2}}, \quad c_8 = -\frac{A\sqrt{a}}{4\sqrt{2}}, \quad c_n = 0, n \neq 2, 4, 8$$

（1）归一化要求

$$\sum_{n=1}^{\infty} |c_n|^2 = 1 \Rightarrow A = \frac{4}{\sqrt{3a}}$$

（2）粒子能量的可能取值 E_n 分别为 $\dfrac{2^2\pi^2\hbar^2}{2ma}$，$\dfrac{4^2\pi^2\hbar^2}{2ma}$，$\dfrac{8^2\pi^2\hbar^2}{2ma}$；概率 $|c_n|^2$ 分别为 $\dfrac{2}{3}$，$\dfrac{1}{6}$，$\dfrac{1}{6}$。

（3）能量平均值

$$\begin{aligned}
\overline{E} &= |c_2|^2 E_2 + |c_4|^2 E_4 + |c_8|^2 E_8 \\
&= \frac{\pi^2\hbar^2}{2ma} \times \left(\frac{2}{3} \times 4 + \frac{1}{6} \times 16 + \frac{1}{6} \times 64 \right) \\
&= \frac{8\pi^2\hbar^2}{ma}
\end{aligned}$$

第 17 章　计算物理基础

17.1　常用高等数学知识

17.1.1　矢量基础知识

1. 矢量的定义

矢量是既有大小，又有方向的量。几何上常用带箭头的线段来表示，书写时常在字母上加"→"，如 $\vec{A}$ 来表示矢量，教材中用粗体表示。矢量的大小也称为矢量的模，如 $r = |\vec{r}| = |r|$。

2. 矢量的加减

矢量的加减几何上是平行四边形或三角形法则。如图 17-1 所示，两矢量相加的合矢量在几何上可用口诀表示为"首尾相连，首连尾，方向指向末向量"；两矢量相减则为"首首相连，尾连尾，方向指向被减向量"。

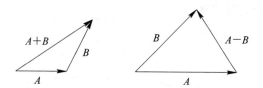

图 17-1　矢量的加减

矢量加减满足以下运算规律：
$$(\boldsymbol{A}+\boldsymbol{B})+\boldsymbol{C}=\boldsymbol{B}+(\boldsymbol{A}+\boldsymbol{C}), \quad \boldsymbol{A}-\boldsymbol{B}=\boldsymbol{A}+(-\boldsymbol{B}) \tag{17.1}$$

3. 矢量的标量积

矢量的标量积也称为点乘，它将得到一个数。两个矢量的点乘等于两个矢量模的积乘以它们夹角的余弦。如
$$\boldsymbol{A} \cdot \boldsymbol{B}=AB\cos\theta \tag{17.2}$$
矢量相乘满足以下运算规律：
$$\boldsymbol{A} \cdot \boldsymbol{B}=\boldsymbol{B} \cdot \boldsymbol{A}, \quad \boldsymbol{A} \cdot (\lambda\boldsymbol{B}+_\mu\boldsymbol{C})=\lambda\boldsymbol{A} \cdot \boldsymbol{B}+\mu\boldsymbol{A} \cdot \boldsymbol{C} \tag{17.3}$$
两矢量点乘可以看作是一个矢量的模与另一个矢量在该矢量方向上的投影大小的乘积。

4. 矢量的矢量积

矢量的矢量积也称为叉乘，它仍然是一个矢量。方向由右手螺旋法则确定，大小在几何上表示为两矢量所确定的平行四边形的面积。如

$$|\boldsymbol{A} \times \boldsymbol{B}| = AB\sin\theta(0 < \theta < \pi) \tag{17.4}$$

θ 为两矢量的夹角。

5. 矢量的微积分

求矢量的微积分通常转化为求各分量方向上的标量微积分。如

$$\frac{\mathrm{d}\boldsymbol{A}}{\mathrm{d}t} = \frac{\mathrm{d}A_x}{\mathrm{d}t}\boldsymbol{i} + \frac{\mathrm{d}A_y}{\mathrm{d}t}\boldsymbol{j} + \frac{\mathrm{d}A_z}{\mathrm{d}t}\boldsymbol{k} = \boldsymbol{B} = B_x\boldsymbol{i} + B_y\boldsymbol{j} + B_z\boldsymbol{k} \tag{17.5}$$

$$\boldsymbol{A} = \int\boldsymbol{B}\mathrm{d}t = \int B_x\mathrm{d}t\boldsymbol{i} + \int B_y\mathrm{d}t\boldsymbol{j} + \int B_z\mathrm{d}t\boldsymbol{k} \tag{17.6}$$

17.1.2　常用微积分公式

1. 基本初等函数求导公式

常见的基本初等函数求导公式如下：

$$(C)' = 0 \qquad\qquad (x^n)' = nx^{n-1} \qquad\qquad (a^x)' = a^x\ln a \tag{17.7}$$

$$(\sin x)' = \cos x \qquad (\cos x)' = -\sin x \qquad (\tan x)' = \sec^2 x \tag{17.8}$$

$$(\mathrm{e}^x)' = \mathrm{e}^x \qquad\qquad (\ln x)' = \frac{1}{x} \qquad\qquad (\log_a x)' = \frac{1}{x\ln a} \tag{17.9}$$

2. 函数的和、差、积、商求导法则

设 u，v 为可导函数，C 为常数，则

$$(u \pm v)' = u' \pm v' \qquad (Cu)' = Cu' \tag{17.10}$$

$$(uv)' = u'v + uv' \qquad \left(\frac{u}{v}\right)' = \frac{u'v - uv'}{v^2} \tag{17.11}$$

3. 复合函数求导法则

设 $y = f(u)$，$u = \phi(x)$，且 $f(u)$，$\phi(x)$ 都可导，则复合函数 $y = f[\phi(x)]$ 的导数为

$$\frac{\mathrm{d}y}{\mathrm{d}x} = \frac{\mathrm{d}y}{\mathrm{d}u}\frac{\mathrm{d}u}{\mathrm{d}x} \quad \text{或} \quad y' = f'(u)\phi'(x) \tag{17.12}$$

4. 常用积分公式

常用的积分公式如下：

$$\int k\mathrm{d}x = kx + C \tag{17.13}$$

$$\int x^n\mathrm{d}x = \frac{x^{n+1}}{n+1} + C \quad (u \neq -1) \tag{17.14}$$

$$\int \frac{1}{x}\mathrm{d}x = \ln|x| + C \tag{17.15}$$

$$\int \mathrm{e}^x\mathrm{d}x = \mathrm{e}^x + C \tag{17.16}$$

$$\int \sin x \, \mathrm{d}x = -\cos x + C \tag{17.17}$$

$$\int \cos x \, \mathrm{d}x = \sin x + C \tag{17.18}$$

$$\int f(ax+b) \, \mathrm{d}x = \frac{1}{a} \int f(ax+b) \, \mathrm{d}(ax+b) \quad (a \neq 0) \tag{17.19}$$

$$\int f(x^n) x^{n-1} \, \mathrm{d}x = \frac{1}{n} \int f(x^n) \, \mathrm{d}(x^n) \quad (n \neq 0) \tag{17.20}$$

$$\int f(\mathrm{e}^x) \mathrm{e}^x \, \mathrm{d}x = \int f(\mathrm{e}^x) \, \mathrm{d}(\mathrm{e}^x) \tag{17.21}$$

$$\int f(\sin x) \cos x \, \mathrm{d}x = \int f(\sin x) \, \mathrm{d}(\sin x) \tag{17.22}$$

$$\int f(\cos x) \sin x \, \mathrm{d}x = -\int f(\cos x) \, \mathrm{d}(\cos x) \tag{17.23}$$

$$\int_a^b u \frac{\mathrm{d}v}{\mathrm{d}x} \mathrm{d}x = \left[uv \right] \Big|_a^b - \int_a^b v \frac{\mathrm{d}u}{\mathrm{d}x} \mathrm{d}x \tag{17.24}$$

$$\frac{\mathrm{d}x}{\mathrm{d}t} = xA \Rightarrow x = \mathrm{e}^{At} \tag{17.25}$$

17.2　C++基础

C++ 语言是从 C 语言发展而来，是一种新型的、面向对象的计算机程序设计语言。本质上是一套语法体系。它的实现（编译和运行）可通过 Turbo C++，GCC 或 Visual C++来进行。

完整的 C++ 程序一般包含类、普通函数和主函数。其代码可通过任意文本编辑器进行录入。下面我们用一个简单的物理问题来介绍一下 C++程序的语法及编译过程。

例 17.2.1　现观察到一质量为 2 kg 的质点位置变化信息记录于文件"mov. txt""mov. txt"的内容如表 1—1。求这段时间内物体的受力情况。

```
# include <iostream>                //标准输入输出头文件
# include <fstream>
# include <cstdlib>
# include < iomanip >
using namespace std;                //标准名字空间
int main()
{
    double t0, rx0, ry0, rz0;
    double tt, rxt, ryt, rzt;
    double vx0, vy0, vz0;
    double vxt, vyt, vzt;
    double dt, m=2.0;
    ifstream rint;                  //声明一个输入文件流对象
    rint. open("mov . txt");        //打开指定文件
```

```
        ofstream fout;                              //声明一个输出文件流对象
        fout.open("fout.txt");
        char line[1024]={0};
        rint.getline(line,1024);                    //读入一行文字到line
        stringstream wordi(line);                   //以空格分格变量
        wordi>>t0>>rx0>>ry0>>rz0;
        rint.getline(line,1024);
        stringstream wordt(line);
        wordt >> tt >> rxt >> ryt >> rzt;
        dt = tt - t0;
        vx0=(rxt - rx0)/dt;
        vy0=(ryt - rx0)/dt;
        vy0=(ryt - rx0)/dt;
        t0 = tt; rx0=rxt; ry0 = ryt ; rz0 = rzt;
        while (! rint.eof()){                       //循环读取文件直到结束
          rint.getline(line,1024);
          stringstream word(line);
          word>> tt >>rxt >>ryt >> rzt;
          dt=tt-t0;
          vxt=( rxt - rx0 )/ dt;                    //计算 dt 内的平均速度
          vyt=( ryt - rx0 )/ dt;
          vyt =( ryt - rx0 )/ dt;
          fout << t0 <<'\t' <<m * ( vxt -vx0)/ dt << '\ t' <<m * (vyt -vy0)/dt
          <<'\t'<<m * ( vzt - vz0 )/ dt << endl ;//输出 dt 内的平均力
          t0=tt;rx0=rxt; ry0=ryt; rz0=rzt;
          vx0= vxt;vy0=vyt;vz0=vzt;
        }
    rint.close ();
    fout.close ();
    }
```

要想将上述代码编译成可执行程序，这有赖于不同的编译器。Visual C++6.0 是一种 C/C++ 编译程序，内含一个集成开发环境简称 IDE(Integrated Development Environment)。在安装有 Visual C++6.0 的 Windows 系统里，从开始菜单的"程序"中选择"Microsoft Visual Studio 6.0"→"Microsoft Visual C++ 6.0"菜单项，就可启动 Visual C++ 6.0 开发环境。如图 17-2 所示，环境窗口由标题栏、菜单栏、标准工具栏、工作区窗口、编辑窗口、输出窗口、状态栏等组成。

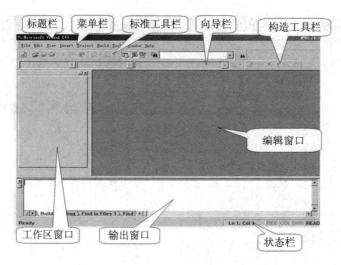

图 17-2　Visual C++ 6.0 开发环境窗口

　　(1) 选择"File"菜单中"New"命令，弹出"New"对话框，在此对话框中选择"Project"标签，显示应用程序项目的类型，在"Project"列表框中，选择"Win32 Console Application"，在"Project Name"文本框中输入新建的工程项目名称 Test。单击 Location 文本框右侧浏览按钮(…)，选择项目的保存路径。单击"OK"按钮。

　　(2) 在弹出的"Win32 Console Appilcation-Step 1 of 1"对话框中选择"An empty project"选项，然后单击"Finish"按钮。

　　(3) 在"New Project Information"对话框中单击"OK"按钮，系统自动创建此应用程序。

　　(4) 选择"File"菜单中"New"命令，弹出"New"对话框，在此对话框中选择"Files"标签，选中"C++ Source File"，在"File"下面的文本框中输入 C++源程序文件名"test"，单击"OK"。

　　(5) 在文档编辑窗口中输入源程序代码，也可直接将文本复制粘贴到此。

　　(6) 单击"Build"菜单，或单击图 17-3 中的编译按钮，完成编译，再按下右边双箭头的按钮，进行连接，如果没有语法错误就会生成可执行文件。然后单击"!"按钮，就可运行程序。

　　在安装有 GCC 编译器的 Linux 系统里，也只需用以下命令：

　　　　>g++ -o test test. cc

就可以将包含源代码的文件"test. cc"编译生成可执行程序"test"，在当前目录下运行该程序只需在提示符下键入：

　　　　>./ test

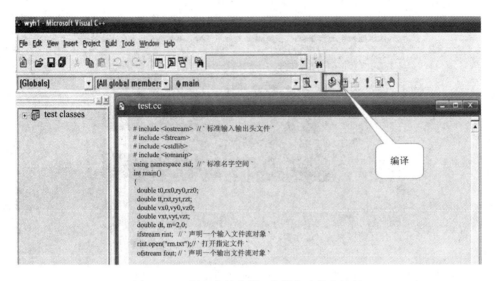

图 17 - 3　源程序的编辑、编译和连接和运行

17.3　MATLAB 基础

MATLAB 名字由 matrix 和 laboratory 两个单词的前三个字母组合而来，意即矩阵实验室，是一门高级计算机编程语言，具有强大的数值计算和仿真功能。现在，在全球各高等院校，MATLAB 已经成为线性代数、信号处理、图像处理、虚拟仿真等许多课程的基本教学工具，成为大学生和研究生必须掌握的基本编程语言。在此只做简单介绍。如图 17 - 4 所示为启动 MATLAB 后进入的桌面集成环境。

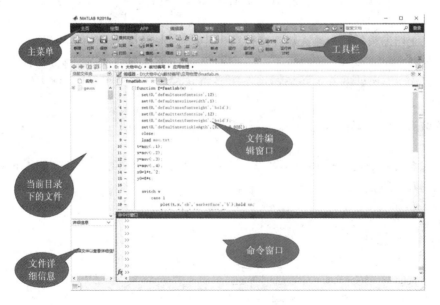

图 17 - 4　MATLAB 桌面集成环境

在命令行窗口中可直接输入一些简单命令，回车即执行。一个命令行中可以输入多个命令，但各命令语句之间以逗号或分号分隔。较多命令可以通过编辑器窗口编辑成文本形式，再以命令文本的形成进行批运行。我们仍以表 1-1 的数据为例，用 MATLAB 画出质点运动的轨迹图。在命令窗口中输入：

>> edit fmatlab.m

在编辑窗口中输入以下内容：

```
function f=fmatlab(w)                        //定义带参数的函数
    set (0 , 'defaultaxesfontsize' , 12);     //设置坐标轴号大小
    set (0 , 'defaultaxeslinewidth', 1);      //设置坐标轴线的粗细
    set (0 , 'defaultaxesfontweight' , 'bold') ; //设置坐标轴标记加粗
    set (0 , 'defaulttextfontsize', 12);      //设置坐标轴字体大小
    set (0 , 'defaulttextfontweight' , 'bold') ; //设置坐标轴字体加粗
    set (0 , 'defaultaxesticklength', [0.015 0.025]) ; //设置标记的长短
    close;                                    //关闭以前可能打开的图形窗口
    load mov. txt;                            //加载文本文件 mov. txt
    t=mov(: , 1);                             //将文件的第一列赋值给列向量 t
    x=mov(: , 2);    y=mov(: , 3);
    z=mov(: , 4);    x0 =1 * t .^2;
    y0=6 * t;
    switch   w                                //分支选择
      case 1
        plot (t , x , 'ob ', 'markerface', 'b ');   //画图
        hold on;                              //保持
        plot (t, x0 , '-r ', 'linewidth', 2);
        xlabel ('t ( s ) '); ylabel ( 'x (m) ');    //设置横、纵轴标注
        legend ('data ', 'fit: x=t^2','location ', 'northwest ')
      case 2
        plot (t , y , 'sb ', 'markerface ', 'b '); hold on;
        plot (t , y0 , '-r ', 'linewidth ', 2)
        legend ('data ', 'fit : y=6 t ', 'location ', 'northwest ')
        xlabel ('t ( s ) '); ylabel ( 'y (m) ');
      case 3
        plot3 (x, y, z , 'ok ', 'markerface ', 'k ')  //三维图
        xlabel ('x (m) '); ylabel ( 'y (m) '); zlabel ( 'z (m) ');
        set (gca , 'zlim ', [0 , 1]);
        grid on;                              //网络线
    end
```

MATLAB 还提供了图形用户界面(GUI)，单击主界面上的图标，或在命令栏内输入 guide 后按回车即进入 GUI 编程界面，选择新建或打开一个现在的 GUI，得到如图 17-5 所示窗口；在窗口上布置相关的控件，如按钮、滑动条、坐标轴等。右键设置相应控件的属性或编辑回调函数后，即可点击窗口绿色箭头，运行该 GUI。如图 17-6 所示为一个无动

力过山车的设计结果。

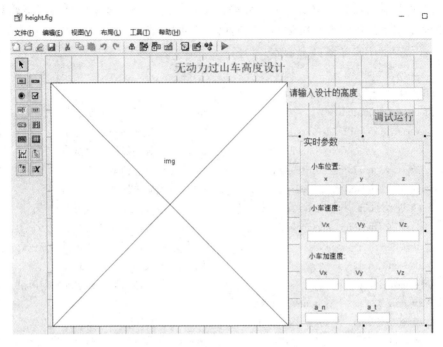

图 17-5　MATLAB 图形用户窗口

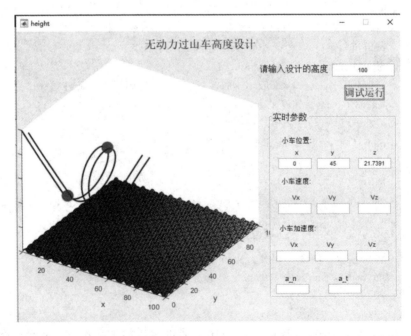

图 17-6　MATLAB 无动力过山车设计

17.4　常用希腊字母及其常见物理含义

大学物理中的很多物理量常用希腊字母表示，表 17-1 列出了它们的读音和常见意义。

表 17-1　常用希腊字母读音及其常见物理意义

大写	小写	英文注音	中文读音	常见物理意义
A	α	alpha	阿尔发	角度、系数、角加速度
B	β	beta	培塔	角度、系数、角加速度
Γ	γ	gamma	伽玛	电导系数、射线
Δ	δ	delta	代尔塔	变动量、光程差
E	ε	epsilon	伊普西龙	能量、电动势、介电常数
Z	ζ	zeta	截塔	阻抗、原子序数、分子平均碰撞频率
H	η	eta	艾塔	磁场强度、粘滞系数、效率
Θ	θ	theta	西塔	角度、相位角、方位角
K	κ	kappa	卡帕	介质常数
Λ	λ	lambda	兰布达	长度有关、波长、平均自由程等
M	μ	mu	弥优	系数相关、摩擦系数、微（千分之一）、磁导率等
N	ν	nu	纽	频率、磁阻率
Ξ	ξ	ksi xi	克西	常做系数
Π	π	pi	派	圆周率
P	ρ	rho	肉	功率（大写）、电阻率、密度介质常数、热导率
$\sum$	σ	sigma	西格马	求和（大写）、表面密度、电荷面密度、电导
T	τ	tau	套	温度（大写）、时间、时间常数、寿命等
Υ	υ	upsilon	宇普西龙	
Φ	φ	phi	佛爱	通量、角度
X	χ	chi	西	
Ψ	ψ	psi	普赛	通量、角度
Ω	ω	omega	欧米伽	欧姆（大写）、角速度、角度

参 考 文 献

[1]　梁绍荣，刘昌年，盛正华. 普通物理学：第一分册 力学. 3 版.北京：高等教育出版社，2005.

[2]　梁绍荣，刘昌年，盛正华. 普通物理学：第二分册 热学. 3 版.北京：高等教育出版社，2006.

[3]　梁绍荣，刘昌年，盛正华. 普通物理学：第三分册 电磁学. 3 版.北京：高等教育出版社，2005.

[4]　梁绍荣，刘昌年，盛正华. 普通物理学：第四分册 光学. 3 版.北京：高等教育出版社，2005.

[5]　梁绍荣，刘昌年，盛正华. 普通物理学：第五分册 量子物理学基础. 3 版. 北京：高等教育出版社，2008.

[6]　赵近芳，王登龙. 大学物理学(上册). 5 版. 北京：北京邮电大学出版社，2017.

[7]　赵近芳，王登龙. 大学物理学(下册). 5 版. 北京：北京邮电大学出版社，2017.

[8]　马文蔚，周雨青. 物理学教程(上册). 3 版. 北京：高等教育出版社，2016.

[9]　马文蔚，周雨青，解希顺.物理学教程(下册). 3 版. 北京：高等教育出版社，2016.

[10]　赵凯华，罗蔚茵. 新概念物理教程：力学. 2 版. 北京：高等教育出版社，2004.

[11]　赵凯华，罗蔚茵. 新概念物理教程：热学. 2 版. 北京：高等教育出版社，2005.

[12]　赵凯华，陈熙谋. 新概念物理教程：电磁学. 2 版. 北京：高等教育出版社，2006.

[13]　赵凯华，罗蔚茵. 新概念物理教程：量子物理. 2 版. 北京：高等教育出版社，2008.

[14]　汪德新. 理论物理导论：第三卷 量子力学. 3 版. 北京：科学出版社，2008.